Spring
微服务实战

Spring
Microservices
IN ACTION

〔美〕约翰·卡内尔（John Carnell） 著

陈文辉 译

张卫滨 审校

人民邮电出版社

北京

图书在版编目（ＣＩＰ）数据

Spring微服务实战 ／（美）约翰·卡内尔
(John Carnell) 著；陈文辉译. -- 北京 ：人民邮电出
版社，2018.6(2018.7重印)
 书名原文：Spring Microservices in Action
 ISBN 978-7-115-48118-4

 Ⅰ. ①S… Ⅱ. ①约… ②陈… Ⅲ. ①互联网络—网络
服务器 Ⅳ. ①TP368.5

 中国版本图书馆CIP数据核字(2018)第052548号

版 权 声 明

♦　著　　　　[美] 约翰·卡内尔（John Carnell）

　　译　　　　陈文辉

　　审　　校　张卫滨

　　责任编辑　杨海玲

　　责任印制　马振武

♦ 人民邮电出版社出版发行　　北京市丰台区成寿寺路 11 号
　邮编　100164　　电子邮件　315@ptpress.com.cn
　网址　http://www.ptpress.com.cn
　固安县铭成印刷有限公司印刷

♦ 开本：800×1000　1/16
　印张：20
　字数：435 千字　　　　　　　　2018 年 6 月第 1 版
　印数：5 001 – 6 500 册　　　　2018 年 7 月河北第 2 次印刷
　　　　著作权合同登记号　图字：01-2017-9013 号

定价：79.00 元
读者服务热线：(010)81055410　印装质量热线：(010)81055316
反盗版热线：(010)81055315
广告经营许可证：京东工商广登字 20170147 号

内容提要

    本书以一个名为 EagleEye 的项目为主线，介绍云、微服务等概念以及 Spring Boot 和 Spring Cloud 等诸多 Spring 项目，并介绍如何将 EagleEye 项目一步一步地从单体架构重构成微服务架构，进而将这个项目拆分成众多微服务，让它们运行在各自的 Docker 容器中，实现持续集成/持续部署，并最终自动部署到云环境（Amazon）中。针对在重构过程中遇到的各种微服务开发会面临的典型问题（包括开发、测试和运维等问题），本书介绍了解决这些问题的核心模式，以及在实战中如何选择特定 Spring Cloud 子项目或其他工具解决这些问题。

    本书适合拥有构建分布式应用程序的经验、拥有 Spring 的知识背景以及对学习构建基于微服务的应用程序感兴趣的 Java 开发人员阅读。对于希望使用微服务构建基于云的应用程序，以及希望了解如何将基于微服务的应用部署到云上的开发人员，本书也具有很好的学习参考价值。

致我的兄弟 Jason！即使在你处在最黑暗的时刻，你也向我展示了力量和尊严的真正含义。作为兄弟、丈夫和父亲，你是一个好榜样。

译者序

让我们把时间调回到 2003 年 6 月。那一年，承载着"传统 J2EE 寒冬之后的崭新起点"美好愿景的 Spring 项目开始立项，并以 1.0 版本进行推进。时光荏苒，从 Spring Framework 1.0 发展到现在的 Spring Framework 5.0，Spring 早已从当初 Java 企业级开发领域的挑战者、颠覆者，变成了标准的制定者，成为 Java 企业级开发事实上的标准开发框架。

经过十多年的发展，Spring 家族现在已枝繁叶茂，涵盖 J2EE 开发、依赖维护、安全、批处理、统一数据库访问、大数据、消息处理、移动开发以及微服务等众多领域。在 Spring 家族的诸多项目里面，最耀眼的项目莫过于 Spring Framework、Spring Boot 和 Spring Cloud。Spring Framework 就像是 Spring 家族的树根，是 Spring 得以在 Java 开发领域屹立不倒的根本原因，它的目标就是帮助开发人员开发出好的系统；Spring Boot 就像是树干，它的目标是简化新 Spring 应用的初始搭建以及开发过程，致力于在蓬勃发展的快速应用开发领域成为领导者；Spring Cloud 就如同是 Spring 这棵参天大树在微服务开发领域所结出的硕果。

在近几年，微服务这一概念十分火热，因为它确实能解决传统的单体架构应用所带来的顽疾（如代码维护难、部署不灵活、稳定性不高、无法快速扩展），以至于涌现出了一批帮助实现微服务的工具。在它们之中，Spring Cloud 无疑是最令人瞩目的，不仅是因为 Spring 在 Java 开发中的重要地位，更是因为它提供一整套微服务实施方案，包括服务发现、分布式配置、客户端负载均衡、服务容错保护、API 网关、安全、事件驱动、分布式服务跟踪等工具。

本书对微服务的概念进行了详细的介绍，并介绍了微服务开发过程中遇到的典型问题，以及解决这些问题的核心模式，并介绍了在实战中如何选择特定 Spring Cloud 子项目解决这些问题。本书非常好地把握了理论和实践的平衡，正如本书作者所言，本书是"架构和工程学科之间良好的桥梁与中间地带"。相信读者阅读完本书之后，会掌握微服务的概念，明白如何在生产环境中实施微服务架构，学会在生产中运用 Spring Cloud 等工具，并将项目自动部署到云环境中。

我第一次接触 Spring Cloud，是由于我所负责的一个项目需要从典型的单体应用架构重构成微服务架构，而当时部门主管选定的技术方案就是 Spring Cloud。从那时起，我才真正开始深入了解 Spring Cloud。当时，Spring Cloud 算是比较新的技术，国内有关 Spring Cloud 和微服务方面的优秀技术书籍凤毛麟角，我只能选择参阅 Spring 的官方文档以及国外的一些技术博客。当时 Manning 出版社尚未出版的 *Spring Microservices in Action* 走入了我的视野。通读完这本书的早期预览版之后，我认为它是目前市面上将微服务和 Spring Cloud 结合介绍得最好的技术书籍，于是我便毛遂自荐，向人民邮电出版社的杨海玲编辑表达了希望成为这本书的中文译者的意愿。不久之后，她回复了我，请我担任这本书的译者，我欣然答应，从此开启了披星戴月的翻译日子。

虽然翻译本书花费了我大量的业余时间，但我也在这个过程中学到了许多。感谢杨海玲编辑和张卫滨老师在翻译过程中对我的指导与指正。同时，我想要感谢我的爱人在这个过程中对我的支持与奉献，还要感谢我那即将出生的孩子，你们是我坚持的动力来源。

限于时间和精力，也囿于我本人的知识积累，在翻译过程中难免犯错。如果读者发现本书翻译中存在哪些不足或纰漏之处，欢迎提出宝贵意见。读者可以通过 memphychan@gmail.com 联系我。希望本书能够对您有用！

陈文辉
2018 年 4 月于东莞

前言

具有讽刺意味的是，在写书的时候，所写的书的最后一部分往往是这本书的前言。这往往也是最棘手的部分。为什么？因为你必须向所有人解释为什么你对一个主题如此热情，以至于你最后花了一年半的时间来写一本关于这个主题的书。很难说清楚为什么有人会花这么多的时间在一本技术书上。人们很少会为名或为利撰写软件开发书籍。

我写本书的原因就是——我热爱编码。这是对我的一种召唤，也是一种创造性的活动，它类似于绘画或演奏乐器。软件开发领域之外的人很难理解这一点。我尤其喜欢构建分布式应用程序。对我来说，看到一个应用程序跨几十个（甚至数百个）服务器工作是一件令人惊奇的事情。这就像看着一个管弦乐队演奏一段音乐。虽然管弦乐队的最终作品很出色，但完成它往往需要大量的努力与练习。编写大规模分布式应用程序亦是如此。

自从 25 年前我进入软件开发领域以来，我就目睹了软件业与构建分布式应用程序的"正确"方式做斗争。我目睹过分布式服务标准（如 CORBA）兴起与陨落。巨型公司试图推行大型的而且通常是专有的协议。有人记得微软公司的分布式组件对象模型（Distributed Component Object Model，DCOM）或甲骨文公司的 J2EE 企业 Java Bean 2（EJB）吗？我目睹过技术公司和它们的追随者涌向沉重的基于 XML 的模式来构建面向服务的架构（SOA）。

在各种情况下，这些用于构建分布式系统的方法常常在它们自身的负担下崩溃。我并不是说这些技术无法用来构建一些非常强大的应用程序。它们陨落的真相是它们无法满足用户的需求。10 年前，智能手机刚刚被引入市场，云计算还处于起步阶段。另外，分布式应用程序开发的标准和技术对于普通开发人员来说太复杂了，以至于无法在实践中理解和使用。在软件开发行业，没有什么能像书面代码那样说真话。当标准妨碍到这一点时，标准很快就会被抛弃。

当我第一次听说构建应用程序的微服务方法时，我是有点儿怀疑的。"很好，另一种用于构建分布式应用的银弹方法。"我是这样想的。然而，随着我开始深入了解这些概念，我意识到微服务的简单性可以成为游戏规则的改变者。微服务架构的重点是构建使用简单协议（HTTP 和 JSON）进行通信的小型服务。仅此而已。开发人员可以使用几乎任何编程语言来编写一个微服务。在这种简单中蕴含着美。

然而，尽管构建单个微服务很容易，实施和扩展它却很困难。要让数百个小型的分布式组件协同工作，然后从它们构建一个弹性的应用程序是非常困难的。在分布式计算中，故障是无从逃避的现实，应用程序要处理好故障是非常困难的。套用我同事 Chris Miller 和 Shawn Hagwood 的话："如果它没有偶尔崩溃，你就不是在构建。"

正是这些故障激励着我写这本书。我讨厌在不必要的时候从头开始构建东西。事实上，Java 是大多数应用程序开发工作的通用语言，尤其是在企业中。对许多组织来说，Spring 框架已成为大多数应用程序事实上的开发框架。我已经用 Java 做了近 20 年的应用程序开发（我还记得 Dancing Duke applet），并且使用 Spring 近 10 年了。当我开始我的微服务之旅时，我很高兴看到 Spring Cloud 的出现。

Spring Cloud 框架为许多微服务开发人员将会遇到的常见开发和运维问题提供开箱即用的解决方案。Spring Cloud 可以让开发人员仅使用所需的部分，并最大限度地减少构建和部署生产就绪的 Java 微服务所需的工作量。通过使用其他来自 Netflix、HashiCorp 以及 Apache 基金会等公司和组织的久经考验的技术，Spring Cloud 实现了这一点。

我一直认为自己是一名普通的开发人员，在一天结束的时候，需要按期完成任务。这就是我写这本书的原因。我想要一本可以在我的日常工作中使用的书。我想要一些直接简单的（希望如此）代码示例。我总是想要确保本书中的材料既可以作为单独的章使用也可以作为整体来使用。我希望读者会觉得本书很有用，希望读者会喜欢读它，就如同我喜欢写它一样。

资源与支持

本书由异步社区出品，社区（https://www.epubit.com/）为您提供相关资源和后续服务。

配套资源

本书提供如下资源：

- 本书源代码；
- 书中彩图文件；

要获得以上配套资源，请在异步社区本书页面中点击 配套资源 ，跳转到下载界面，按提示进行操作即可。注意：为保证购书读者的权益，该操作会给出相关提示，要求输入提取码进行验证。

提交勘误

作者和编辑尽最大努力来确保书中内容的准确性，但难免会存在疏漏。欢迎您将发现的问题反馈给我们，帮助我们提升图书的质量。

当您发现错误时，请登录异步社区，按书名搜索，进入本书页面，点击"提交勘误"，输入勘误信息，点击"提交"按钮即可。本书的作者和编辑会对您提交的勘误进行审核，确认并接受后，您将获赠异步社区的 100 积分。积分可用于在异步社区兑换优惠券、样书或奖品。

扫码关注本书

扫描下方二维码，您将会在异步社区微信服务号中看到本书信息及相关的服务提示。

与我们联系

我们的联系邮箱是 contact@epubit.com.cn。

如果您对本书有任何疑问或建议，请您发邮件给我们，并请在邮件标题中注明本书书名，以便我们更高效地做出反馈。

如果您有兴趣出版图书、录制教学视频，或者参与图书翻译、技术审校等工作，可以发邮件给我们；有意出版图书的作者也可以到异步社区在线提交投稿（直接访问 www.epubit.com/selfpublish/submission 即可）。

如果您是学校、培训机构或企业，想批量购买本书或异步社区出版的其他图书，也可以发邮件给我们。

如果您在网上发现有针对异步社区出品图书的各种形式的盗版行为，包括对图书全部或部分内容的非授权传播，请您将怀疑有侵权行为的链接发邮件给我们。您的这一举动是对作者权益的保护，也是我们持续为您提供有价值的内容的动力之源。

关于异步社区和异步图书

"异步社区"是人民邮电出版社旗下 IT 专业图书社区，致力于出版精品 IT 技术图书和相关学习产品，为作译者提供优质出版服务。异步社区创办于 2015 年 8 月，提供大量精品 IT 技术图书和电子书，以及高品质技术文章和视频课程。更多详情请访问异步社区官网 https://www.epubit.com。

"异步图书"是由异步社区编辑团队策划出版的精品 IT 专业图书的品牌，依托于人民邮电出版社近 30 年的计算机图书出版积累和专业编辑团队，相关图书在封面上印有异步图书的 LOGO。异步图书的出版领域包括软件开发、大数据、AI、测试、前端、网络技术等。

异步社区

微信服务号

致谢

当我坐下来写下这些致谢时，我忍不住回想起 2014 年我第一次跑马拉松的情景。写一本书就如同跑马拉松。写这本书的提案和大纲很像训练过程，它会让你的想法成型，会把你的注意力集中在未来的事情上。是的，在这个过程接近尾声的时候，它可能会变得有点乏味和残酷。

开始写这本书的那一天就像是比赛日。你充满活力与激情地开始了马拉松比赛。你知道你在尝试做比以往所有事情都要重大的事情，这既令人兴奋又让人神经紧张。虽然这是你已经训练过的，但同一时间，在你的脑海中总会有一些怀疑的声音，说你完成不了你开始的事情。

我从跑步中学到了比赛不是一次一公里地完成的，相反，跑步是一只脚在另一只脚前面地跑。长跑是个人脚步的总和。当我的孩子们在为某件事而挣扎时，我笑着问他们：“你如何写一本书？那就是一次一词，一次一步。”他们通常会不以为然，但到最后，除了这条无可争辩的铁律之外就没有别的办法了。

然而，当你跑马拉松的时候，你可能是一名竞赛的参与者，但你永远不会孤军奋斗。在这个过程中，有整个团队在那里为你提供支持、时间和建议。撰写这本书的经历亦是如此。

我首先想感谢 Manning 出版社为我撰写这本书所给予的支持。策划编辑 Greg Wild 耐心地与我一起工作，帮助我精炼了本书中的核心概念，并引导我完成了整个提案过程。在此过程中，我的开发编辑 Maria Michaels 让我保持坦诚，并鞭策我成为一名更优秀的作者。我还要感谢我的技术编辑 Raphael Villela 和 Joshua White，他们不断检查我的工作，并确保我编写的示例和代码的整体质量。我非常感谢这些人在整个项目中投入的时间、才华和承诺。我还要感谢在撰写和开发过程中对书稿提供反馈意见的审稿人：Aditya Kumar、Adrian M. Rossi、Ashwin Raj、Christian Bach、Edgar Knapp、Jared Duncan、Jiri Pik、John Guthrie、Mirko Bernardoni、Paul Balogh、Pierluigi Riti、Raju Myadam、Rambabu Posa、Sergey Evsikov 和 Vipul Gupta。

致我的儿子 Christopher：你正成长为一个不可思议的年轻人。我迫不及待地想要到你真正点燃热情的那一天，因为这个世界上没有什么能阻止你实现你的目标。

致我的女儿 Agatha：我愿付出我所有的财富来换取用仅仅 10min 的时间透过你的眼睛去看这个世界。这段经历会让我成为一名更好的作家，更重要的是，成为一个更好的人。你的智慧，你的观察力和创造力让我谦逊。

致我 4 岁的儿子 Jack：小伙子，感谢你在我每次说"我现在不能玩，因为爸爸必须要投身于这本书的写作"的时候对我保持耐心。你总是逗我笑，让整个家庭变得完整。没有什么比我看到你是一个"开心果"并与家里的每个人一起玩耍更让我开心的了。

我和这本书的赛跑已经完成了。就像我的马拉松一样，我在写这本书时已倾尽全力。我非常感激 Manning 团队，以及早早地买下了这本书并给予我许多珍贵反馈的 MEAP 版读者。最后，我希望读者喜欢这本书，就像我喜欢写这本书一样。谢谢你！

关于本书

本书是为工作中的 Java/Spring 开发人员编写的,他们需要实际的建议以及如何构建和实施基于微服务的应用程序的示例。写这本书的时候,我希望它基于与 Spring Boot 和 Spring Cloud 示例结合的核心微服务模式,这些示例演示了这些模式。因此,读者会发现几乎每一章都会讨论特定的微服务设计模式,以及使用 Spring Boot 和 Spring Cloud 实现的模式示例。

本书适合的读者

- 拥有构建分布式应用程序经验(1~3 年)的 Java 开发人员。
- 拥有 Spring 的知识背景(1 年以上)的技术人员。
- 对学习构建基于微服务的应用程序感兴趣的技术人员。
- 对使用微服务构建基于云的应用程序感兴趣的技术人员。
- 想要知道 Java 和 Spring 是否是用于构建基于微服务的应用程序的相关技术的技术人员。
- 有兴趣了解如何将基于微服务的应用部署到云上的技术人员。

本书组织结构

本书包含 10 章和 2 个附录。

- 第 1 章会介绍微服务架构为什么是构建应用程序,尤其是基于云的应用程序的重要相关方法。
- 第 2 章将引导读者了解如何使用 Spring Boot 构建第一个基于 REST 的微服务。这一章将介绍如何通过架构师、应用工程师和 DevOps 工程师的角度来审视微服务。
- 第 3 章会介绍如何使用 Spring Cloud Config 管理微服务的配置。Spring Cloud Config 可帮助开发人员确保服务的配置信息集中在单个存储库中,并且在所有服务实例中都是版本控制和可重复的。

- 第 4 章介绍第一个微服务路由模式——服务发现。在这一章中，读者将学习如何使用 Spring Cloud 和 Netflix 的 Eureka 服务，将服务的位置从客户的使用中抽象出来。

- 第 5 章讨论在一个或多个微服务实例关闭或处于降级状态时保护微服务的消费者。这一章将演示如何使用 Spring Cloud 和 Netflix Hystrix（和 Netflix Ribbon）来实现客户端调用的负载均衡、断路器模式、后备模式和舱壁模式。

- 第 6 章会介绍微服务路由模式——服务网关。使用 Spring Cloud 和 Netflix 的 Zuul 服务器，开发人员将为所有微服务建立一个单一入口点。我们将讨论如何使用 Zuul 的过滤器 API 来构建可以针对流经服务网关的所有服务强制执行的策略。

- 第 7 章介绍如何使用 Spring Cloud Security 和 OAuth2 实现服务验证和授权。我们将介绍如何设置 OAuth2 服务来保护服务，以及如何在 OAuth2 实现中使用 JSON Web 令牌（JSON Web Tokens，JWT）。

- 第 8 章讨论如何使用 Spring Cloud Stream 和 Apache Kafka 将异步消息传递到微服务中。

- 第 9 章介绍如何使用 Spring Cloud Sleuth 和 Open Zipkin 来实现日志关联、日志聚合和跟踪等常见日志记录模式。

- 第 10 章是本书的基石项目。读者将使用在本书中构建的服务，并将其部署到亚马逊弹性容器服务（Amazon Elastic Container Service，ECS）。我们还将讨论如何使用 Travis CI 等工具自动化构建和部署微服务。

- 附录 A 介绍如何设置桌面开发环境，以便可以运行本书中的所有代码示例。本附录介绍本地构建过程是如何工作的，以及想要在本地运行代码示例时如何本地启动 Docker。

- 附录 B 是 OAuth2 的补充资料。OAuth2 是一种非常灵活的身份验证模型，这一附录简要介绍 OAuth2 可用于保护应用程序及其相应的微服务的不同方式。

关于代码

本书每一章中的所有代码示例都可以在作者的 GitHub 存储库中找到，每一章都有自己的存储库。读者可以通过到每一章代码存储库的链接 http://github.com/carnellj/spmia-overview 找到概述页面。包含所有源代码的 zip 文件也可从 Manning 出版社的网站[①]获取。

本书中的所有代码使用 Maven 作为主要构建工具进行构建以运行在 Java 8 上。有关编译和运行代码示例所需的软件工具的完整详细信息，参见附录 A。

我在写这本书时遵循的一个核心概念是，每章中的代码示例应该独立于其他章中的代码示例。因此，我们为某一章创建的每个服务将构建到相应的 Docker 镜像。当使用前几章的代码时，它包括在源代码和已构建的 Docker 镜像中。我们使用 Docker compose 和构建的 Docker 镜像来保证每章都具有可重现的运行时环境。

---

① 读者可登录异步社区（https://www.epubit.com），在本书页面免费下载。——编者注

　　本书包含许多源代码的例子，它们有的在带编号的代码清单中，有的在普通的文本中。在这两种情况下，源代码都以等宽字体印刷，以将其与普通文本分开。有时，代码还会加粗，以突出显示与这一章前面的步骤相比有变化的代码，例如，将新功能添加到现有代码行时。

　　在很多情况下，原始的源代码已被重新调整了格式。我们添加了换行符和重新加工了缩进，以适应书的页面空间。在极少数情况下，甚至还不止如此，代码清单还包括行连续标记（➡）。此外，在文本中描述代码时，源代码中的注释通常会从代码清单中移除。许多代码清单附带了代码注解，突出重要的概念。

关于作者

约翰·卡内尔（John Carnell）在 Genesys 的 PureCloud 部门工作，担任 Genesys 的高级云工程师。他大部分时间都在使用 AWS 平台构建基于电话的微服务。他的日常工作主要围绕在设计和构建跨 Java、Clojure 和 Go 等多种技术平台的微服务。

他是一位高产的演讲者和作家。他经常在当地的用户群体发表演讲，并且是"The No Fluff Just Stuff Software Symposium"的常规发言人。在过去的 20 年里，他撰写、合著了许多基于 Java 的技术书籍，并担任了许多基于 Java 的技术书籍和行业刊物的技术审稿人。

他拥有马奎特大学（Marquette University）艺术学士学位和威斯康星大学奥什科什分校（University of Wisconsion Oshkosh）工商管理硕士（MBA）学位。

他是一位充满激情的技术专家，他不断探索新技术和编程语言。不演讲、写作或编码时，他与妻子 Janet 和 3 个孩子（Christopher、Agatha 和 Jack）生活在北卡罗来纳州的卡里。

在极少的空闲时间里，他喜欢跑步、与他的孩子嬉戏，并研究菲律宾武术。

读者可以通过 john_carnell@yahoo.com 与他取得联系。

关于封面插图

本书封面插画的标题为《克罗地亚男人》。该插画取自克罗地亚斯普利特民族博物馆 2008 年出版的 Balthasar Hacquet 的 *Images and Descriptions of Southwestern and Eastern Wenda, Illyrians, and Slavs* 的最新重印版本。Hacquet（1739—1815）是一名奥地利医生及科学家，他花数年时间去研究奥匈帝国很多地区的植物、地质和人种，以及伊利里亚部落过去居住的（罗马帝国的）威尼托地区、尤里安阿尔卑斯山脉及西巴尔干等地区。Hacquet 发表的很多论文和书籍中都有手绘插图。

Hacquet 的出版物中丰富多样的插图生动地描绘了 200 年前阿尔卑斯东部和巴尔干西北地区的独特性和个体性。那时候相距几公里的两个村庄村民的衣着都迥然不同，当有社交活动或交易时，不同地区的人们很容易通过着装来辨别。从那之后着装的要求发生了改变，不同地区的多样性也逐渐消亡。现在很难说出不同大陆的居民有多大区别，例如，现在很难区分斯洛文尼亚的阿尔卑斯山地区那些美丽小镇或村庄或巴尔干沿海小镇的居民和欧洲其他地区的居民。

Manning 出版社利用两个世纪前的服装来设计书籍封面，以此来赞颂计算机产业所具有的创造性、主动性和趣味性。正如本书封面的图片一样，这些图片也把我们带回到过去的生活中。

目录

第1章 欢迎迈入云世界，Spring

本章主要内容
- 了解微服务以及很多公司使用微服务的原因
- 使用 Spring、Spring Boot 和 Spring Cloud 来搭建微服务
- 了解云和微服务为什么与基于微服务的应用程序有关
- 构建微服务涉及的不只是构建服务代码
- 了解基于云的开发的各个组成部分
- 在微服务开发中使用 Spring Boot 和 Spring Cloud

作为软件开发者，我们一直处于一片混乱和不断变化的海洋之中，这已是软件开发领域中的一个常态。新技术与新方案的突然涌现会让我们受到强烈的冲击，使我们不得不重新评估应该如何为客户搭建和交付解决方案。使用微服务开发软件被许多组织迅速采纳就是应对这种冲击的一个例子。微服务是松耦合的分布式软件服务，这些服务执行少量的定义明确的任务。

本书主要介绍微服务架构，以及为什么应该考虑采用微服务架构来构建应用。我们将看到如何利用 Java 以及 Spring Boot 和 Spring Cloud 这两个 Spring 框架项目来构建微服务。Spring Boot 和 Spring Cloud 为 Java 开发者提供了一条从开发传统的单体的 Spring 应用到开发可以部署在云端的微服务应用的迁移路径。

1.1 什么是微服务

在微服务的概念逐步形成之前，绝大部分基于 Web 的应用都是使用单体架构的风格来进行构建的。在单体架构中，应用程序作为单个可部署的软件制品交付，所有的 UI（用户接口）、业务、数据库访问逻辑都被打包在一个应用程序制品中并且部署在一个应用程序服务器上。

虽然应用程序可能是作为单个工作单元部署的，但大多数情况下，会有多个开发团队开发这个应用程序。每个开发团队负责应用程序的不同部分，并且他们经常用自己的功能部件来服务特定的客户。例如，我在一家大型的金融服务公司工作时，我们公司有一个内部定制的客户关系管

理（CRM）应用，它涉及多个团队之间的合作，包括 UI 团队、客户主团队、数据仓库团队以及
共同基金团队。图 1-1 展示了这个应用程序的基本架构。

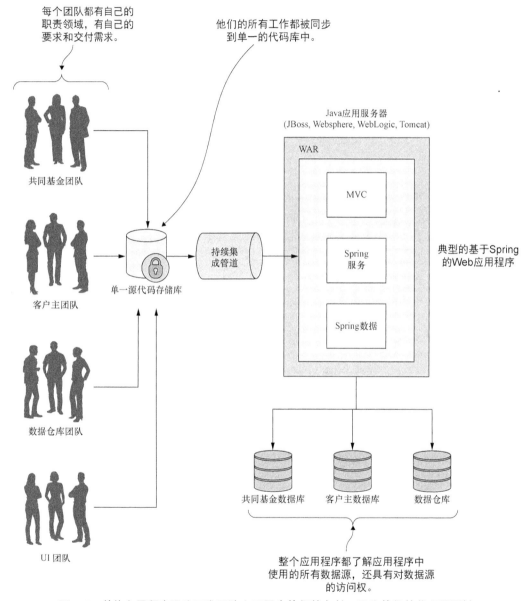

图 1-1　单体应用程序强迫开发团队人工同步他们的交付，因为他们的代码需要被
作为一个整体单元进行构建、测试和部署

这里的问题在于，随着单体的 CRM 应用的规模和复杂度的增长，在该应用程序上进行开发

的各个团队的沟通与合作成本没有减少。每当各个团队需要修改代码时，整个应用程序都需要重新构建、重新测试和重新部署。

　　微服务的概念最初是在 2014 年前后悄悄蔓延到软件开发社区的意识中，它是对在技术上和组织上扩大大型单体应用程序所面临的诸多挑战的直接回应。记住，微服务是一个小的、松耦合的分布式服务。微服务允许将一个大型的应用分解为具有严格职责定义的便于管理的组件。微服务通过将大型代码分解为小型的精确定义的部分，帮助解决大型代码库中传统的复杂问题。在思考微服务时，一个需要信奉的重要概念就是：分解和分离应用程序的功能，使它们完全彼此独立。如果以图 1-1 所示的 CRM 应用程序为例，将其分解为微服务，那么它看起来可能像图 1-2 所示的样子。

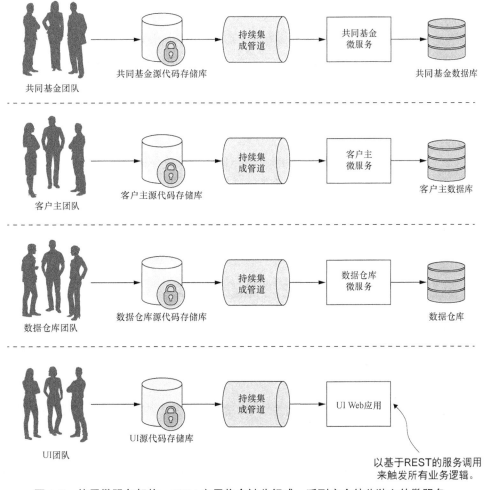

图 1-2　使用微服务架构，CRM 应用将会被分解成一系列完全彼此独立的微服务，
让每个开发团队都能够按各自的步伐前进

由图 1-2 可以发现，每个功能团队完全拥有自己的服务代码和服务基础设施。他们可以彼此独立地去构建、部署和测试，因为他们的代码、源码控制仓库和基础设施（应用服务器和数据库）现在是完全独立于应用的其他部分的。

微服务架构具有以下特征。

- 应用程序逻辑分解为具有明确定义了职责范围的细粒度组件，这些组件互相协调提供解决方案。
- 每个组件都有一个小的职责领域，并且完全独立部署。微服务应该对业务领域的单个部分负责。此外，一个微服务应该可以跨多个应用程序复用。
- 微服务通信基于一些基本的原则（注意，我说的是原则而不是标准），并采用 HTTP 和 JSON（JavaScript Object Notation）这样的轻量级通信协议，在服务消费者和服务提供者之间进行数据交换。
- 服务的底层采用什么技术实现并没有什么影响，因为应用程序始终使用技术中立的协议（JSON 是最常见的）进行通信。这意味着构建在微服务之上的应用程序能够使用多种编程语言和技术进行构建。
- 微服务利用其小、独立和分布式的性质，使组织拥有明确责任领域的小型开发团队。这些团队可能为同一个目标工作，如交付一个应用程序，但是每个团队只负责他们在做的服务。

我经常和同事开玩笑，说微服务是构建云应用程序的"诱人上瘾的毒药"。你开始构建微服务是因为它们能够为你的开发团队提供高度的灵活性和自治权，但你和你的团队很快就会发现，微服务的小而独立的特性使它们可以轻松地部署到云上。一旦服务运行在云中，它们小型化的特点使启动大量相同服务的实例变得很容易，应用程序瞬间变得更具可伸缩性，并且显而易见也会更有弹性。

1.2 什么是 Spring，为什么它与微服务有关

在基于 Java 的应用程序构建中，Spring 已经成为事实上的标准开发框架。Spring 的核心是建立在依赖注入的概念上的。在普通的 Java 应用程序中，应用程序被分解成为类，其中每个类与应用程序中的其他类经常有明显的联系，这些联系是在代码中直接调用类的构造器，一旦代码被编译，这些联系点将无法修改。

这在大型项目中是有问题的，因为这些外部联系是脆弱的，并且进行修改可能会对其他下游代码造成多重影响。依赖注入框架（如 Spring），允许用户通过约定（以及注解）将应用程序对象之间的关系外部化，而不是在对象内部彼此硬编码实例化代码，以便更轻松地管理大型 Java 项目。Spring 在应用程序的不同的 Java 类之间充当一个中间人，管理着它们的依赖关系。Spring 本质上就是让用户像玩乐高积木一样将自己的代码组装在一起。

Spring 能够快速引入特性的特点推动了它的实际应用，使用 J2EE 技术栈开发应用的企业级

Java 开发人员迅速采用它作为一个轻量级的替代方案。J2EE 栈虽然功能强大，但许多人认为它过于庞大，甚至许多特性从未被应用程序开发团队使用过。此外，J2EE 应用程序强制用户使用成熟的（和沉重的）Java 应用程序服务器来部署自己的应用程序。

　　Spring 框架的迷人之处在于它能够与时俱进并进行自我改造——它已经向开发社区证明了这一点。Spring 团队发现，许多开发团队正在从将应用程序的展现、业务和数据访问逻辑打包在一起并部署为单个制品的单体应用程序模型中迁移，正转向高度分布式的模型，服务能够被构建成可以轻松部署到云端的小型分布式服务。为了响应这种转变，Spring 开发团队启动了两个项目，即 Spring Boot 和 Spring Cloud。

　　Spring Boot 是对 Spring 框架理念重新思考的结果。虽然 Spring Boot 包含了 Spring 的核心特性，但它剥离了 Spring 中的许多"企业"特性，而提供了一个基于 Java 的、面向 REST[①] 的微服务框架。只需一些简单的注解，Java 开发者就能够快速构建一个可打包和部署的 REST 微服务，这个微服务并不需要外部的应用容器。

> **注意**　虽然本书会在第 2 章中更详细地介绍 REST，但 REST 背后最为核心的概念是，服务应该使用 HTTP 动词（GET、POST、PUT 和 DELETE）来代表服务中的核心操作，并且使用轻量级的面向 Web 的数据序列化协议（如 JSON）来从服务请求数据和从服务接收数据。

　　在构建基于云的应用时，微服务已经成为更常见的架构模式之一，因此 Spring 社区为开发者提供了 Spring Cloud。Spring Cloud 框架使实施和部署微服务到私有云或公有云变得更加简单。Spring Cloud 在一个公共框架之下封装了多个流行的云管理微服务框架，并且让这些技术的使用和部署像为代码添加注解一样简便。本章随后将介绍 Spring Cloud 中的不同组件。

1.3　在本书中读者会学到什么

　　本书是关于使用 Spring Boot 和 Spring Cloud 构建基于微服务架构的应用程序的，这些应用程序可被部署到公司内运行的私有云或 Amazon、Google 或 Pivotal 等运行的公有云上。在本书中，我们将介绍一些实际的例子。

- 微服务是什么以及构建基于微服务的应用程序的设计考虑因素。
- 什么时候不应该构建基于微服务的应用程序。
- 如何使用 Spring Boot 框架来构建微服务。
- 支持微服务应用程序的核心运维模式，特别是基于云的应用程序。
- 如何使用 Spring Cloud 来实现这些运维模式。
- 如何利用所学到的知识，构建一个部署管道，将服务部署到内部管理的私有云或公有云

---

① 虽然本书在稍后的第 2 章中会介绍 REST，但是 Roy Fielding 阐述如何基于 REST 构建应用的博士论文仍然值得一读（http://www.ics.uci.edu/~fielding/pubs/dissertation/top.htm）。在对 REST 概念的阐述上，它依然是最棒的材料之一。

厂商所提供的环境中。

阅读完这本书，读者将具备构建和部署基于 Spring Boot 的微服务所需的知识，明白实施微服务的关键设计决策，了解服务配置管理、服务发现、消息传递、日志记录和跟踪以及安全性等如何结合在一起，以交付一个健壮的微服务环境，最后读者还会看到如何在私有云或公有云中部署微服务。

1.4　为什么本书与你有关

如果你已经仔细阅读了本书前面的内容，那么我假设你：

- 是一名 Java 开发者；
- 拥有 Spring 的背景；
- 对学习如何构建基于微服务的应用程序感兴趣；
- 对如何使用微服务来构建基于云的应用程序感兴趣；
- 想知道 Java 和 Spring 是否是用于构建基于微服务的应用程序的相关技术；
- 有兴趣了解如何将基于微服务的应用部署到云上。

我写这本书出于两个原因。第一，我已经看过许多关于微服务概念方面的好书，但我并没有发现一本如何基于 Java 实现微服务的好书。虽然我总是认为自己是一个精通多门编程语言的人，但 Java 是我的核心开发语言，Spring 是我构建一个新应用程序时要使用的开发框架。第一次发现 Spring Boot 和 Spring Cloud，我便被其迷住了。当我构建运行在云上的基于微服务的应用程序时，Spring Boot 和 Spring Cloud 极大地简化了我的开发生活。

第二，由于我在职业生涯中一直是架构师和工程师，很多次我都发现，我购买的技术书往往是两个极端，它们要么是概念性的，缺乏具体代码示例，要么是特定框架或者编程语言的机械概览。我想要的是这样一本书：它是架构和工程学科之间良好的桥梁与媒介。在这本书中，我想向读者介绍微服务的开发模式以及如何在实际应用程序开发中使用它们，然后使用 Spring Boot 和 Spring Cloud 来编写实际的、易于理解的代码示例，以此来支持这些模式。

让我们转移一下注意力，使用 Spring Boot 构建一个简单的微服务。

1.5　使用 Spring Boot 来构建微服务

我一直以来都持有这样一个观点：如果一个软件开发框架通过了被我亲切地称为"卡内尔猴子测试"[1]的试验，我就认为它是经过深思熟虑和易于使用的。如果一只像我（作者）这样的"猴子"能够在 10 min 或者更少时间内弄明白一个框架，那么这个框架就通过了这个试验。这就是我第一次写 Spring Boot 服务示例的感觉。我希望读者也有同样的体验和快乐，所以，让我们花

---

[1] "卡内尔猴子测试"对应的英文为"Carnell Monkey Test"，是作者 John Carnell 设想出来的一个判断框架是否易于使用的试验。——译者注

一点儿时间，看看如何使用 Spring 编写一个简单的"Hello World"REST 服务。

在本节中，我们不会详细介绍大部分代码。这个例子的目标是让读者体会一下编写 Spring Boot 服务的感受。第 2 章中会深入更多的细节。

图 1-3 展示了这个服务将会做什么，以及 Spring Boot 微服务将会如何处理用户请求的一般流程。

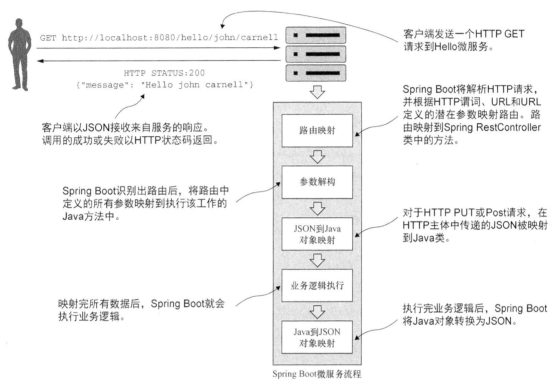

图 1-3 Spring Boot 抽象出了常见的 REST 微服务任务（路由到业务逻辑、从 URL 中解析 HTTP 参数、JSON 与对象相互映射），并让开发人员专注于服务的业务逻辑

这个例子并不详尽，甚至没有说明应该如何构建一个生产级别的微服务，但它同样值得我们注意，因为它只需要写很少的代码。在第 2 章之前，我不打算介绍如何设置项目构建文件或代码的细节。如果读者想要查看 Maven pom.xml 文件以及实际代码，可以在第 1 章对应的代码中找到它。第 1 章中的所有源代码都能在本书的 GitHub 存储库找到。

注意　在尝试运行本书各章的代码示例之前，一定要先阅读附录 A。附录 A 涵盖本书中所有项目的一般项目布局、运行构建脚本的方法以及启动 Docker 环境的方法。本章中的代码示例很简单，旨在从桌面直接运行，而不需要其他章的信息。但在后面的几章中，将很快开始使用 Docker 来运行本书中使用的所有服务和基础设施。如果读者还没有阅读附录 A 中与设置桌面环境相关的内容，请不要过多自行尝试，避免浪费时间和精力。

在这个例子中，创建一个名为 Application 的 Java 类（在 simpleservice/src/com/thoughtmechanix/application/simpleservice/ Application.java 的 Java 类，它公开了一个名为/hello 的 REST 端点。Application 类的代码，如代码清单 1-1 所示。

代码清单 1-1 使用 Spring Boot 的 Hello World：一个简单的 Spring 微服务

```
package com.thoughtmechanix.simpleservice;

import org.springframework.boot.SpringApplication;
import org.springframework.boot.autoconfigure.SpringBootApplication;
import org.springframework.web.bind.annotation.RequestMapping;
import org.springframework.web.bind.annotation.RequestMethod;
import org.springframework.web.bind.annotation.RestController;
import org.springframework.web.bind.annotation.PathVariable;
```

> 告诉 Spring Boot 框架，该类是 Spring Boot 服务的入口点

> 告诉 Spring Boot，要将该类中的代码公开为 Spring RestController 类

```
@SpringBootApplication
@RestController
@RequestMapping(value="hello")
public class Application {
```

> 此应用程序中公开的所有 URL 将以/ hello 前缀开头

```
    public static void main(String[] args) {
        SpringApplication.run(Application.class, args);
    }
```

> Spring Boo 公开为一个基于 GET 方法的 REST 端点，它将使用两个参数，即 firstName 和 lastName

```
    @RequestMapping(value="/{firstName}/{lastName}",
       method = RequestMethod.GET)
    public String hello( @PathVariable("firstName") String firstName,
       @PathVariable("lastName") String lastName) {
       return String.format("{\"message\":\"Hello %s %s\"}",
          firstName, lastName);
       }
    }
```

> 将 URL 中传入的 firstName 和 lastName 参数映射为传递给 hello 方法的两个变量

> 返回一个手动构建的简单 JSON 字符串。在第 2 章中，我们不需要创建任何 JSON

代码清单 1-1 中主要公开了一个 GET HTTP 端点，该端点将在 URL 上取两个参数（firstName 和 lastName），然后返回一个包含消息 "Hello *firstName lastName*" 的净荷的简单 JSON 字符串。如果在服务上调用了端点/hello/john/carnell，返回的结果（马上展示）将会是：

```
{"message":"Hello john carnell"}
```

让我们启动服务。为此，请转到命令提示符并输入以下命令：

```
mvn spring-boot:run
```

这条 mvn 命令将使用 Spring Boot 插件，然后使用嵌入式 Tomcat 服务器启动应用程序。

Java 与 Groovy 以及 Maven 与 Gradle

Spring Boot 框架对 Java 和 Groovy 编程语言提供了强力的支持。可以使用 Groovy 构建微服务，而无须任何项目设置。Spring Boot 还支持 Maven 和 Gradle 构建工具。我将本书中的例子限制在 Java 和 Maven 中。作为一个长期的 Groovy 和 Gradle 的爱好者，我对语言和构建工具有良好的尊重，但为了保持本书的可管理性，并使内容更聚焦，我选择使用 Java 和 Maven，以便于照顾到尽可能多的读者。

如果一切正常开始，在命令行窗口中应该看到图 1-4 所示的内容。

/hello端点映射带有两个变量，即firstName和lastName。

```
o.s.b.w.servlet.FilterRegistrationBean      Mapping filter: 'requestContextFilter' to: [/*]
s.w.s.m.m.a.RequestMappingHandlerAdapter    Looking for @ControllerAdvice: org.springframework.boot.contex
startup date [Thu Mar 23 06:09:30 EDT 2017] root of context hierarchy
s.w.s.m.m.a.RequestMappingHandlerMapping : Mapped "{[/hello/{firstName}/{lastName}],methods=[GET]}" onto
on.hello(java.lang.String,java.lang.String)
s.w.s.m.m.a.RequestMappingHandlerMapping : Mapped "{[/error]}" onto public org.springframework.http.Respo
-ingframework.boot.autoconfigure.web.BasicErrorController.error(javax.servlet.http.HttpServletRequest)
s.w.s.m.m.a.RequestMappingHandlerMapping : Mapped "{[/error],produces=[text/html]}" onto public org.sprin
nfigure.web.BasicErrorController.errorHtml(javax.servlet.http.HttpServletRequest,javax.servlet.http.HttpSe

o.s.w.s.handler.SimpleUrlHandlerMapping : Mapped URL path [/webjars/**] onto handler of type [class org.

o.s.w.s.handler.SimpleUrlHandlerMapping : Mapped URL path [/**] onto handler of type [class org.springfr

o.s.w.s.handler.SimpleUrlHandlerMapping : Mapped URL path [/**/favicon.ico] onto handler of type [class

o.s.j.e.a.AnnotationMBeanExporter          : Registering beans for JMX exposure on startup
s.b.c.e.t.TomcatEmbeddedServletContainer   Tomcat started on port(s): 8080 (http)
c.t.simpleservice.Application              Started Application in 2.261 seconds (JVM running for 5.113)
```

该服务在8080端口监听传入的HTTP请求。

图 1-4　Spring Boot 服务将通过控制台与公开的端点和服务端口进行通信

检查图 1-4 中的内容，注意两件事。首先，端口 8080 上启动了一个 Tomcat 服务器；其次，在服务器上公开了/hello/{firstName}/{lastName}的 GET 端点。

这里将使用名为 POSTMAN 的基于浏览器的 REST 工具来调用服务。许多工具（包括图形和命令行）都可用于调用基于 REST 的服务，但是本书中的所有示例都使用 POSTMAN。图 1-5 展示了 POSTMAN 调用 http://localhost:8080/ hello/john/carnell 端点并从服务中返回结果。

显然，这个简单的例子并不能演示 Spring Boot 的全部功能。但是，我们应该注意到，在这里只使用了 25 行代码就编写了一个完整的 HTTP JSON REST 服务，其中带有基于 URL 和参数的路由映射。正如所有经验丰富的 Java 开发人员都会告诉你的那样，在 25 行 Java 代码中编写任何有意义的东西都是非常困难的。虽然 Java 是一门强大的编程语言，但与其他编程语言相比，它却获得了啰唆冗长的名声。

/hello/john/carnell端点的HTTP GET

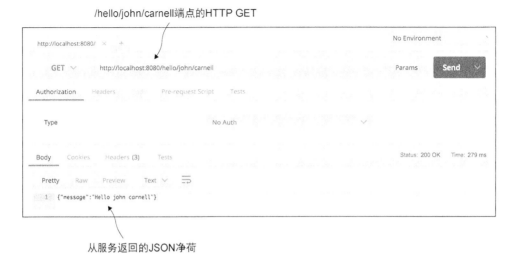

从服务返回的JSON净荷

图 1-5　/hello 端点的响应，以 JSON 净荷的形式展示了请求的数据

完成了 Spring Boot 的简短介绍，现在必须提出这个问题：我们可以使用微服务的方式编写应用程序，这是否意味着我们就应该这么做呢？在下一节中，将介绍为什么以及何时适合使用微服务方法来构建应用程序。

1.6　为什么要改变构建应用的方式

我们正处于历史的拐点。现代社会的几乎所有方面都可以通过互联网连接在一起。习惯于为当地市场服务的公司突然发现，他们可以接触到全球的客户群，全球更大的客户群一起涌进来的同时也带来了全球竞争。这些竞争压力意味着以下力量正在影响开发人员考虑构建应用程序的方式。

- 复杂性上升——客户期望组织的所有部门都知道他们是谁。与单个数据库通信并且不与其他应用程序集成的"孤立的"应用程序已不再是常态。如今，应用程序不仅需要与多个位于公司数据中心内的服务和数据库进行通信，还需要通过互联网与外部服务提供商的服务和数据库进行通信。
- 客户期待更快速的交付——客户不再希望等待软件包的下一次年度发布或整体版本更新。相反，他们期望软件产品中的功能被拆分，以便在几周（甚至几天）内即可快速发布新功能，而无须等待整个产品发布。
- 性能和可伸缩性——全球性的应用程序使预测应用程序将处理多少事务量以及何时触发该事务量变得非常困难。应用程序需要快速跨多个服务器进行扩大，然后在事务量高峰过去时进行收缩。
- 客户期望他们的应用程序可用——因为客户与竞争对手之间只有点击一下鼠标的距离，所以企业的应用程序必须具有高度的弹性。应用程序中某个部分的故障或问题不应该导致整个应用程序崩溃。

为了满足这些期望，作为应用开发人员，我们不得不接受这样一个悖论：构建高可伸缩性和高度冗余的应用程序。我们需要将应用程序分解成可以互相独立构建和部署的小型服务。如果将应用程序"分解"为小型服务，并将它们从单体制品中转移出来，那么就可以构建具有下面这些特性的系统。

- 灵活性——可以将解耦的服务进行组合和重新安排，以快速交付新的功能。一个正在使用的代码单元越小，更改代码越不复杂，测试部署代码所需的时间越短。
- 有弹性——解耦的服务意味着应用程序不再是单个"泥浆球"，在这种架构中其中一部分应用程序的降级会导致整个应用程序失败。故障可以限制在应用程序的一小部分之中，并在整个应用程序遇到中断之前被控制。这也使应用程序在出现不可恢复的错误的情况下能够优雅地降级。
- 可伸缩性——解耦的服务可以轻松地跨多个服务器进行水平分布，从而可以适当地对功能/服务进行伸缩。单体应用程序中的所有逻辑是交织在一起的，即使只有一小部分应用程序是瓶颈，整个应用程序也需要扩展。小型服务的扩展是局部的，成本效益更高。

为此，当我们开始讨论微服务时，请记住下面一句话：小型的、简单的和解耦的服务=可伸缩的、有弹性的和灵活的应用程序。

1.7 云到底是什么

术语"云"已经被过度使用了。每个软件供应商都有云，每个软件供应商的平台都是支持云的，但是如果穿透这些天花乱坠的广告宣传，我们就会发现云计算有 3 种基本模式。它们是：

- 基础设施即服务（Infrastructure as a Service，IaaS）；
- 平台即服务（Platform as a Service，PaaS）；
- 软件即服务（Software as a Service，SaaS）。

为了更好地理解这些概念，让我们将每天的任务映射到不同的云计算模型中。当你想吃饭时，你有 4 种选择：

（1）在家做饭；

（2）去食品杂货店买一顿预先做好的膳食，然后你加热并享用它；

（3）叫外卖送到家里；

（4）开车去餐厅吃饭。

图 1-6 展示了各种模型。

这些选择之间的区别是谁负责烹饪这些膳食，以及在哪里烹饪。在内部自建模型中，想要在家里吃饭就需要自己做所有的工作，还要使用家里面的烤箱和食材。商店购买的食物就像使用基础设施即服务（IaaS）计算模型一样，使用店内的厨师和烤箱预先烘烤餐点，但你仍然有责任加热膳食并在家里吃（然后清洗餐具）。

图 1-6　不同的云计算模型归结于云供应商或你各自要负责什么

在平台即服务（PaaS）模型中，你仍然需要负责烹饪膳食，但同时依靠供应商来负责与膳食制作相关的核心任务。例如，在 PaaS 模型中，你提供盘子和家具，但餐厅老板提供烤箱、食材和厨师来做饭。在"软件即服务"（SaaS）模型中，你去到一家餐厅，在那里，所有食物都已为你准备好。你在餐厅吃饭，然后在吃完后买单，你也不需要自己去准备或清洗餐具。

每个模型中的关键项都是控制：由谁来负责维护基础设施，以及构建应用程序的技术选择是什么？在 IaaS 模型中，云供应商提供基础设施，但你需要选择技术并构建最终的解决方案；而在 SaaS 模型中，你就是供应商所提供的服务的被动消费者，无法对技术进行选择，同时也没有任何责任来维护应用程序的基础设施。

新兴的云平台

本书已经介绍了目前正在使用的 3 种核心云平台类型（即 IaaS、PaaS 和 SaaS）。然而，新的云平台类型正在出现。这些新平台包括"函数即服务"（Functions as a Service，FaaS）和"容器即服务"（Container as a Service，CaaS）。基于 FaaS 的应用程序会使用像亚马逊的 Lambda 技术和 Google Cloud 函数这样的设施，应用会将代码块以"无服务器"（serverless）的形式部署，这些代码会完全在云提供商的平台计算设施上运行。使用 FaaS 平台，无须管理任何服务器基础设施，只需支付执行函数所需的计算周期。

使用容器即服务模型，开发人员将微服务作为便携式虚拟容器（如 Docker）进行构建并部署到云供应商。与 IaaS 模型不同，使用 IaaS 的开发人员必须管理部署服务的虚拟机，而 CaaS 则是将服务部署在轻量级的虚拟容器中。云供应商会提供运行容器的虚拟服务器，以及用于构建、部署、监控和伸缩容器的综合工具。亚马逊的弹性容器服务（Amazon's Elastic Container Service，Amazon ECS）就是一个基于 CaaS 平台的例子。在第 10 章中，我们将看到如何部署已构建的微服务到 Amazon ECS。

需要重点注意的是，使用云计算的 FaaS 和 CaaS 模型，开发人员仍然可以构建基于微服务的架构。

请记住，微服务概念的重点在于构建有限职责的小型服务，并使用基于 HTTP 的接口进行通信。新兴的云计算平台（如 FaaS 和 CaaS）是部署微服务的替代基础设施机制。

1.8 为什么是云和微服务

微服务架构的核心概念之一就是每个服务都被打包和部署为离散的独立制品。服务实例应该迅速启动，服务的每一个实例都是完全相同的。

作为编写微服务的开发人员，我们迟早要决定是否将服务部署到下列某个环境之中。

- 物理服务器——虽然可以构建和部署微服务到物理机器，但由于物理服务器的局限性，很少有组织会这样做。开发人员不能快速提高物理服务器的容量，并且在多个物理服务器之间水平伸缩微服务可能会变得成本非常高。
- 虚拟机镜像——微服务的主要优点之一是能够快速启动和关闭微服务实例，以响应可伸缩性和服务故障事件。虚拟机是主要云供应商的心脏和灵魂。微服务可以打包在虚拟机镜像中，然后开发人员可以在 IaaS 私有或公有云中快速部署和启动服务的多个实例。
- 虚拟容器——虚拟容器是在虚拟机镜像上部署微服务的自然延伸。许多开发人员不是将服务部署到完整的虚拟机，而是将 Docker 容器（或等效的容器技术）部署到云端。虚拟容器在虚拟机内运行。使用虚拟容器，可以将单个虚拟机隔离成共享相同虚拟机镜像的一系列独立进程。

基于云的微服务的优势是以弹性的概念为中心。云服务供应商允许开发人员在几分钟内快速启动新的虚拟机和容器。如果服务容量需求下降，开发人员可以关闭虚拟服务器，而不会产生任何额外的费用。使用云供应商部署微服务可以显著地提高应用程序的水平可伸缩性（添加更多的服务器和服务实例）。服务器弹性也意味着应用程序可以更具弹性。如果其中一台微服务遇到问题并且处理能力正在不断地下降，那么启动新的服务实例可以让应用程序保持足够长的存活时间，让开发团队能够从容而优雅地解决问题。

本书会使用 Docker 容器将所有的微服务和相应的服务基础设施部署到基于 IaaS 的云供应商。下面列出的是用于微服务的常见部署拓扑结构。

- 简化的基础设施管理——IaaS 云计算供应商可以让开发人员最有效地控制他们的服务。开发人员可以通过简单的 API 调用来启动和停止新服务。使用 IaaS 云解决方案，只需支付使用基础设施的费用。
- 大规模的水平可伸缩性——IaaS 云服务供应商允许开发人员快速简便地启动服务的一个或多个实例。这种功能意味着可以快速扩大服务以及绕过表现不佳或出现故障的服务器。
- 通过地理分布实现高冗余——IaaS 供应商必然拥有多个数据中心。通过使用 IaaS 云供应商部署微服务，可以比使用数据中心里的集群拥有更高级别的冗余。

为什么不是基于 PaaS 的微服务

本章前面讨论了 3 种云平台（基础设施即服务、平台即服务和软件即服务）。对于本书，我选择专注于使用基于 IaaS 的方法构建微服务。虽然某些云供应商可以让开发人员抽象出微服务的部署基础设施，但我选择保持独立于供应商并部署应用程序的所有部分（包括服务器）。

例如，亚马逊、Cloud Foundry 和 Heroku 可以让开发人员无须知道底层应用程序容器即可部署服务。它们提供了一个 Web 接口和 API，以允许将应用程序部署为 WAR 或 JAR 文件。设置和调优应用程序服务器和相应的 Java 容器被抽象了出来。虽然这很方便，但每个云供应商的平台与其各自的 PaaS 解决方案有着不同的特点。

IaaS 方案虽然需要更多的工作，但可跨多个云供应商进行移植，并允许开发人员通过产品覆盖更广泛的受众。就个人而言，我发现基于 PaaS 的云解决方案可以快速启动开发工作，但一旦应用程序拥有足够多的微服务，开发人员就会开始需要云服务商提供的 IaaS 风格的灵活性。

本章前面提到过新的云计算平台，如函数即服务（FaaS）和容器即服务（CaaS）。如果不小心，基于 FaaS 的平台就会将代码锁定到一个云供应商平台上，因为代码会被部署到供应商特定的运行时引擎上。使用基于 FaaS 的模型，开发人员可能会使用通用的编程语言（Java、Python、JavaScript 等）编写服务，但开发人员仍然会将自己严格束缚在底层供应商的 API 和部署函数的运行时引擎上。

本书中构建的服务都会打包为 Docker 容器。本书选择 Docker 的原因之一是，作为容器技术，Docker 可以部署到所有主要的云供应商之中。稍后在第 10 章中，本书将演示如何使用 Docker 打包微服务，然后将这些容器部署到亚马逊云平台。

1.9　微服务不只是编写代码

尽管构建单个微服务的概念很易于理解，但运行和支持健壮的微服务应用程序（尤其是在云中运行）不只是涉及为服务编写代码。编写健壮的服务需要考虑几个主题。图 1-7 强调了这些主题。

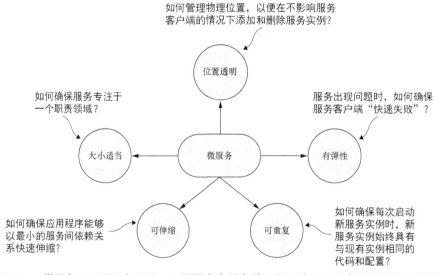

图 1-7　微服务不只是业务逻辑，还需要考虑服务的运行环境以及服务的伸缩性和弹性

下面我们来更详细地了解一下图 1-7 中提及的要点。

- 大小适当——如何确保正确地划分微服务的大小，以避免微服务承担太多的职责？请记住，适当的大小允许快速更改应用程序，并降低整个应用程序中断的总体风险。
- 位置透明——在微服务应用程序中，多个服务实例可以快速启动和关闭时，如何管理服务调用的物理细节？
- 有弹性——如何通过绕过失败的服务，确保采取"快速失败"的方法来保护微服务消费者和应用程序的整体完整性？
- 可重复——如何确保提供的每个新服务实例与生产环境中的所有其他服务实例具有相同的配置和代码库？
- 可伸缩——如何使用异步处理和事件来最小化服务之间的直接依赖关系，并确保可以优雅地扩展微服务？

本书采用基于模式的方法来回答这些问题。通过基于模式的方法，本书列出可以跨不同技术实现来使用的通用设计。虽然本书选择了使用 Spring Boot 和 Spring Cloud 来实现本书中所使用的模式，但开发人员完全可以把这些概念和其他技术平台一起使用。具体来说，本书涵盖以下 6 类微服务模式：

- 核心微服务开发模式；
- 微服务路由模式；
- 微服务客户端弹性模式；
- 微服务安全模式；
- 微服务日志记录和跟踪模式；
- 微服务构建和部署模式。

让我们深入了解一下这些模式。

1.9.1 核心微服务开发模式

核心微服务开发模式解决了构建微服务的基础问题，图 1-8 突出了我们将要讨论的基本服务设计的主题。

- 服务粒度——如何将业务域分解为微服务，使每个微服务都具有适当程度的职责？服务职责划分过于粗粒度，在不同的业务问题领域重叠，会使服务随着时间的推移变得难以维护。服务职责划分过于细粒度，则会使应用程序的整体复杂性增加，并将服务变为无逻辑的（除了访问数据存储所需的逻辑）"哑"数据抽象层。第 2 章将会介绍服务粒度。
- 通信协议——开发人员如何与服务进行通信？使用 XML（Extensible Markup Language，可扩展标记语言）、JSON（JavaScript 对象表示法）或诸如 Thrift 之类的二进制协议来与微服务传输数据？本书将介绍为什么 JSON 是微服务的理想选择，并且 JSON 已成为向微服务发送和接收数据的最常见选择。第 2 章将会介绍通信协议。

- 接口设计——如何设计实际的服务接口，便于开发人员进行服务调用？如何构建服务 URL 来传达服务意图？如何版本化服务？精心设计的微服务接口使服务变得更直观。第 2 章将会介绍接口设计。
- 服务的配置管理——如何管理微服务的配置，以便在不同云环境之间移动时，不必更改核心应用程序代码或配置？第 3 章将会介绍管理服务配置。
- 服务之间的事件处理——如何使用事件解耦微服务，以便最小化服务之间的硬编码依赖关系，并提高应用程序的弹性？第 8 章将会介绍服务之间的事件处理。

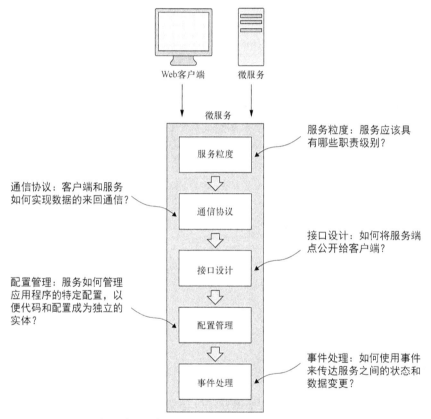

图 1-8　在设计微服务时必须考虑服务是如何通信以及被消费的

1.9.2　微服务路由模式

微服务路由模式负责处理希望消费微服务的客户端应用程序，使客户端应用程序发现服务的位置并路由到服务。在基于云的应用程序中，可能会运行成百上千个微服务实例。需要抽象这些服务的物理 IP 地址，并为服务调用提供单个入口点，以便为所有服务调用持续强制执行安全和内容策略。

服务发现和路由回答了这个问题：如何将客户的服务请求发送到服务的特定实例?

- 服务发现——如何使微服务变得可以被发现，以便客户端应用程序在不需要将服务的位置硬编码到应用程序的情况下找到它们? 如何确保从可用的服务实例池中删除表现不佳的微服务实例? 第 4 章将会介绍服务发现。
- 服务路由——如何为所有服务提供单个入口点，以便将安全策略和路由规则统一应用于微服务应用程序中的多个服务和服务实例? 如何确保团队中的每位开发人员不必为他们的服务提供自己的服务路由解决方案? 第 6 章将会介绍服务路由。

在图 1-9 中，服务发现和服务路由之间似乎具有硬编码的事件顺序（首先是服务路由，然后是服务发现）。然而，这两种模式并不彼此依赖。例如，我们可以实现没有服务路由的服务发现，也可以实现服务路由而无须服务发现（尽管这种实现更加困难）。

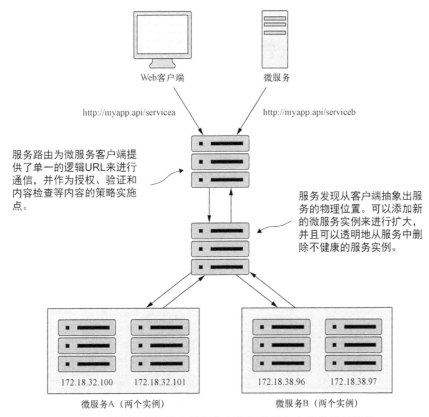

图 1-9　服务发现和路由是所有大规模微服务应用的关键部分

1.9.3　微服务客户端弹性模式

因为微服务架构是高度分布式的，所以必须对如何防止单个服务（或服务实例）中的问题级联暴露给服务的消费者十分敏感。为此，这里将介绍 4 种客户端弹性模式。

- 客户端负载均衡——如何在服务客户端上缓存服务实例的位置，以便对微服务的多个实例的调用负载均衡到该微服务的所有健康实例？
- 断路器模式——如何阻止客户继续调用出现故障的或遭遇性能问题的服务？如果服务运行缓慢，客户端调用时会消耗它的资源。开发人员希望出现故障的微服务调用能够快速失败，以便主叫客户端可以快速响应并采取适当的措施。
- 后备模式——当服务调用失败时，如何提供"插件"机制，允许服务的客户端尝试通过调用微服务之外的其他方法来执行工作？
- 舱壁模式——微服务应用程序使用多个分布式资源来执行工作。如何区分这些调用，以便表现不佳的服务调用不会对应用程序的其他部分产生负面影响？

图 1-10 展示了这些模式如何在服务表现不佳时，保护服务消费者不受影响。第 5 章将会介绍这些主题。

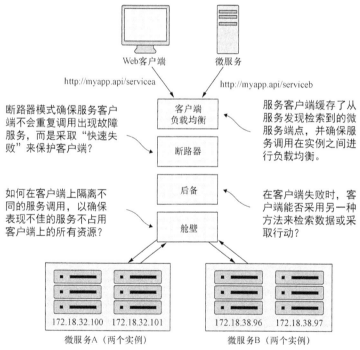

图 1-10　使用微服务时，必须保护服务调用者远离表现不佳的服务。记住，
慢速或无响应的服务所造成的中断并不仅仅局限于直接关联的服务

1.9.4　微服务安全模式

写一本微服务的书绕不开微服务安全性。在第 7 章中我们将介绍 3 种基本的安全模式。这 3

种模式具体如下。

- 验证——如何确定调用服务的客户端就是它们声称的那个主体？
- 授权——如何确定调用微服务的客户端是否允许执行它们正在进行的操作？
- 凭据管理和传播——如何避免客户端每次都要提供凭据信息才能访问事务中涉及的服务调用？具体来说，本书将介绍如何使用基于令牌的安全标准来获取可以从一个服务调用传递到另一个服务调用的令牌，以验证和授权用户，这里涉及的标准包括 OAuth2 和 JSON Web Token（JWT）。

图 1-11 展示了如何实现上述 3 种模式来构建可以保护微服务的验证服务。

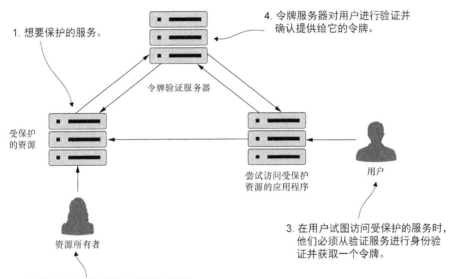

图 1-11 使用基于令牌的安全方案，可以实现服务验证和授权，而无须传递客户端凭据

本书现在不会太深入图 1-11 中的细节。需要一整章来介绍安全是有原因的（实际上它本身就可以是一本书）。

1.9.5 微服务日志记录和跟踪模式

微服务架构的优点是单体应用程序被分解成可以彼此独立部署的小的功能部件，而它的缺点是调试和跟踪应用程序和服务中发生的事情要困难得多。

因此，本书将介绍以下 3 种核心日志记录和跟踪模式。

- 日志关联——一个用户事务会调用多个服务，如何将这些服务所生成的日志关联到一起？借助这种模式，本书将会介绍如何实现一个关联（correlation）ID，这是一个唯一的标识符，在事务中调用所有服务都会携带它，通过它能够将每个服务生成的日志条目联系起来。
- 日志聚合——借助这种模式，我们将会介绍如何将微服务（及其各个实例）生成的所有日志合并到一个可查询的数据库中。此外，本书还会研究如何使用关联 ID 来协助搜索聚合日志。
- 微服务跟踪——最后，我们将探讨如何在涉及的所有服务中可视化客户端事务的流程，并了解事务所涉及的服务的性能特征。

图 1-12 展示了这些模式如何配合在一起。第 9 章中将会更加详细地介绍日志记录和跟踪模式。

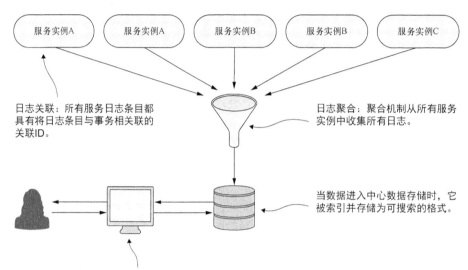

图 1-12　一个深思熟虑的日志记录和跟踪策略使跨多个服务的调试事务变得可管理

1.9.6　微服务构建和部署模式

微服务架构的核心原则之一是，微服务的每个实例都应该和其他所有实例相同。"配置漂移"（某些文件在部署到服务器之后发生了一些变化）是不允许出现的，因为这可能会导致应用程序不稳定。

一句经常说的话

"我在交付准备服务器上只做了一个小小的改动，但是我忘了在生产服务器中也做这样的改动。"多年来，我在紧急情况团队中工作时，许多宕机系统的解决方案通常是从开发人员或系统管理员的这些话开始的。工程师（和大多数人一般）是以良好的意图在操作。工程师并不是故意犯错误或使系统崩溃，相反，他们尽可能做到最好，但他们会变得忙碌或者分心。他们调整了一些服务器上的东西，打算回去在所有环境中做相同的调整。

在以后某个时间点里，出现了中断状况，每个人都在搔头挠耳，想要知道其他环境与生产环境之间有什么不同。我发现，微服务的小规模与有限范围的特点创造了一个绝佳机会——将"不可变基础设施"概念引入组织：一旦部署服务，其运行的基础设施就再也不会被人触碰。

　　不可变基础设施是成功使用微服务架构的关键因素，因为在生产中必须要保证开发人员为特定微服务启动的每个微服务实例与其他微服务实例相同。

　　为此，本书的目标是将基础设施的配置集成到构建部署过程中，这样就不再需要将软件制品（如 Java WAR 或 EAR）部署到已经在运行的基础设施中。相反，开发人员希望在构建过程中构建和编译微服务并准备运行微服务的虚拟服务器镜像。部署微服务时，服务器运行所需的整个机器镜像都会进行部署。

　　图 1-13 阐述了这个过程。本书最后将介绍如何更改构建和部署管道，以便将微服务及运行的服务器部署为单个工作单元。第 10 章将介绍以下模式和主题。

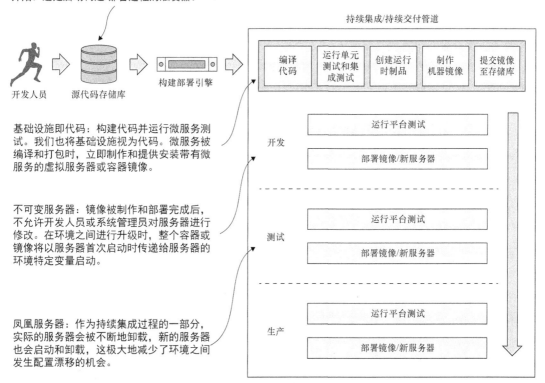

图 1-13　开发人员希望微服务及其运行所需的服务器成为在不同环境间作为整体部署的原子制件

- ■ 构建和部署管道——如何创建一个可重复的构建和部署过程，只需一键即可构建和部署到组织中的任何环境？
- ■ 基础设施即代码——如何将服务的基础设施作为可在源代码管理下执行和管理的代码去对待？

- 不可变服务器——一旦创建了微服务镜像，如何确保它在部署之后永远不会更改？
- 凤凰服务器（Phoenix server）——服务器运行的时间越长，就越容易发生配置漂移。如何确保运行微服务的服务器定期被拆卸，并重新创建一个不可变的镜像？

使用这些模式和主题的目的是，在配置漂移影响到上层环境（如交付准备环境或生产环境）之前，尽可能快地公开并消除配置漂移。

注意　本书中的代码示例（除了第 10 章）都将在本地机器上运行。前两章的代码可以直接从命令行运行，从第 3 章开始，所有代码将被编译并作为 Docker 容器运行。

1.10　使用 Spring Cloud 构建微服务

本节将简要介绍在构建微服务时会使用的 Spring Cloud 技术。这是一个高层次的概述。在书中使用各项技术时，我们会根据需要为读者讲解这些技术的细节。

从零开始实现所有这些模式将是一项巨大的工作。幸好，Spring 团队将大量经过实战检验的开源项目整合到一个称为 Spring Cloud 的 Spring 子项目中。

Spring Cloud 将 Pivotal、HashiCorp 和 Netflix 等开源公司的工作封装在一起。Spring Cloud 简化了将这些项目设置和配置到 Spring 应用程序中的工作，以便开发人员可以专注于编写代码，而不会陷入配置构建和部署微服务应用程序的所有基础设施的细节中。

图 1-14 将 1.9 节中列出的模式映射到实现它们的 Spring Cloud 项目。

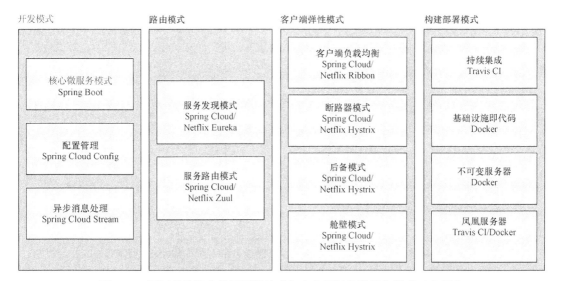

图 1-14　可以将这些直接可用的技术与本章探讨的微服务模式对应起来

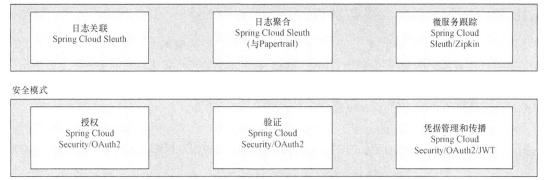

图 1-14 可以将这些直接可用的技术与本章探讨的微服务模式对应起来（续）

下面让我们更详细地了解一下这些技术。

1.10.1 Spring Boot

Spring Boot 是微服务实现中使用的核心技术。Spring Boot 通过简化构建基于 REST 的微服务的核心任务，大大简化了微服务开发。Spring Boot 还极大地简化了将 HTTP 类型的动词（GET、PUT、POST 和 DELETE）映射到 URL、JSON 协议序列化与 Java 对象的相互转化，以及将 Java 异常映射回标准 HTTP 错误代码的工作。

1.10.2 Spring Cloud Config

Spring Cloud Config 通过集中式服务来处理应用程序配置数据的管理，因此应用程序配置数据（特别是环境特定的配置数据）与部署的微服务完全分离。这确保了无论启动多少个微服务实例，这些微服务实例始终具有相同的配置。Spring Cloud Config 拥有自己的属性管理存储库，也可以与以下开源项目集成。

- Git——Git 是一个开源版本控制系统，它允许开发人员管理和跟踪任何类型的文本文件的更改。Spring Cloud Config 可以与 Git 支持的存储库集成，并读出存储库中的应用程序的配置数据。
- Consul——Consul 是一种开源的服务发现工具，允许服务实例向该服务注册自己。服务客户端可以向 Consul 咨询服务实例的位置。Consul 还包括可以被 Spring Cloud Config 使用的基于键值存储的数据库，能够用来存储应用程序的配置数据。
- Eureka——Eureka 是一个开源的 Netflix 项目，像 Consul 一样，提供类似的服务发现功能。Eureka 同样有一个可以被 Spring Cloud Config 使用的键值数据库。

1.10.3   Spring Cloud 服务发现

通过 Spring Cloud 服务发现，开发人员可以从客户端消费的服务中抽象出部署服务器的物理位置（IP 或服务器名称）。服务消费者通过逻辑名称而不是物理位置来调用服务器的业务逻辑。Spring Cloud 服务发现也处理服务实例的注册和注销（在服务实例启动和关闭时）。Spring Cloud 服务发现可以使用 Consul 和 Eureka 作为服务发现引擎。

1.10.4   Spring Cloud 与 Netflix Hystrix 和 Netflix Ribbon

Spring Cloud 与 Netflix 的开源项目进行了大量整合。对于微服务客户端弹性模式，Spring Cloud 封装了 Netflix Hystrix 库和 Netflix Ribbon 项目，开发人员可以轻松地在微服务中使用它们。

使用 Netflix Hystrix 库，开发人员可以快速实现服务客户端弹性模式，如断路器模式和舱壁模式。

虽然 Netflix Ribbon 项目简化了与诸如 Eureka 这样的服务发现代理的集成，但它也为服务消费者提供了客户端对服务调用的负载均衡。即使在服务发现代理暂时不可用时，客户端也可以继续进行服务调用。

1.10.5   Spring Cloud 与 Netflix Zuul

Spring Cloud 使用 Netflix Zuul 项目为微服务应用程序提供服务路由功能。Zuul 是代理服务请求的服务网关，确保在调用目标服务之前，对微服务的所有调用都经过一个"前门"。通过集中的服务调用，开发人员可以强制执行标准服务策略，如安全授权验证、内容过滤和路由规则。

1.10.6   Spring Cloud Stream

Spring Cloud Stream（https://cloud.spring.io/spring-cloud-stream/）是一种可让开发人员轻松地将轻量级消息处理集成到微服务中的支持技术。借助 Spring Cloud Stream，开发人员能够构建智能的微服务，它可以使用在应用程序中出现的异步事件。此外，使用 Spring Cloud Stream 可以快速将微服务与消息代理进行整合，如 RabbitMQ 和 Kafka。

1.10.7   Spring Cloud Sleuth

Spring Cloud Sleuth 允许将唯一跟踪标识符集成到应用程序所使用的 HTTP 调用和消息通道（RabbitMQ、Apache Kafka）之中。这些跟踪号码（有时称为关联 ID 或跟踪 ID）能够让开发人员在事务流经应用程序中的不同服务时跟踪事务。有了 Spring Cloud Sleuth，这些跟踪 ID 将自动添加到微服务生成的任何日志记录中。

Spring Cloud Sleuth 与日志聚合技术工具（如 Papertrail）和跟踪工具（如 Zipkin）结合时，

能够展现出真正的威力。Papertail 是一个基于云的日志记录平台，用于将日志从不同的微服务实时聚合到一个可查询的数据库中。Zipkin 可以获取 Spring Cloud Sleuth 生成的数据，并允许开发人员可视化单个事务涉及的服务调用流程。

1.10.8 Spring Cloud Security

Spring Cloud Security 是一个验证和授权框架，可以控制哪些人可以访问服务，以及他们可以用服务做什么。Spring Cloud Security 是基于令牌的，允许服务通过验证服务器发出的令牌彼此进行通信。接收调用的每个服务可以检查 HTTP 调用中提供的令牌，以确认用户的身份以及用户对该服务的访问权限。

此外，Spring Cloud Security 支持 JSON Web Token。JSON Web Token（JWT）框架标准化了创建 OAuth2 令牌的格式，并为创建的令牌进行数字签名提供了标准。

1.10.9 代码供应

要实现代码供应，我们将会转移到其他的技术栈。Spring 框架是面向应用程序开发的，它（包括 Spring Cloud）没有用于创建"构建和部署"管道的工具。要实现一个"构建和部署"管道，开发人员需要使用 Travis CI 和 Docker 这两样工具，前者可以作为构建工具，而后者可以构建包含微服务的服务器镜像。

为了部署构建好的 Docker 容器，本书的最后将通过一个例子，阐述如何将整个应用程序栈部署到亚马逊云上。

1.11 通过示例来介绍 Spring Cloud

在本章最后这一节中，我们概要回顾一下要使用的各种 Spring Cloud 技术。因为每一种技术都是独立的服务，要详细介绍这些服务，整整一章的内容都不够。在总结这一章时，我想留给读者一个小小的代码示例，它再次演示了将这些技术集成到微服务开发工作中是多么容易。

与代码清单 1-1 中的第一个代码示例不同，这个代码示例不能运行，因为它需要设置和配置许多支持服务才能使用。不过，不要担心，在设置服务方面，这些 Spring Cloud 服务（配置服务，服务发现）的设置是一次性的。一旦设置完成，微服务就可以不断使用这些功能。在本书的开头，我们无法将所有的精华都融入一个代码示例中。

代码清单 1-2 中的代码快速演示了如何将远程服务的服务发现、断路器、舱壁以及客户端负载均衡集成到"Hello World"示例中。

代码清单 1-2 Hello World Service 使用 Spring Cloud

```
package com.thoughtmechanix.simpleservice;
```

```
// 为了简洁，省略了其他 import 语句
import com.netflix.hystrix.contrib.javanica.annotation.HystrixCommand;
import com.netflix.hystrix.contrib.javanica.annotation.HystrixProperty;
import org.springframework.cloud.netflix.eureka.EnableEurekaClient;
import org.springframework.cloud.client.circuitbreaker.EnableCircuitBreaker;

@SpringBootApplication
@RestController
@RequestMapping(value="hello")
@EnableCircuitBreaker                          使服务能够使用 Hystrix
@EnableEurekaClient                            和 Ribbon 库
public class Application {

    public static void main(String[] args) {
        SpringApplication.run(Application.class, args);
    }

    @HystrixCommand(threadPoolKey = "helloThreadPool")
    public String helloRemoteServiceCall(String firstName, String lastName){
    ResponseEntity<String> restExchange =
        restTemplate.exchange(
            "http://logical-service-id/name/
                [ca]{firstName}/{lastName}",
            HttpMethod.GET,
            null, String.class, firstName, lastName);

    return restExchange.getBody();


    }
    @RequestMapping(value="/{firstName}/{lastName}", method = RequestMethod.GET)
    public String hello(@PathVariable("firstName") String firstName,
        @PathVariable("lastName") String lastName) {
        return helloRemoteServiceCall(firstName, lastName);
    }
}
```

告诉服务，它应该使用 Eureka
服务发现代理注册自身，并且服
务调用是使用服务发现来"查
找"远程服务的位置的

包装器使用 Hystrix 断路器调用
helloRemoteServiceCall 方法

使用一个装饰好的 RestTemplate
类来获取一个"逻辑"服务 ID，
Eureka 在幕后查找服务的物理
位置

这段代码包含了很多内容，让我们慢慢分析。记住，这个代码清单只是一个例子，在第 1 章的 GitHub 仓库源代码中是找不到的。把它放在这里，是为了让读者了解本书后面的内容。

开发人员首先应该要注意的是@EnableCircuitBreaker 和@EnableEurekaClient 注解。@EnableCircuitBreaker 注解告诉 Spring 微服务，将要在应用程序使用 Netflix Hystrix库。@EnableEurekaClient 注解告诉微服务使用 Eureka 服务发现代理去注册它自己，并且将要在代码中使用服务发现去查询远程 REST 服务端点。注意，配置是在一个属性文件中的，该属性文件告诉服务要进行通信的 Eureka 服务器的地址和端口号。读者第一次看到使用 Hystrix 是在声明 hello 方法时：

```
@HystrixCommand(threadPoolKey = "helloThreadPool")
public String helloRemoteServiceCall(String firstName, String lastName)
```

@HystrixCommand 注解做两件事。第一件事是，在任何时候调用 helloRemoteService Call 方法，该方法都不会被直接调用，这个调用会被委派给由 Hystrix 管理的线程池。如果调用时间太长（默认为 1 s），Hystrix 将介入并中断调用。这是断路器模式的实现。第二件事是创建一个由 Hystrix 管理的名为 helloThreadPool 的线程池。所有对 helloRemoteServiceCall 方法的调用只会发生在此线程池中，并且将与正在进行的任何其他远程服务调用隔离。

最后要注意的是 helloRemoteServiceCall 方法中发生的事情。@EnableEurekaClient 的存在告诉 Spring Boot，在使用 REST 服务调用时，使用修改过的 RestTemplate 类（这不是标准的 Spring RestTemplate 的工作方式）。这个 RestTemplate 类允许用户传入自己想要调用的服务的逻辑服务 ID：

```
ResponseEntity<String> restExchange = restTemplate.exchange
    (http://logical-service-id/name/{firstName}/{lastName}
```

在幕后，RestTemplate 类将与 Eureka 服务进行通信，并查找一个或多个 "name" 服务实例的实际位置。作为服务的消费者，开发人员的代码永远不需要知道服务的位置。

另外，RestTemplate 类使用 Netflix 的 Ribbon 库。Ribbon 将会检索与服务有关的所有物理端点的列表。每当客户端调用该服务时，它不必经过集中式负载均衡器就可以对客户端上不同服务实例进行轮询（round-robin）。通过消除集中式负载平衡器并将其移动到客户端，可以消除应用程序基础设施中的其他故障点（故障的负载平衡器）。

我希望此刻读者会印象深刻，因为只需要几个注解就可以为微服务添加大量的功能。这就是 Spring Cloud 背后真正的美。作为开发人员，我们可以利用 Netflix 和 Consul 等知名的云计算公司的微服务功能，这些功能是久经考验的。如果在 Spring Cloud 之外使用这些功能，可能会很复杂并且难以设置。Spring Cloud 简化了它们的使用，仅仅是使用一些简单的 Spring Cloud 注解和配置条目。

1.12　确保本书的示例是有意义的

我想要确保本书提供的示例都是与开发人员的工作息息相关的。为此，我将围绕一家名为 ThoughtMechanix 的虚构公司的冒险（不幸事件）来组织本书的章节以及对应的代码示例。

ThoughtMechanix 是一家软件开发公司，其核心产品 EagleEye 提供企业级软件资产管理应用程序。该产品覆盖了所有关键要素：库存、软件交付、许可证管理、合规、成本以及资源管理。其主要目标是使组织获得准确时间点的软件资产的描述。

该公司成立了大概 10 年，尽管营收增长强劲，但在内部，他们正在讨论是否应该革新其核心产品，将它从一个单体内部部署的应用程序转移到云端。对该公司来说，与 EagleEye 相关的平台革新是 "生死" 时刻。

该公司正在考虑在新架构上重构其核心产品 EagleEye。虽然应用程序的大部分业务逻辑将保持原样，但应用程序本身将从单体设计中分解为更小的微服务设计，其部件可以独立部署到云端。本书中的示例不会构建整个 ThoughtMechanix 应用程序。相反，读者将从问题领域构建特定的微服务，然后使用各种 Spring Cloud（和一些非 Spring Cloud）技术来构建支持这些服务的基础设施。

　　成功采用基于云的微服务架构的能力将影响技术组织的所有成员。这包括架构团队、工程团队、测试团队和运维团队。每个团队都需要投入，最终，当团队重新评估他们在这个新环境中的职责时，他们可能需要重组。让我们开始与 ThoughtMechanix 的旅程，读者将开始一些基础工作——识别和构建 EagleEye 中使用的几个微服务，然后使用 Spring Boot 构建这些服务。

1.13　小结

- 微服务是非常小的功能部件，负责一个特定的范围领域。
- 微服务并没有行业标准。与其他早期的 Web 服务协议不同，微服务采用原则导向的方法，并与 REST 和 JSON 的概念相一致。
- 编写微型服务很容易，但是完全可以将其用于生产则需要额外的深谋远虑。本书介绍了几类微服务开发模式，包括核心开发模式、路由模式、客户端弹性模式、安全模式、日志记录和跟踪模式以及构建和部署模式。
- 虽然微服务与语言无关，但本书引入了两个 Spring 框架，即 Spring Boot 和 Spring Cloud，它们非常有助于构建微服务。
- Spring Boot 用于简化基于 REST 的 JSON 微服务的构建，其目标是让用户只需要少量注解，就能够快速构建微服务。
- Spring Cloud 是 Netflix 和 HashiCorp 等公司开源技术的集合，它们已经用 Spring 注解进行了"包装"，从而显著简化了这些服务的设置和配置。

第2章　使用 Spring Boot 构建微服务

本章主要内容
- 学习微服务的关键特征
- 了解微服务是如何适应云架构的
- 将业务领域分解成一组微服务
- 使用 Spring Boot 实现简单的微服务
- 掌握基于微服务架构构建应用程序的视角
- 学习什么时候不应该使用微服务

软件开发的历史充斥着大型开发项目崩溃的故事，这些项目可能投资了数百万美元、集中了行业里众多的顶尖人才、消耗了开发人员成千上万的工时，但从未给客户交付任何有价值的东西，最终由于其复杂性和负担而轰然倒塌。

这些庞大的项目倾向于遵循大型传统的瀑布开发方法，坚持在项目开始时界定应用的所有需求和设计。这些项目的开发人员非常重视软件说明书的"正确性"，却很少能够满足新的业务需求，也很少能够重构并从开发初期的错误中重新思考和学习。

但现实情况是，软件开发并不是一个由定义和执行所组成的线性过程，而是一个演化过程，在开发团队真正明白手头的问题前，需要经历与客户沟通、向客户学习和向客户交付的数次迭代。

使用传统的瀑布方法所面临的挑战在于，许多时候，这些项目交付的软件制品的粒度具有以下特点。

- 紧耦合的——业务逻辑的调用发生在编程语言层面，而不是通过实现中立的协议（如 SOAP 和 REST）。这大大增加了即使对应用程序组件进行小的修改也可能打破应用程序的其他部分并引入新漏洞的机会。
- 有漏洞的——大多数大型软件应用程序都在管理着不同类型的数据。例如，客户关系管理（CRM）应用程序可能会管理客户、销售和产品信息。在传统的模型里，这些数据位于相同的数据模型中并在同一个数据存储中保存。即使数据之间存在明显的界限，在绝大多数的情况下，来自一个领域的团队也很容易直接访问属于另一个团队的数据。这种对数据的轻松访问引入了隐藏的依赖关系，并让组件的内部数据结构的实现细节泄漏到整个应用程序中。即使对单个数据库表的更改也可能需要在整个应用程序中进行大量的代码更改和回归测试。

- 单体的——由于传统应用程序的大多数组件都存放在多个团队共享的单个代码库中，任何时候更改代码，整个应用程序都必须重新编译、重新运行并且需要通过一个完整的测试周期并重新部署。无论是新客户的需求还是修复错误，应用程序代码库的微小变化都将变得昂贵和耗时，并且几乎不可能及时实现大规模的变化。

基于微服务的架构采用不同的方法来交付功能。具体来说，基于微服务的架构具有以下特点。

- 有约束的——微服务具有范围有限的单一职责集。微服务遵循 UNIX 的理念，即应用程序是服务的集合，每个服务只做一件事，并只做好一件事。
- 松耦合的——基于微服务的应用程序是小型服务的集合，服务之间使用非专属调用协议（如 HTTP 和 REST）通过非特定实现的接口彼此交互。与传统的应用程序架构相比，只要服务的接口没有改变，微服务的所有者可以更加自由地对服务进行修改。
- 抽象的——微服务完全拥有自己的数据结构和数据源。微服务所拥有的数据只能由该服务修改。可以锁定微服务数据的数据库访问控制，仅允许该服务访问它。
- 独立的——微服务应用程序中的每个微服务可以独立于应用程序中使用的其他服务进行编译和部署。这意味着，与依赖更重的单体应用程序相比，这样对变化进行隔离和测试更容易。

为什么这些微服务架构属性对基于云的开发很重要？基于云的应用程序通常有以下特点。

- 拥有庞大而多样化的用户群——不同的客户需要不同的功能，他们不想在开始使用这些功能之前等待漫长的应用程序发布周期。微服务允许功能快速交付，因为每个服务的范围很小，并通过一个定义明确的接口进行访问。
- 极高的运行时间要求——由于微服务的分散性，基于微服务的应用程序可以更容易地将故障和问题隔离到应用程序的特定部分之中，而不会使整个应用程序崩溃。这可以减少应用程序的整体宕机时间，并使它们对问题更有抵御能力。
- 不均匀的容量需求——在企业数据中心内部部署的传统应用程序通常具有一致的使用模式，这些模式会随着时间的推移而定期出现，这使这种类型的应用程序的容量规划变得很简单。但在一个基于云的应用中，Twitter 上的一条简单推文或 Slashdot 上的一篇文章就能够极大带动对基于云计算的应用的需求。

因为微服务应用程序被分解成可以彼此独立部署的小组件，所以能够更容易将重点放在正处于高负载的组件上，并将这些组件在云中的多个服务器上进行水平伸缩。

本章的内容会包含在业务问题中构建和识别微服务的基础知识，构建微服务的骨架，然后理解在生产环境中成功部署和管理微服务的运维属性。

要想成功设计和构建微服务，开发人员需要像警察向目击证人讯问犯罪活动一样着手处理微服务。即使每个证人看到同一事件发生，他们对犯罪活动的解释也是根据他们的背景、他们所看重的东西（例如，给予他们动机的东西），以及在那个时刻目睹这个事件所带来的环境压力塑造出来的。每个参与者都有他们自己认为重要的视角（和偏见）。

就像一名成功的警察试图探寻真相一样，构建一个成功的微服务架构的过程需要结合软件开发组织内多个人的视角。尽管交付整个应用程序需要的不仅仅是技术人员，但我相信，成功的微服务开发的基础是从以下 3 个关键角色的视角开始的。

- 架构师——架构师的工作是看到大局，了解应用程序如何分解为单个微服务，以及微服务如何交互以交付解决方案。
- 软件开发人员——软件开发人员编写代码并详细了解如何将编程语言和该语言的开发框架用于交付微服务。
- DevOps 工程师——DevOps 工程师不仅为生产环境而且为所有非生产环境提供服务部署和管理的智慧。DevOps 工程师的口号是：保障每个环境中的一致性和可重复性。

本章将演示如何从这些角色的视角使用 Spring Boot 和 Java 设计和构建一组微服务。到本章结束时，读者将有一个可以打包并部署到云的服务。

2.1　架构师的故事：设计微服务架构

架构师在软件项目中的作用是提供待解决问题的工作模型。架构师的工作是提供脚手架，开发人员将根据这些脚手架构建他们的代码，使应用程序所有部件都组合在一起。

在构建微服务架构时，项目的架构师主要关注以下 3 个关键任务：

（1）分解业务问题；

（2）建立服务粒度；

（3）定义服务接口。

2.1.1　分解业务问题

面对复杂性，大多数人试图将他们正在处理的问题分解成可管理的块。因为这样他们就不必努力把问题的所有细节都考虑进来。他们将问题抽象地分解成几个关键部分，然后寻找这些部分之间存在的关系。

在微服务架构中，架构师将业务问题分解成代表离散活动领域的块。这些块封装了与业务域特定部分相关联的业务规则和数据逻辑。

虽然我们希望微服务封装执行单个事务的所有业务规则，但这并不总是行得通。我们经常会遇到需要跨业务领域不同部分的一组微服务来完成整个事务的情况。架构师通过查看数据域中那些不适合放到一起的地方来划分一组微服务的服务边界。

例如，架构师可能会看到代码执行的业务流程，并意识到它们同时需要客户和产品信息。存在两个离散的数据域时，通常就意味着需要使用多个微服务。业务事务的两个不同部分如何交互通常成为微服务的服务接口。

分离业务领域是一门艺术，而不是非黑即白的科学。读者可以使用以下指导方针将业务问题识别和分解为备选的微服务。

（1）描述业务问题，并聆听用来描述问题的名词。在描述问题时，反复使用的同一名词通常意味着它们是核心业务领域并且适合创建微服务。第 1 章中 EagleEye 域的目标名词可能会是合同、许可证和资产。

（2）注意动词。动词突出了动作，通常代表问题域的自然轮廓。如果发现自己说出"事务 X 需要从事物 A 和事物 B 获取数据"这样的话，通常表明多个服务正在起作用。如果把注意动词的方法应用到 EagleEye 上，那么就可能会查找像"来自桌面服务的 Mike 安装新 PC 时，他会查找软件 X 可用的许可证数量，如果有许可证，就安装软件。然后他更新了跟踪电子表格中使用的许可证的数量"这样的陈述句。这里的关键动词是查找和更新。

（3）寻找数据内聚。将业务问题分解成离散的部分时，要寻找彼此高度相关的数据。如果在会话过程中，突然读取或更新与迄今为止所讨论的内容完全不同的数据，那么就可能还存在其他候选服务。微服务应完全拥有自己的数据。

让我们将这些指导方针应用到现实世界的问题中。第 1 章介绍了一种名为 EagleEye 的现有软件产品，该软件产品用于管理软件资产，如软件许可证和安全套接字层（SSL）证书。这些软件资产被部署到组织中的各种服务器上。

EagleEye 是一个传统的单体 Web 应用程序，部署在位于客户数据中心内的 J2EE 应用程序服务器。我们的目标是将现有的单体应用程序梳理成一组服务。

首先，我们要采访 EagleEye 应用程序的所有用户，并讨论他们是如何交互和使用 EagleEye 的。图 2-1 描述了与不同业务客户进行的对话的总结。通过查看 EagleEye 的用户是如何与应用程序进行交互的，以及如何将应用程序的数据模型分解出来，可以将 EagleEye 问题域分解为以下备选微服务。

图 2-1 强调了与业务用户对话时出现的一些名词和动词。因为这是现有的应用程序，所以可以查看应用程序并将主要名词映射到物理数据模型中的表。现有应用程序可能有数百张表，但每张表通常会映射回一组逻辑实体。

图 2-2 展示了基于与 EagleEye 客户对话的简化数据模型。基于业务对话和数据模型，备选微服务是组织、许可证、合同和资产服务。

2.1.2　建立服务粒度

拥有了一个简化的数据模型，就可以开始定义在应用程序中需要哪些微服务。根据图 2-2 中的数据模型，可以看到潜在的 4 个微服务基于以下元素：

■ 资产；

- 许可证；
- 合同；
- 组织。

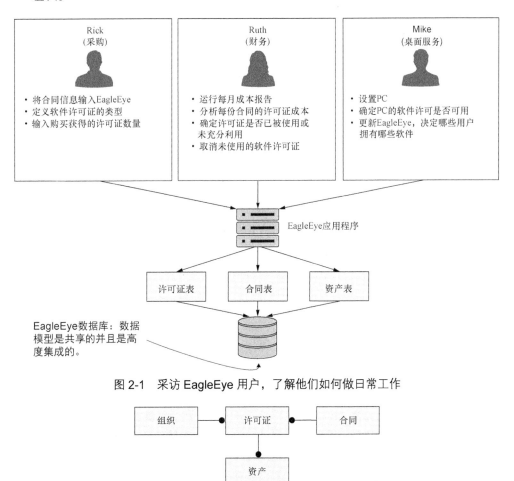

图 2-1 采访 EagleEye 用户，了解他们如何做日常工作

图 2-2 简化的 EagleEye 数据模型

我们的目标是将这些主要的功能部件提取到完全独立的单元中，这些单元可以独立构建和部署。但是，从数据模型中提取服务需要的不只是将代码重新打包到单独的项目中，还涉及梳理出服务访问的实际数据库表，并且只允许每个单独的服务访问其特定域中的表。图 2-3 展示了应用程序代码和数据模型如何被"分块"到各个部分。

将问题域分解成不同的部分后，开发人员通常会发现自己不确定是否为服务划分了适当的粒度级别。一个太粗粒度或太细粒度的微服务将具有很多的特征，我们将在稍后讨论。

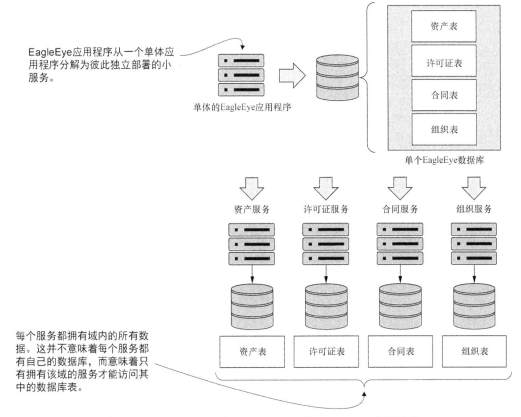

EagleEye应用程序从一个单体应
用程序分解为彼此独立部署的小
服务。

单体的EagleEye应用程序

资产表

许可证表

合同表

组织表

单个EagleEye数据库

资产服务　许可证服务　合同服务　组织服务

每个服务都拥有域内的所有数
据。这并不意味着每个服务都
有自己的数据库，而意味着只
有拥有该域的服务才能访问其
中的数据库表。

资产表　许可证表　合同表　组织表

图 2-3　将数据模型作为把单体应用程序分解为微服务的基础

构建微服务架构时，粒度的问题很重要，可以采用以下思想来确定正确的解决方案。

（1）开始的时候可以让微服务涉及的范围更广泛一些，然后将其重构到更小的服务——在开始微服务旅程之初，容易出现的一个极端情况就是将所有的事情都变成微服务。但是将问题域分解为小型的服务通常会导致过早的复杂性，因为微服务变成了细粒度的数据服务。

（2）重点关注服务如何相互交互——这有助于建立问题域的粗粒度接口。从粗粒度重构到细粒度是比较容易的。

（3）随着对问题域的理解不断增长，服务的职责将随着时间的推移而改变——通常来说，当需要新的应用功能时，微服务就会承担起职责。最初的微服务可能会发展为多个服务，原始的微服务则充当这些新服务的编排层，负责将应用的其他部分的功能封装起来。

糟糕的微服务的"味道"

如何知道微服务的划分是否正确？如果微服务过于粗粒度，可能会看到以下现象。

■ 服务承担过多的职责——服务中的业务逻辑的一般流程很复杂，并且似乎正在执行一组过于多样化的业务规则。

■ 该服务正在跨大量表来管理数据——微服务是它管理的数据的记录系统。如果发现自己将数据持久化存储到多个表或接触到当前数据库以外的表，那么这就是一条服务过于粗粒度的线索。我喜欢使用这么一个指导方针——微服务应该不超过 3~5 个表。再多一点，服务就可能承担了太多的职责。

■ 测试用例太多——随着时间的推移，服务的规模和职责会增长。如果一开始有一个只有少量测试用例的服务，到了最后该服务需要数百个单元测试用例和集成测试用例，那么就可能需要重构。

如果微服务过于细粒度呢？

■ 问题域的一部分微服务像兔子一样繁殖——如果一切都成为微服务，将服务中的业务逻辑组合起来会变得复杂和困难，因为完成一项工作所需的服务数量会快速增长。一种常见的"坏味道"出现在应用程序有几十个微服务，并且每个服务只与一个数据库表进行交互时。

■ 微服务彼此间严重相互依赖——在问题域的某一部分中，微服务相互来回调用以完成单个用户请求。

■ 微服务成为简单 CRUD（Create，Read，Update，Delete）服务的集合——微服务是业务逻辑的表达，而不是数据源的抽象层。如果微服务除了 CRUD 相关逻辑之外什么都不做，那么它们可能被划分得太细粒度了。

应该通过演化思维的过程来开发一个微服务架构，在这个过程中，你知道不会第一次就得到正确的设计。这就是最好从一组粗粒度的服务而不是一组细粒度的服务开始的原因。同样重要的是，不要对设计带有教条主义。我们可能会面临两个单独的服务之间交互过于频繁，或者服务的域之间不存在明确的边界这样的物理约束，当面临这样的约束时，需要创建一个聚合服务来将数据连接在一起。

最后，采取务实的做法并进行交付，而不是浪费时间试图让设计变得完美，最终导致没有东西可以展现你的努力。

2.1.3 互相交流：定义服务接口

架构师需要关心的最后一部分，是应用程序中的微服务该如何彼此交流。使用微服务构建业务逻辑时，服务的接口应该是直观的，开发人员应该通过学习应用程序中的一两个服务来获得应用程序中所有服务的工作节奏。

一般来说，可使用以下指导方针思考服务接口设计。

（1）拥抱 REST 的理念——REST 对服务的处理方式是将 HTTP 作为服务的调用协议并使用标准 HTTP 动词（GET、PUT、POST 和 DELETE）。围绕这些 HTTP 动词对基本行为进行建模。

（2）使用 URI 来传达意图——用作服务端点的 URI 应描述问题域中的不同资源，并为问题域内的资源的关系提供一种基本机制。

（3）请求和响应使用 JSON——JavaScript 对象表示法（JavaScript Object Notation，JSON）

是一个非常轻量级的数据序列化协议，并且比 XML 更容易使用。

（4）使用 HTTP 状态码来传达结果——HTTP 协议具有丰富的标准响应代码，以指示服务的成功或失败。学习这些状态码，并且最重要的是在所有服务中始终如一地使用它们。

所有这些指导方针都是为了完成一件事，那就是使服务接口易于理解和使用。我们希望开发人员坐下来查看一下服务接口就能开始使用它们。如果微服务不容易使用，开发人员就会另辟道路，破坏架构的意图。

2.2   何时不应该使用微服务

本书用这一章来谈论为什么微服务是构建应用程序的强大的架构模式。但是，本书还没有提及什么时候不应该使用微服务来构建应用程序。接下来，让我们了解一下其中的考量因素：

（1）构建分布式系统的复杂性；

（2）虚拟服务器/容器散乱；

（3）应用程序的类型；

（4）数据事务和一致性。

2.2.1   构建分布式系统的复杂性

因为微服务是分布式和细粒度（小）的，所以它们在应用程序中引入了一层复杂性，而在单体应用程序中就不会出现这样的情况。微服务架构需要高度的运维成熟度。除非组织愿意投入高分布式应用程序获得成功所需的自动化和运维工作（监控、伸缩），否则不要考虑使用微服务。

2.2.2   服务器散乱

微服务最常用的部署模式之一就是在一个服务器上部署一个微服务实例。在基于微服务的大型应用程序中，最终可能需要 50～100 台服务器或容器（通常是虚拟的），这些服务器或容器必须单独搭建和维护。即使在云中运行这些服务的成本较低，管理和监控这些服务器的操作复杂性也是巨大的。

注意   必须对微服务的灵活性与运行所有这些服务器的成本进行权衡。

2.2.3   应用程序的类型

微服务面向可复用性，并且对构建需要高度弹性和可伸缩性的大型应用程序非常有用。这就是这么多云计算公司采用微服务的原因之一。如果读者正在构建小型的、部门级的应用程序或具有较小用户群的应用程序，那么搭建一个分布式模型（如微服务）的复杂性可能太昂贵了，不值得。

2.2.4　数据事务和一致性

开始关注微服务时，需要考虑服务的数据使用模式以及服务消费者如何使用它们。微服务包装并抽象出少量的表，作为执行"操作型"任务的机制，如创建、添加和执行针对存储的简单（非复杂的）查询，其工作效果很好。

如果应用程序需要跨多个数据源进行复杂的数据聚合或转换，那么微服务的分布式性质会让这项工作变得很困难。这样的微服务总是承担太多的职责，也可能变得容易受到性能问题的影响。

还要记住，在微服务间执行事务没有标准。如果需要事务管理，那就需要自己构建逻辑。另外，如第 7 章所述，微服务可以通过使用消息进行通信。消息传递在数据更新中引入了延迟。应用程序需要处理最终的一致性，数据的更新可能不会立即出现。

2.3　开发人员的故事：用 Spring Boot 和 Java 构建微服务

在构建微服务时，从概念到实现，需要视角的转换。具体来说，开发人员需要建立一个实现应用程序中每个微服务的基本模式。虽然每项服务都将是独一无二的，但我们希望确保使用的是一个移除样板代码的框架，并且微服务的每个部分都采用相同的布局。

在本节中，我们将探讨开发人员从 EagleEye 域模型构建许可证微服务的优先事项。许可证服务将使用 Spring Boot 编写。Spring Boot 是标准 Spring 库之上的一个抽象层，它允许开发人员快速构建基于 Groovy 和 Java 的 Web 应用程序和微服务，比成熟的 Spring 应用程序能够节省大量的配置。

对于许可证服务示例，这里将使用 Java 作为核心编程语言并使用 Apache Maven 作为构建工具。

在接下来的几节中，我们将要完成以下几项工作。

（1）构建微服务的基本框架并构建应用程序的 Maven 脚本。

（2）实现一个 Spring 引导类，它将启动用于微服务的 Spring 容器，并启动类的所有初始化工作。

（3）实现映射端点的 Spring Boot 控制器类，以公开服务的端点。

2.3.1　从骨架项目开始

首先，要为许可证服务创建一个骨架项目。读者可以从本章的 GitHub 存储库拉取源代码，也可以创建具有以下目录结构的许可证服务项目目录：

- licensing-service
- src/main/java/com/thoughtmechanix/licenses
- controllers
- model

- services

- resources

一旦拉取或创建了这个目录结构，就可以开始为项目编写 Maven 脚本。这就是位于项目根目录下的 pom.xml 文件。代码清单 2-1 展示了许可证服务的 Maven POM 文件。

代码清单 2-1　许可证服务的 Maven POM 文件

```xml
<?xml version="1.0" encoding="UTF-8"?>
<project xmlns=http://maven.apache.org/POM/4.0.0
    xmlns:xsi="http://www.w3.org/2001/XMLSchema-instance"
    xsi:schemaLocation="http://maven.apache.org/POM/4.0.0
    ➡ http://maven.apache.org/xsd/maven-4.0.0.xsd">
    <modelVersion>4.0.0</modelVersion>

    <groupId>com.thoughtmechanix</groupId>
    <artifactId>licensing-service</artifactId>
    <version>0.0.1-SNAPSHOT</version>
    <packaging>jar</packaging>

    <name>EagleEye Licensing Service</name>
    <description>Licensing Service</description>

    <parent>                                              告诉 Maven 包含 Spring Boot
      <groupId>org.springframework.boot</groupId>          起步工具包依赖项
      <artifactId>spring-boot-starter-parent</artifactId>
      <version>1.4.4.RELEASE</version>
      <relativePath/>
    </parent>
    <dependencies>
      <dependency>                                        告诉 Maven 包含 Spring Boot
        <groupId>org.springframework.boot</groupId>        Web 依赖项
        <artifactId>spring-boot-starter-web</artifactId>
      </dependency>
      <dependency>                                        告诉 Maven 包含 Spring
        <groupId>org.springframework.boot</groupId>        Actuator 依赖项
        <artifactId>spring-boot-starter-actuator</artifactId>
      </dependency>
    </dependencies>
    <!-- 注意：某些构建属性和 Docker 构建插件已从此 pom 中的 pom.xml 中排除掉了（GitHub 存储库的
         源代码中并没有移除），因为它们与这里的讨论无关。
         -->

    <build>
      <plugins>
        <plugin>
          <groupId>org.springframework.boot</groupId>
          <artifactId>spring-boot-maven-plugin</artifactId>
        </plugin>                                         告诉 Maven 包含 Spring 特定的 Maven 插
      </plugins>                                          件,用于构建和部署 Spring Boot 应用程序
    </build>
</project>
```

这里不会详细讨论整个脚本，但是在开始的时候要注意几个关键的地方。Spring Boot 被分解成许多个独立的项目。其理念是，如果不需要在应用程序中使用 Spring Boot 的各个部分，那么就不应该"拉取整个世界"。这也使不同的 Spring Boot 项目能够独立地发布新版本的代码。为了简化开发人员的开发工作，Spring Boot 团队将相关的依赖项目收集到各种"起步"（starter）工具包中。Maven POM 的第一部分告诉 Maven 需要拉取 Spring Boot 框架的 1.4.4 版本。

Maven 文件的第二部分和第三部分确定了要拉取 Spring Web 和 Spring Actuator 起步工具包。这两个项目几乎是所有基于 Spring Boot REST 服务的核心。读者会发现，服务中构建功能越多，这些依赖项目的列表就会变得越长。

此外，Spring Source 还提供了 Maven 插件，可简化 Spring Boot 应用程序的构建和部署。第四部分告诉 Maven 构建脚本安装最新的 Spring Boot Maven 插件。此插件包含许多附加任务（如 spring-boot:run），可以简化 Maven 和 Spring Boot 之间的交互。

最后，读者将看到一条注释，说明 Maven 文件的哪些部分已被删除。为了简化，本书没有在代码清单 2-1 中包含 Spotify Docker 插件。

> **注意** 本书的每一章都包含用于构建和部署 Docker 容器的 Docker 文件。读者可以在每章代码部分的 README.md 文件中找到如何构建这些 Docker 镜像的详细信息。

2.3.2 引导 Spring Boot 应用程序：编写引导类

我们的目标是在 Spring Boot 中运行一个简单的微服务，然后重复这个步骤以提供功能。为此，我们需要在许可证服务微服务中创建以下两个类。

- 一个 Spring 引导类，可被 Spring Boot 用于启动和初始化应用程序。
- 一个 Spring 控制器类，用来公开可以被微服务调用的 HTTP 端点。

如刚才所见，Spring Boot 使用注解来简化设置和配置服务。在代码清单 2-2 中查看引导类时，这一点就变得显然易见。这个引导类位于 src/main/java/com/thoughtmechanix/licenses/Application.java 文件。

代码清单 2-2 @SpringBootApplication 注解简介

```
package com.thoughtmechanix.licenses;
import org.springframework.boot.SpringApplication;
import org.springframework.boot.autoconfigure.SpringBootApplication;


@SpringBootApplication
public class Application {
    public static void main(String[] args) {
        SpringApplication.run(Application.class, args);
    }
}
```

@SpringBootApplication 告诉 Spring Boot 框架，这是项目的引导类

调用以启动整个 Spring Boot 服务

在这段代码中需要注意的第一件事是@SpringBootApplication 的用法。Spring Boot 使用这个注解来告诉 Spring 容器,这个类是在 Spring 中使用的 bean 定义的源。在 Spring Boot 应用程序中,可以通过以下方法定义 Spring Bean。

(1)用@Component、@Service 或@Repository 注解标签来标注一个 Java 类。

(2)用@Configuration 注解标签来标注一个类,然后为每个我们想要构建的 Spring Bean 定义一个构造器方法并为方法添加上@Bean 标签。

在幕后,@SpringBootApplication 注解将代码清单 2-2 中的 Application 类标记为配置类,然后开始自动扫描 Java 类路径上所有的类以形成其他的 Spring Bean。

第二件需要注意的事是 Application 类的 main()方法。在 main()方法中,Spring Application.run(Application.class, args)调用启动了 Spring 容器,然后返回了一个 Spring ApplicationContext 对象(这里没有使用 ApplicationContext 做任何事情,因此它没有在代码中展示。)。

关于@SpringBootApplication 注解及其对应的 Application 类,最容易记住的是,它是整个微服务的引导类。服务的核心初始化逻辑应该放在这个类中。

2.3.3 构建微服务的入口:Spring Boot 控制器

现在已经有了构建脚本,并实现了一个简单的 Spring Boot 引导类,接下来就可以开始编写第一个代码来做一些事情。这个代码就是控制器类。在 Spring Boot 应用程序中,控制器类公开了服务端点,并将数据从传入的 HTTP 请求映射到将处理该请求的 Java 方法。

遵循 REST

本书中的所有微服务都遵循 REST 方法来构建。对 REST 的深入讨论超出了本书的范围[①],但对于本书,我们构建的所有服务都将具有以下特点。

■ 使用 HTTP 作为服务的调用协议——服务将通过 HTTP 端点公开,并使用 HTTP 协议传输进出服务的数据。

■ 将服务的行为映射到标准 HTTP 动词——REST 强调将服务的行为映射到 POST、GET、PUT 和 DELETE 这样的 HTTP 动词上。这些动词映射到大多数服务中的 CRUD 功能。

■ 使用 JSON 作为进出服务的所有数据的序列化格式——对基于 REST 的微服务来说,这不是一个硬性原则,但是 JSON 已经成为通过微服务提交和返回数据的通用语言。当然也可以使用 XML,但是许多基于 REST 的应用程序大量使用 JavaScript 和 JSON。JSON 是基于 JavaScript 的 Web 前端和服务对数据进行序列化和反序列化的原生格式。

■ 使用 HTTP 状态码来传达服务调用的状态——HTTP 协议开发了一组丰富的状态码,以指示服务的成功或失败。基于 REST 的服务利用这些 HTTP 状态码和其他基于 Web 的基础设施,如

---

① 最全面的 REST 服务设计方面的著作可能是 Ian Robinson 等人的 *REST in Practice*。

反向代理和缓存，可以相对容易地与微服务集成。

HTTP 是 Web 的语言，使用 HTTP 作为构建服务的哲学框架是构建云服务的关键。

第一个控制器类 `LicenseSerriceController` 位于 src/main/java/com/thoughtmechanix/licenses/controllers/LicenseServiceController.java 中。这个类将公开 4 个 HTTP 端点，这些端点将映射到 POST、GET、PUT 和 DELETE 动词。

让我们看一下控制器类，看看 Spring Boot 如何提供一组注解，以保证花最少的努力公开服务端点，使开发人员能够集中精力构建服务的业务逻辑。我们将从没有任何类方法的基本控制器类定义开始。代码清单 2-3 展示了为许可证服务构建的控制器类。

代码清单 2-3　标记 LicenseServiceController 为 Spring RestController

```
package com.thoughtmechanix.licenses.controllers;

// 为了简洁，省略了 import 语句

@RestController
@RequestMapping(value="/v1/organizations/{organizationId}/licenses")
public class LicenseServiceController {
    // 为了简洁，省略了该类的内容
}
```

@Restcontroller 告诉 Spring Boot 这是一个基于 REST 的服务，它将自动序列化/反序列化服务请求/响应到 JSON

在这个类中使用/v1/organizations{organizationId}/licenses 的前缀，公开所有 HTTP 端点

我们通过查看@RestController 注解来开始探索。@RestController 是一个类级 Java 注解，它告诉 Spring 容器这个 Java 类将用于基于 REST 的服务。此注解自动处理以 JSON 或 XML 方式传递到服务中的数据的序列化（在默认情况下，@RestController 类将返回的数据序列化为 JSON）。与传统的 Spring @Controller 注解不同，@RestController 注解并不需要开发者从控制器类返回 ResponseBody 类。这一切都由@RestController 注解进行处理，它包含了@ResponseBody 注解。

为什么是 JSON

在基于 HTTP 的微服务之间发送数据时，其实有多种可选的协议。由于以下几个原因，JSON 已经成为事实上的标准。

首先，与其他协议（如基于 XML 的 SOAP（Simple Object Access Protocol，简单对象访问协议））相比，它非常轻量级，可以在没有太多文本开销的情况下传递数据。

其次，JSON 易于人们阅读和消费。这在选择序列化协议时往往被低估。当出现问题时，开发人员可以快速查看一大堆 JSON，直观地处理其中的内容。JSON 协议的简单性让这件事非常容易做到。

最后，JSON 是 JavaScript 使用的默认序列化协议。由于 JavaScript 作为编程语言的急剧增长以及依赖于 JavaScript 的单页互联网应用程序（Single Page Internet Application，SPIA）的同样快速增长，JSON 已经天然适用于构建基于 REST 的应用程序，因为前端 Web 客户端用它来调用服务。

其他机制和协议能够比 JSON 更有效地在服务之间进行通信。Apache Thrift 框架允许构建使用二进制协议相互通信的多语言服务。Apache Avro 协议是一种数据序列化协议，可在客户端和服务器调用

之间将数据转换为二进制格式。

　　如果读者需要最小化通过线路发送的数据的大小，我建议查看这些协议。但是根据我的经验，在微服务中使用直接的 JSON 就可以有效地工作，并且不会在服务消费者和服务客户端间插入另一层通信来进行调试。

　　代码清单 2-3 中展示的第二个注解是@RequestMapping。可以使用@RequestMapping 作为类级注解和方法级注解。@RequestMapping 注解用于告诉 Spring 容器该服务将要公开的 HTTP 端点。使用类级的@RequestMapping 注解时，将为该控制器公开的所有其他端点建立 URL 的根。

　　在代码清单 2-3 中，@RequestMapping(value="/v1/organizations/{organizationId}/licenses")使用value 属性为控制器类中公开的所有端点建立 URL 的根。在此控制器中公开的所有服务端点将以/v1/organizations/{organizationId}/licenses 作为其端点的根。{organizationId}是一个占位符，表明如何使用在每个调用中传递的 organizationId 来参数化 URL。在 URL 中使用 organizationId 可以区分使用服务的不同客户。

　　现在将添加控制器的第一个方法。这一方法将实现 REST 调用中的 GET 动词，并返回单个 License 类实例，如代码清单 2-4 所示（为了便于讨论，将实例化一个名为 License 的 Java 类）。

代码清单 2-4　公开一个 GET HTTP 端点

使用值创建一个 GET 端点 v1/organizations/{organizationId}/licenses{licenseId}

```
@RequestMapping(value="/{licenseId}",method = RequestMethod.GET)
public License getLicenses(
    @PathVariable("organizationId") String organizationId,
    @PathVariable("licenseId") String licenseId) {
    return new License()
        .withId(licenseId)
        .withProductName("Teleco")
        .withLicenseType("Seat")
        .withOrganizationId("TestOrg");
}
```

从 URL 映射两个参数(organizationId 和 licenseId)到方法参数

　　这一代码清单中完成的第一件事是，使用方法级的@RequestMapping 注解来标记 getLicenses()方法，将两个参数传递给注解，即 value 和 method。通过方法级的@RequestMapping 注解，再结合类顶部指定的根级注解，我们将所有传入该控制器的 HTTP 请求与端点/v1/organizations/{organizationId}/licences/{licensedId}匹配起来。该注解的第二个参数 method 指定该方法将匹配的 HTTP 动词。在前面的例子中，以 RequestMethod. GET 枚举的形式匹配 GET 方法。

　　关于代码清单 2-4，需要注意的第二件事是 getLicenses()方法的参数体中使用了@PathVariable 注解。@PathVariable 注解用于将在传入的 URL 中传递的参数值（由

{parameterName}语法表示）映射为方法的参数。在代码清单 2-4 所示的示例代码中，将两个参数 organizationId 和 licenseId 映射到方法中的两个参数级变量：

```
@PathVariable("organizationId") String organizationId,
@PathVariable("licenseId") String licenseId)
```

端点命名问题

在编写微服务之前，要确保（以及组织中的其他可能的团队）为服务公开的端点建立标准。应该使用微服务的 URL（Uniform Resource Locator，统一资源定位器）来明确传达服务的意图、服务管理的资源以及服务内管理的资源之间存在的关系。以下指导方针有助于命名服务端点。

（1）使用明确的 URL 名称来确立服务所代表的资源——使用规范的格式定义 URL 将有助于 API 更直观，更易于使用。要在命名约定中保持一致。

（2）使用 URL 来确立资源之间的关系——通常，在微服务中会存在一种父子关系，在这些资源中，子项不会存在于父项的上下文之外（因此可能没有针对该子项的单独的微服务）。使用 URL 来表达这些关系。但是，如果发现 URL 嵌套过长，可能意味着微服务尝试做的事情太多了。

（3）尽早建立 URL 的版本控制方案——URL 及其对应的端点代表了服务的所有者和服务的消费者之间的契约。一种常见的模式是使用版本号作为前缀添加到所有端点上。尽早建立版本控制方案，并坚持下去。在几个消费者使用它们之后，对 URL 进行版本更新是非常困难的。

现在，可以将我们刚刚创建的东西称为服务。在命令行窗口中，转到下载示例代码的项目目录，然后执行以下 Maven 命令：

```
mvn spring-boot:run
```

一旦按下回车键，应该会看到 Spring Boot 启动一个嵌入式 Tomcat 服务器，并开始监听 8080 端口。

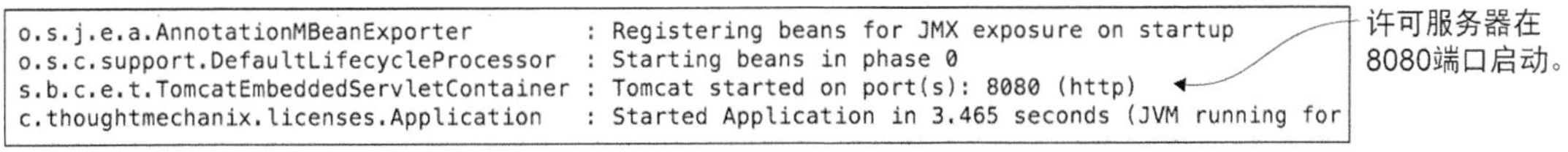

图 2-4 许可证服务成功运行

服务启动后就可以直接访问公开的端点了。因为公开的第一个方法是 GET 调用，可以使用多种方法来调用这一服务。我的首选方法是使用基于 Chrome 的工具，如 POSTMAN 或 CURL 来调用该服务。图 2-5 展示了在 http://localhost:8080/v1/organizations/e254f8c-c442-4ebe-a82a-e2fc1d1ff78a/licenses/f3831f8c-c338-4ebe-a82a-e2fc1d1ff78a 端点上完成的一个 GET 请求。

现在我们已经有了一个服务的运行骨架。但从开发的角度来看，这服务还不完整。良好的微服务设计不可避免地将服务分成定义明确的业务逻辑和数据访问层。在后面几章中，我们将继续对此服务进行迭代，并进一步深入了解如何构建该服务。

当调用GET端点时，将返回包含许可证数据的JSON净荷。

图 2-5   使用 POSTMAN 调用许可证服务

我们来看看最后一个视角——探索 DevOps 工程师如何实施服务并将其打包以部署到云中。

2.4 DevOps 工程师的故事：构建运行时的严谨性

对于 DevOps 工程师来说，微服务的设计关乎在投入生产后如何管理服务。编写代码通常是很简单的，而保持代码运行却是困难的。

虽然 DevOps 是一个丰富而新兴的 IT 领域，在本书后面，读者将基于 4 条原则开始微服务开发工作并根据这些原则去构建。这些原则具体如下。

（1）微服务应该是独立的和可独立部署的，多个服务实例可以使用单个软件制品进行启动和拆卸。

（2）微服务应该是可配置的。当服务实例启动时，它应该从中央位置读取需要配置其自身的数据，或者让它的配置信息作为环境变量传递。配置服务无须人为干预。

（3）微服务实例需要对客户端是透明的。客户端不应该知道服务的确切位置。相反，微服务客户端应该与服务发现代理通信，该代理将允许应用程序定位微服务的实例，而不必知道微服务的物理位置。

（4）微服务应该传达它的健康信息，这是云架构的关键部分。一旦微服务实例无法正常运行，客户端需要绕过不良服务实例。

这 4 条原则揭示了存在于微服务开发中的悖论。微服务在规模和范围上更小，但使用微服务会在应用程序中引入了更多的活动部件，特别是因为微服务在它自己的分布式容器中彼此独立地分布和运行，引入了高度协调性的同时也更容易为应用程序带来故障点。

从 DevOps 的角度来看，必须解决微服务的运维需求，并将这 4 条原则转化为每次构建和部署微服务到环境中时发生的一系列生命周期事件。这 4 条原则可以映射到以下运维生命周期步骤。

■ 服务装配——如何打包和部署服务以保证可重复性和一致性，以便相同的服务代码和运行时被完全相同地部署？

- 服务引导——如何将应用程序和环境特定的配置代码与运行时代码分开，以便可以在任何环境中快速启动和部署微服务实例，而无需对配置微服务进行人为干预？
- 服务注册/发现——部署一个新的微服务实例时，如何让新的服务实例可以被其他应用程序客户端发现。
- 服务监控——在微服务环境中，由于高可用性需求，同一服务运行多个实例非常常见。从 DevOps 的角度来看，需要监控微服务实例，并确保绕过微服务中的任何故障，而且状况不佳的服务实例会被拆卸。

图 2-6 展示了这 4 个步骤是如何配合在一起的。

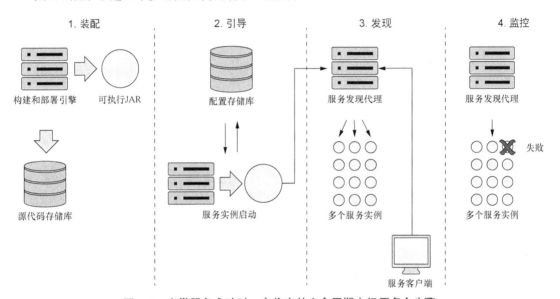

图 2-6 当微服务启动时，它将在其生命周期中经历多个步骤

构建 12-Factor 微服务应用程序

本书最大的希望之一就是读者能意识到成功的微服务架构需要强大的应用程序开发和 DevOps 实践。这些做法中最简明扼要的摘要可以在 Heroku 的 12-Factor 应用程序宣言中找到。此文档提供了 12 种最佳实践，在构建微服务的时候应该始终将它们记在脑海中。在阅读本书时，读者将看到这些实践相互交织成例子。我将其总结如下。

- 代码库——所有应用程序代码和服务器供应信息都应该处于版本控制中。每个微服务都应在源代码控制系统内有自己独立的代码存储库。
- 依赖——通过构建工具，如 Maven（Java），明确地声明应用程序使用的依赖项。应该使用其特定版本号声明第三方 JAR 依赖项，这样能够保证微服务始终使用相同版本的库来构建。
- 配置——将应用程序配置（特别是特定于环境的配置）与代码分开存储。应用程序配置不应与源代码在同一个存储库中。

- **后端服务**——微服务通常通过网络与数据库或消息系统进行通信。如果这样做，应该确保随时可以将数据库的实施从内部管理的服务换成第三方服务。第 10 章将演示如何将服务从本地管理的 Postgres 数据库移动到由亚马逊管理的数据库。
- **构建、发布和运行**——保持部署的应用程序的构建、发布和运行完全分开。一旦代码被构建，开发人员就不应该在运行时对代码进行更改。任何更改都需要回退到构建过程并重新部署。一个已构建服务是不可变的并且是不能被改变的。
- **进程**——微服务应该始终是无状态的。它们可以在任何超时时被杀死和替换，而不用担心一个服务实例的丢失会导致数据丢失。
- **端口绑定**——微服务在打包的时候应该是完全独立的，可运行的微服务中要包含一个运行时引擎。运行服务时不需要单独的 Web 或应用程序服务器。服务应该在命令行上自行启动，并通过公开的 HTTP 端口立即访问。
- **并发**——需要扩大时，不要依赖单个服务中的线程模型。相反，要启动更多的微服务实例并水平伸缩。这并不妨碍在微服务中使用线程，但不要将其作为伸缩的唯一机制。横向扩展而不是纵向扩展。
- **可任意处置**——微服务是可任意处置的，可以根据需要启动和停止。应该最小化启动时间，当从操作系统收到 kill 信号时，进程应该正常关闭。
- **开发环境与生产环境等同**——最小化服务运行的所有环境（包括开发人员的台式机）之间存在的差距。开发人员应该在本地开发时使用与微服务运行相同的基础设施。这也意味着服务在环境之间部署的时间应该是数小时，而不是数周。代码被提交后，应该被测试，然后尽快从测试环境一直提升到生产环境。
- **日志**——日志是一个事件流。当日志被写出时，它们应该可以流式传输到诸如 Splunk 或 Fluentd 这样的工具，这些工具将整理日志并将它们写入中央位置。微服务不应该关心这种情况发生的机制，开发人员应该在它们被写出来的时候通过标准输出直观地查看日志。
- **管理进程**——开发人员通常不得不针对他们的服务执行管理任务（数据移植或转换）。这些任务不应该是临时指定的，而应该通过源代码存储库管理和维护的脚本来完成。这些脚本应该是可重复的，并且在每个运行的环境中都是不可变的（脚本代码不会针对每个环境进行修改）。

2.4.1　服务装配：打包和部署微服务

从 DevOps 的角度来看，微服务架构背后的一个关键概念是可以快速部署微服务的多个实例，以应对变化的应用程序环境（如用户请求的突然涌入、基础设施内部的问题等）。

为了实现这一点，微服务需要作为带有所有依赖项的单个制品进行打包和安装，然后可以将这个制品部署到安装了 Java JDK 的任何服务器上。这些依赖项还包括承载微服务的运行时引擎（如 HTTP 服务器或应用程序容器）。

这种持续构建、打包和部署的过程就是服务装配（图 2-6 中的步骤 1）。图 2-7 展示了有关服务装配步骤的其他详细信息。

1. 装配

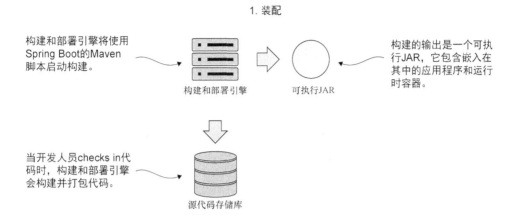

构建和部署引擎将使用 Spring Boot的Maven 脚本启动构建。

构建和部署引擎

可执行JAR

构建的输出是一个可执行JAR，它包含嵌入在其中的应用程序和运行时容器。

当开发人员checks in代码时，构建和部署引擎会构建并打包代码。

源代码存储库

图 2-7 在服务装配步骤中，源代码与其运行时引擎一起被编译和打包

幸运的是，几乎所有的 Java 微服务框架都包含可以使用代码进行打包和部署的运行时引擎。例如，在图 2-7 中的 Spring Boot 示例中，可以使用 Maven 和 Spring Boot 构建一个可执行的 Java JAR 文件，该文件具有嵌入式的 Tomcat 引擎内置于其中。以下命令行示例将构建许可证服务作为可执行 JAR，然后从命令行启动 JAR 文件：

```
mvn clean package && java -Cjar target/licensing-service-0.0.1-SNAPSHOT.jar
```

对某些运维团队来说，将运行时环境嵌入 JAR 文件中的理念是他们在部署应用程序时的重大转变。在传统的 J2EE 企业组织中，应用程序是被部署到应用程序服务器的。该模型意味着应用程序服务器本身是一个实体，并且通常由一个系统管理员团队进行管理，这些管理员管理服务器的配置，而与被部署的应用程序无关。

在部署过程中，应用程序服务器的配置与应用程序之间的分离可能会引入故障点，因为在许多组织中，应用程序服务器的配置不受源控制，并且通过用户界面和本地管理脚本组合的方式进行管理。这非常容易在应用程序服务器环境中发生配置漂移，并突然导致表面上看起来是随机中断的情况。

将运行时引擎嵌入可部署制品中的做法消除了许多配置漂移的可能性。它还允许将整个制品置于源代码控制之下，并允许应用程序团队更好地思考他们的应用程序是如何构建和部署的。

2.4.2 服务引导：管理微服务的配置

服务引导（图 2-6 中的步骤 2）发生在微服务首次启动并需要加载其应用程序配置信息的时候。图 2-8 为引导处理提供了更多的上下文。

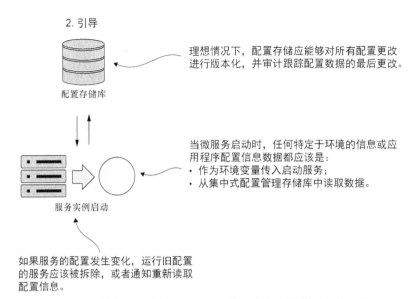

图 2-8　服务启动（引导）时，它会从中央存储库读取其配置

任何应用程序开发人员都知道，有时需要使应用程序的运行时行为可配置。通常这涉及从应用程序部署的属性文件读取应用程序的配置数据，或从数据存储区（如关系数据库）读取数据。

微服务通常会遇到相同类型的配置需求。不同之处在于，在云上运行的微服务应用程序中，可能会运行数百甚至数千个微服务实例。更为复杂的是，这些服务可能分散在全球。由于存在大量的地理位置分散的服务，重新部署服务以获取新的配置数据变得难以实施。

将数据存储在服务器外部的数据存储中解决了这个问题，但云上的微服务提出了一系列独特的挑战。

（1）配置数据的结构往往是简单的，通常读取频繁但不经常写入。在这种情况下，使用关系数据库就是"杀鸡用牛刀"，因为关系数据库旨在管理比一组简单的键值对更复杂的数据模型。

（2）因为数据是定期访问的，但是很少更改，所以数据必须具有低延迟的可读性。

（3）数据存储必须具有高可用性，并且靠近读取数据的服务。配置数据存储不能完全关闭，否则它将成为应用程序的单点故障。

在第 3 章中，将介绍如何使用简单的键值数据存储之类的工具来管理微服务应用程序配置数据。

2.4.3　服务注册和发现：客户端如何与微服务通信

从微服务消费者的角度来看，微服务应该是位置透明的，因为在基于云的环境中，服务器是短暂的。短暂意味着承载服务的服务器通常比在企业数据中心运行的服务的寿命更短。可以通过分配给运行服务的服务器的全新 IP 地址来快速启动和拆除基于云的服务。

通过坚持将服务视为短暂的可自由处理的对象，微服务架构可以通过运行多个服务实例来实现高度的可伸缩性和可用性。服务需求和弹性可以在需要的情况下尽快进行管理。每个服务都有一个分配给它的唯一和非永久的 IP 地址。短暂服务的缺点是，随着服务的不断出现和消失，手动或手工管理大量的短暂服务容易造成运行中断。

微服务实例需要向第三方代理注册。此注册过程称为服务发现（见图 2-6 中的步骤 3，以及图 2-9 中有关此过程的详细信息）。当微服务实例使用服务发现代理进行注册时，微服务实例将告诉发现代理两件事情：服务实例的物理 IP 地址或域名地址，以及应用程序可以用来查找服务的逻辑名称。某些服务发现代理还要求能访问到注册服务的 URL，服务发现代理可以使用此 URL 来执行健康检查。

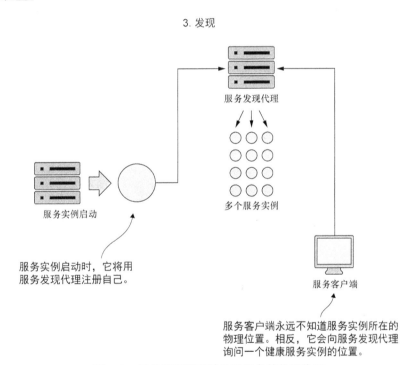

图 2-9　服务发现代理抽象出服务的物理位置

然后，服务客户端与发现代理进行通信以查找服务的位置。

2.4.4　传达微服务的"健康状况"

服务发现代理不只是扮演了一名引导客户端到服务位置的交通警察的角色。在基于云的微服务应用程序中，通常会有多个服务实例运行，其中某些服务实例迟早会出现一些问题。服务发现代理监视其注册的每个服务实例的健康状况，并从其路由表中移除有问题的服务实例，以确保客户端不会访问已经发生故障的服务实例。

在发现微服务后，服务发现代理将继续监视和 ping 健康检查接口，以确保该服务可用。这是图 2-6 中的步骤 4。图 2-10 提供了此步骤的上下文。

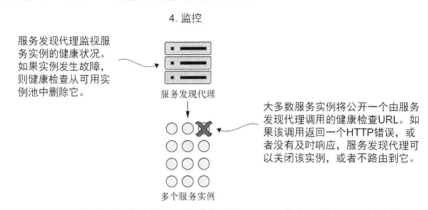

图 2-10　服务发现代理使用公开的健康状况 URL 来检查微服务的 "健康状况"

通过构建一致的健康检查接口，我们可以使用基于云的监控工具来检测问题并对其进行适当的响应。

如果服务发现代理发现服务实例存在问题，则可以采取纠正措施，如关闭出现故障的实例或启动另外的服务实例。

在使用 REST 的微服务环境中，构建健康检查接口的最简单的方法是公开可返回 JSON 净荷和 HTTP 状态码的 HTTP 端点。在基于非 Spring Boot 的微服务中，开发人员通常需要编写一个返回服务健康状况的端点。

在 Spring Boot 中，公开一个端点是很简单的，只涉及修改 Maven 构建文件以包含 Spring Actuator 模块。Spring Actuator 提供了开箱即用的运维端点，可帮助用户了解和管理服务的健康状况。要使用 Spring Actuator，需要确保在 Maven 构建文件中包含以下依赖项：

```
<dependency>
  <groupId>org.springframework.boot</groupId>
  <artifactId>spring-boot-starter-actuator</artifactId>
</dependency>
```

如果访问许可证服务上的 `http://localhost:8080/health` 端点，则应该会看到返回的健康状况数据。图 2-11 提供了返回数据的示例。

如图 2-11 所示，健康状况检查不仅仅是微服务是否在运行的指示器，它还可以提供有关运行微服务实例的服务器状态的信息，这样可以获得更丰富的监控体验。[1]

---

① Spring Boot 提供了大量用于自定义健康检查的选项。有关这方面的更多细节，请查看 *Spring Boot in Action* 这本优秀的书。作者 Craig Walls 详细介绍了配置 Spring Boot Actuator 的所有不同机制。

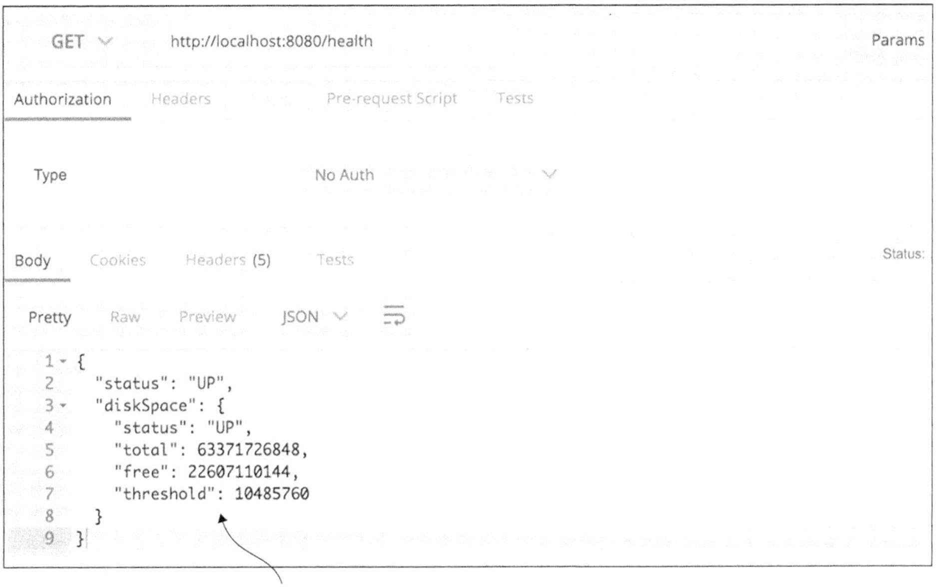

"开箱即用"的Spring Boot健康状况检查将返回服务是否已经启动以及一些基本信息，
如服务器上剩余的磁盘空间。

图 2-11　服务实例的健康状况检查使监视工具能确定服务实例是否正在运行

2.5　将视角综合起来

云中的微服务看起来很简单，但要想成功，却需要有一个综合的视角，将架构师、开发
人员和 DevOps 工程师的视角融到一起，形成一个紧密结合的视角。每个视角的关键结论概括
如下。

（1）架构师——专注于业务问题的自然轮廓。描述业务问题域，并听取别人所讲述的故事，
按照这种方式，筛选出目标备选微服务。还要记住，最好从"粗粒度"的微服务开始，并重构到
较小的服务，而不是从一大批小型服务开始。微服务架构像大多数优秀的架构一样，是按需调整
的，而不是预先计划好的。

（2）软件工程师——尽管服务很小，但并不意味着就应该把良好的设计原则抛于脑后。专注
于构建分层服务，服务中的每一层都有离散的职责。避免在代码中构建框架的诱惑，并尝试使每
个微服务完全独立。过早的框架设计和采用框架可能会在应用程序生命周期的后期产生巨大的维
护成本。

（3）DevOps 工程师——服务不存在于真空中。尽早建立服务的生命周期。DevOps 视角不仅
要关注如何自动化服务的构建和部署，还要关注如何监控服务的健康状况，并在出现问题时做出
反应。实施服务通常需要比编写业务逻辑更多的工作，也更需要深谋远虑。

2.6　小结

- 要想通过微服务获得成功，需要综合架构师、软件开发人员和 DevOps 的视角。
- 微服务是一种强大的架构范型，它有优点和缺点。并非所有应用程序都应该是微服务应用程序。
- 从架构师的角度来看，微服务是小型的、独立的和分布式的。微服务应具有狭窄的边界，并管理一小组数据。
- 从开发人员的角度来看，微服务通常使用 REST 风格的设计构建，JSON 作为服务发送和接收数据的净荷。
- Spring Boot 是构建微服务的理想框架，因为它允许开发人员使用几个简单的注解即可构建基于 REST 的 JSON 服务。
- 从 DevOps 的角度来看，微服务如何打包、部署和监控至关重要。
- 开箱即用。Spring Boot 允许用户用单个可执行 JAR 文件交付服务。JAR 文件中的嵌入式 Tomcat 服务器承载该服务。
- Spring Boot 框架附带的 Spring Actuator 会公开有关服务运行健康状况的信息以及有关服务运行时的信息。

第3章 使用 Spring Cloud 配置服务器控制配置

本章主要内容
- 将服务配置与服务代码分开
- 配置 Spring Cloud 配置服务器
- 集成 Spring Boot 微服务
- 加密敏感属性

在某种程度上来说，开发人员是被迫将配置信息与他们的代码分开的。毕竟，自上学以来，他们就一直被灌输不要将硬编码带入应用程序代码中的观念。许多开发人员在应用程序中使用一个常量类文件来帮助将所有配置集中在一个地方。将应用程序配置数据直接写入代码中通常是有问题的，因为每次对配置进行更改时，应用程序都必须重新编译和重新部署。为了避免这种情况，开发人员会将配置信息与应用程序代码完全分离。这样就可以很容易地在不进行重新编译的情况下对配置进行更改，但这样做也会引入复杂性，因为现在存在另一个需要与应用程序一起管理和部署的制品。

许多开发人员转向低层级的属性文件（即 YAML、JSON 或 XML）来存储他们的配置信息。这份属性文件存放在服务器上，通常包含数据库和中间件连接信息，以及驱动应用程序行为的相关元数据。将应用程序分离到一个属性文件中是很简单的，除了将配置文件放在源代码控制下（如果需要这样做的话），并将配置文件部署为应用程序的一部分，大多数开发人员永远不会再对应用程序配置进行实施。

这种方法可能适用于少量的应用程序，但是在处理可能包含数百个微服务的基于云的应用程序，其中每个微服务可能会运行多个服务实例时，它会迅速崩溃。

配置管理突然间变成一件重大的事情，因为在基于云的环境中，应用程序和运维团队必须与配置文件的"鼠巢"进行斗争。基于云的微服务开发强调以下几点。

（1）应用程序的配置与正在部署的实际代码完全分离。

（2）构建服务器、应用程序以及一个不可变的镜像，它们在各环境中进行提升时永远不会发生变化。

（3）在服务器启动时通过环境变量注入应用程序配置信息，或者在微服务启动时通过集中式存储库读取应用程序配置信息。

本章将介绍在基于云的微服务应用程序中管理应用程序配置数据所需的核心原则和模式。

3.1 管理配置（和复杂性）

对于在云中运行的微服务，管理应用程序配置是至关重要的，因为微服务实例需要以最少的人为干预快速启动。每当人们需要手动配置或接触服务以实现部署时，都有可能出现配置漂移、意外中断以及应用程序响应可伸缩性挑战出现延迟的情况。

通过建立要遵循的 4 条原则，我们来开始有关应用程序配置管理的讨论。

（1）分离——我们希望将服务配置信息与服务的实际物理部署完全分开。应用程序配置不应与服务实例一起部署。相反，配置信息应该作为环境变量传递给正在启动的服务，或者在服务启动时从集中式存储库中读取。

（2）抽象——将访问配置数据的功能抽象到一个服务接口中。应用程序使用基于 REST 的 JSON 服务来检索配置数据，而不是编写直接访问服务存储库的代码（也就是从文件或使用 JDBC 从数据库读取数据）。

（3）集中——因为基于云的应用程序可能会有数百个服务，所以最小化用于保存配置信息的不同存储库的数量至关重要。将应用程序配置集中在尽可能少的存储库中。

（4）稳定——因为应用程序的配置信息与部署的服务完全隔离并集中存放，所以不管采用何种方案实现，至关重要的一点就是保证其高可用和冗余。

要记住一个关键点，将配置信息与实际代码分开之后，开发人员将创建一个需要进行管理和版本控制的外部依赖项。我总是强调应用程序配置数据需要跟踪和版本控制，因为管理不当的应用程序配置很容易滋生难以检测的 bug 和计划外的中断。

偶发复杂性

我亲身体验过缺乏管理应用程序配置数据策略的危险。在某家财富 500 强金融服务公司工作期间，我被要求帮助一个大型 WebSphere 升级项目回到正轨。该公司在 WebSphere 上有超过 120 个应用程序，并且该公司需要在整个应用程序环境在供应商的维护期终止之前，将其基础设施从 WebSphere 6 升级到 WebSphere 7。

这个项目已经进行了 1 年，花费了 100 万美元的人力和硬件成本，只部署了 120 个应用程序中的 1 个。按照目前的轨迹，还需要两年时间才能完成升级。

当我开始与应用程序团队一起工作时，我发现的一个主要问题（也是仅有的一个问题），应用程序团队在属性文件中管理其数据库的所有配置以及其服务的端点。这些属性文件是手工管理的，不受源代码控制。120 个应用程序分布在 4 个环境中，每个应用程序有多个 WebSphere 节点，这个配置文件的"鼠巢"导致团队试图迁移 12 000（你没有看错，确实是 12 000）个配置文件，这些配置文件散落在数百个服务器以及运行在服务器上的应用程序中。这些文件仅用于应用程序的配置，甚至不包括应用程序服务器的配置。

我说服项目发起人，用两个月的时间将所有应用程序信息整合到具有 20 个配置文件的集中版本控制的配置库中。当我询问框架团队究竟是怎么形成这 12 000 个配置文件的境况时，该团队的首席工程师说，最初他们围绕一小部分应用程序设计了配置策略，但构建和部署的 Web 应用程序的数量在 5 年内爆炸式增长，尽管他们申请资金和时间来重新设计配置管理方法，但他们的业务合作伙伴和 IT 领导者从未将这件事视为优先事项。

不花时间来弄清楚如何进行配置管理可能会产生实实在在（而且代价昂贵）的下游影响。

3.1.1　配置管理架构

从第 2 章中可以看出，微服务配置管理的加载发生在微服务的引导阶段。作为回顾，图 3-1 展示了微服务生命周期。

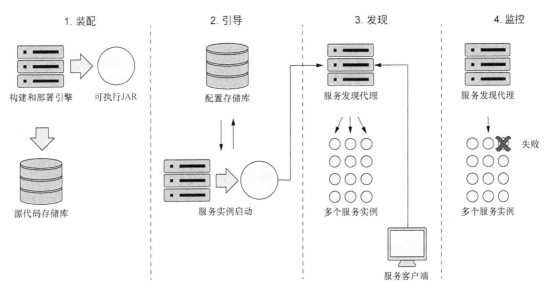

图 3-1　应用程序配置数据在服务引导阶段被读取

我们先来看一下之前在 3.1 节中提到的 4 条原则（分离、抽象、集中和稳定），看看这 4 条原则在服务引导时是如何应用的。图 3-2 更详细地探讨了引导过程，并展示了配置服务在此步骤中扮演的关键角色。

在图 3-2 中，发生了以下几件事情。

（1）当一个微服务实例出现时，它将调用一个服务端点来读取其所在环境的特定配置信息。配置管理的连接信息（连接凭据、服务端点等）将在微服务启动时被传递给微服务。

（2）实际的配置信息驻留在存储库中。基于配置存储库的实现，可以选择使用不同的实现来保存配置数据。配置存储库的实现选择可以包括源代码控制下的文件、关系数据库或键值数据存储。

（3）应用程序配置数据的实际管理与应用程序的部署方式无关。配置管理的更改通常通过构建和部署管道来处理，其中配置的更改可以通过版本信息进行标记，并通过不同的环境进行部署。

（4）进行配置管理更改时，必须通知使用该应用程序配置数据的服务，并刷新应用程序数据的副本。

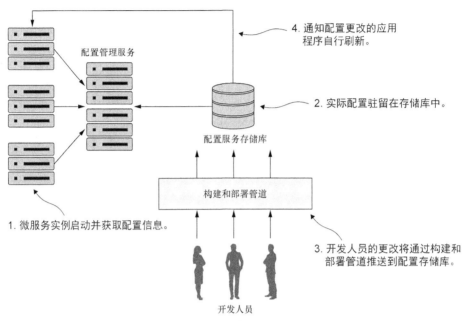

图 3-2   配置管理概念架构

现在，我们已经完成了概念架构，这个概念架构阐释了配置管理模式的各个组成部分，以及这些部分如何组合在一起。我们现在要继续看看这些模式的不同解决方案，然后看一下具体的实现。

3.1.2   实施选择

幸运的是，开发人员可以在大量久经测试的开源项目中进行选择，以实施配置管理解决方案。我们来看一下几个不同的方案选择，并对它们进行比较。表 3-1 列出了这些方案选择。

表 3-1   用于实施配置管理系统的开源项目

项目名称	描　　述	特　　点
Etcd	使用 Go 开发的开源项目，用于服务发现和键值管理，使用 raft 协议作为它的分布式计算模型	非常快和可伸缩 可分布式 命令行驱动 易于搭建和使用

续表

项目名称	描　　述	特　　点
Eureka	由 Netflix 开发。久经测试，用于服务发现和键值管理	分布式键值存储 灵活，需要费些功夫去设置 提供开箱即用的动态客户端刷新
Consul	由 Hashicorp 开发，特性上类似于 Etcd 和 Eureka，它的分布式计算模型使用了不同的算法（SWIM 协议）	快速 提供本地服务发现功能，可直接与 DNS 集成 没有提供开箱即用的动态客户端刷新
ZooKeeper	一个提供分布式锁定功能的 Apache 项目，经常用作访问键值数据的配置管理解决方案	最古老的、最久经测试的解决方案 使用最为复杂 可用作配置管理，但只有在其他架构中已经使用了 ZooKeeper 的时候才考虑使用它
Spring Cloud Config	一个开源项目，提供不同后端支持的通用配置管理解决方案。它可以将 Git、Eureka 和 Consul 作为后端进行整合	非分布式键值存储 提供了对 Spring 和非 Spring 服务的紧密集成 可以使用多个后端来存储配置数据，包括共享文件系统、Eureka、Consul 和 Git

表 3-1 中的所有方案都可以轻松用于构建配置管理解决方案。对于本章和本书其余部分的示例，都将使用 Spring Cloud 配置服务器。选择这个解决方案出于多种原因，其中包括以下几个。

（1）Spring Cloud 配置服务器易于搭建和使用。

（2）Spring Cloud 配置与 Spring Boot 紧密集成。开发人员可以使用一些简单易用的注解来读取所有应用程序的配置数据。

（3）Spring Cloud 配置服务器提供多个后端用于存储配置数据。如果读者已经使用了 Eureka 和 Consul 等工具，那么可以将它们直接插入 Spring Cloud 配置服务器中。

（4）在表 3-1 所示的所有解决方案中，Spring Cloud 配置服务器可以直接与 Git 源控制平台集成。Spring Cloud 配置与 Git 的集成消除了解决方案的额外依赖，并使版本化应用程序配置数据成为可能。

其他工具（Etcd、Consul、Eureka）不提供任何类型的原生版本控制，如果开发人员想要版本控制的话，则必须自己去建立它。如果读者使用 Git，那么使用 Spring Cloud 配置服务器是一个很有吸引力的选择。

对于本章的其余部分，我们将要完成以下几项工作。

（1）创建一个 Spring Cloud 配置服务器，并演示两种不同的机制来提供应用程序配置数据，一种使用文件系统，另一种使用 Git 存储库。

（2）继续构建许可证服务以从数据库中检索数据。

（3）将 Spring Cloud 配置服务挂钩（hook）到许可证服务，以提供应用程序配置数据。

3.2 构建 Spring Cloud 配置服务器

Spring Cloud 配置服务器是基于 REST 的应用程序，它建立在 Spring Boot 之上。Spring Cloud 配置服务器不是独立服务器，相反，开发人员可以选择将它嵌入现有的 Spring Boot 应用程序中，也可以在嵌入它的服务器中启动新的 Spring Boot 项目。

首先需要做的是建立一个名为 confsvr 的新项目目录。在 confsvr 目录中创建一个新的 Maven 文件，该文件将用于拉取启动 Spring Cloud 配置服务器所需的 JAR 文件。代码清单 3-1 列出的是关键部分，而不是整个 Maven 文件。

代码清单 3-1　为 Spring Cloud 配置服务器创建 pom.xml

```xml
<?xml version="1.0" encoding="UTF-8"?>
<project xmlns="http://maven.apache.org/POM/4.0.0"
    xmlns:xsi="http://www.w3.org/2001/XMLSchema-instance"
    xsi:schemaLocation="http://maven.apache.org/POM/4.0.0 http://
    ➥  maven.apache.org/xsd/maven-4.0.0.xsd">
  <modelVersion>4.0.0</modelVersion>

  <groupId>com.thoughtmechanix</groupId>
  <artifactId>configurationserver</artifactId>
  <version>0.0.1-SNAPSHOT</version>
  <packaging>jar</packaging>

  <name>Config Server</name>
  <description>Config Server demo project</description>

  <parent>
    <groupId>org.springframework.boot</groupId>
    <artifactId>spring-boot-starter-parent</artifactId>
    <version>1.4.4.RELEASE</version>          ◁———— 将要使用的 Spring Boot 版本
  </parent>
  <dependencyManagement>
    <dependencies>
      <dependency>
        <groupId>org.springframework.cloud</groupId>
        <artifactId>spring-cloud-dependencies</artifactId>
        <version>Camden.SR5</version>         ◁———— 将要使用的 Spring Cloud 版本
        <type>pom</type>
        <scope>import</scope>
      </dependency>
    </dependencies>
  </dependencyManagement>

  <properties>                                            配置服务器
    <project.build.sourceEncoding>UTF-8</project.build.sourceEncoding>  将要使用的
    <start-class>com.thoughtmechanix.confsvr.              引导类
    ➥  ConfigServerApplication </start-class>  ◁————
```

```xml
      <java.version>1.8</java.version>
      <docker.image.name>johncarnell/tmx-confsvr</docker.image.name>
      <docker.image.tag>chapter3</docker.image.tag>
   </properties>

   <dependencies>
      <dependency>
         <groupId>org.springframework.cloud</groupId>                      ◁─┐
         <artifactId>spring-cloud-starter-config</artifactId>                │  在这个特定服务中
      </dependency>                                                          │  将要使用的 Spring
                                                                            │  Cloud 项目
      <dependency>                                                          │
         <groupId>org.springframework.cloud</groupId>                      ◁─┘
         <artifactId>spring-cloud-config-server</artifactId>
      </dependency>
   </dependencies>

   <!-- 未显示 Docker 构建配置 -->
</project>
```

在代码清单 3-1 所示的 Maven 文件中，首先声明了要用于微服务的 Spring Boot 版本（1.4.4 版本）。下一个重要的 Maven 定义部分是将要使用的 Spring Cloud Config 父物料清单（Bill of Materials，BOM）。Spring Cloud 是一个大量独立项目的集合，这些项目全部遵循自身的发行版本而更新。此父 BOM 包含云项目中使用的所有第三方库和依赖项以及构成该版本的各个项目的版本号。在这个例子中，我们使用 Spring Cloud 的 `Camden.SR5` 版本。通过使用 BOM 定义，可以保证在 Spring Cloud 中使用子项目的兼容版本。这也意味着不必为子依赖项声明版本号。代码清单 3-1 的剩余部分负责声明将在服务中使用的特定 Spring Cloud 依赖项。第一个依赖项是所有 Spring Cloud 项目使用的 `spring-cloud-starter-config`。第二个依赖项是 `spring-cloud-config-server` 起步项目，它包含了 spring-cloud-config-server 的核心库。

> **来吧，坐上发行版系列的列车**
>
> Spring Cloud 使用非传统机制来标记 Maven 项目。Spring Cloud 是独立子项目的集合。Spring Cloud 团队通过其称为 "发行版系列"（release train）的方式进行版本发布。组成 Spring Cloud 的所有子项目都包含在一个 Maven 物料清单（BOM）中，并作为一个整体进行发布。Spring Cloud 团队一直使用伦敦地铁站的名称作为他们发行版本的名称，每个递增的主要版本都按字母表从小到大的顺序赋予一个伦敦地铁站的站名。目前已有 3 个版本，即 Angel、Brixton 和 Camden。Camden 是迄今为止最新的发行版，但是它的子项目中仍然有多个候选版本分支。
>
> 需要注意的是，Spring Boot 是独立于 Spring Cloud 发行版系列发布的。因此，Spring Boot 的不同版本可能与 Spring Cloud 的不同版本不兼容。参考 Spring Cloud 网站，可以看到 Spring Boot 和 Spring Cloud 之间的版本依赖项，以及发行版系列中包含的不同子项目版本。

我们仍然需要再多创建一个文件来让核心配置服务器正常运行。这个文件是位于 confsvr/src/main/resources 目录中的 application.yml 文件。application.yml 文件告诉 Spring Cloud 配置服务要侦听哪个端口以及在哪里可以找到提供配置数据的后端。

我们马上就能启动 Spring Cloud 配置服务了。现在，需要将服务器指向保存配置数据的后端存储库。对于本章，读者将要使用第 2 章中开始构建的许可证服务作为使用 Spring Cloud Config 的示例。简单起见，我们将为以下 3 个环境创建配置数据：在本地运行服务时的默认环境、开发环境以及生产环境。

在 Spring Cloud 配置中，一切都是按照层次结构进行的。应用程序配置由应用程序的名称表示。我们为需要拥有配置信息的每个环境提供一个属性文件。在这些环境中，我们将创建两个配置属性：

- 由许可证服务直接使用的示例属性；
- 用于存储许可证服务数据的 Postgres 数据库的配置。

图 3-3 阐述了如何创建和使用 Spring Cloud 配置服务。需要注意的是，在构建配置服务时，它将成为在环境中运行的另一个微服务。一旦建立配置服务，服务的内容就可以通过基于 HTTP 的 REST 端点进行访问。

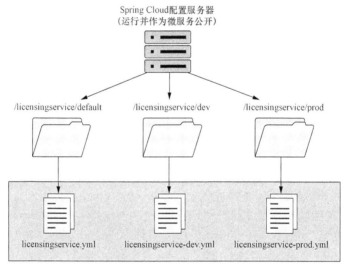

图 3-3 Spring Cloud 配置将环境特定的属性公开为基于 HTTP 的端点

应用程序配置文件的命名约定是"应用程序名称-环境名称.yml"。从图 3-3 可以看出，环境名称直接转换为可以浏览配置信息的 URL。随后，启动许可证微服务示例时，要运行哪个服务环境是由在命令行服务启动时传入的 Spring Boot 的 profile 指定的。如果在命令行上没有传入 profile，Spring Boot 将始终默认加载随应用程序打包的 application.yml 文件中的配置数据。

以下是为许可证服务提供的一些应用程序配置数据的示例。这些数据包含在 confsvr/src/main/resources/config/licensingservice/licensingservice.yml 文件中，图 3-3 引用了这些数据。下面

是此文件的一部分内容:

```
tracer.property: "I AM THE DEFAULT"
spring.jpa.database: "POSTGRESQL"
spring.datasource.platform:  "postgres"
spring.jpa.show-sql: "true"
spring.database.driverClassName: "org.postgresql.Driver"
spring.datasource.url: "jdbc:postgresql://database:5432/eagle_eye_local"
spring.datasource.username: "postgres"
spring.datasource.password: "p0stgr@s"
spring.datasource.testWhileIdle: "true"
spring.datasource.validationQuery: "SELECT 1"
spring.jpa.properties.hibernate.dialect:
➥    "org.hibernate.dialect.PostgreSQLDialect"
```

在实施前想一想

  我建议不要在中大型云应用中使用基于文件系统的解决方案。使用文件系统方法,意味着要为想要访问应用程序配置数据的所有云配置服务器实现共享文件挂载点。在云中创建共享文件系统服务器是可行的,但它将维护此环境的责任放在开发人员身上。

  我将展示如何以文件系统作为入门使用 Spring Cloud 配置服务器的最简单示例。在后面的几节中,我将介绍如何配置 Spring Cloud 配置服务器以使用基于云的 Git 供应商(如 Bitbucket 或 GitHub)来存储应用程序配置。

3.2.1 创建 Spring Cloud Config 引导类

  本书涵盖的每一个 Spring Cloud 服务都需要一个用于启动该服务的引导类。这个引导类包含两样东西:作为服务启动入口点的 Java main() 方法,以及一组告诉启动的服务将要启动哪种类型的 Spring Cloud 行为的 Spring Cloud 注解。

  代码清单 3-2 展示了用作配置服务的引导类 Application(在 confsvr/src/main/java/com/thoughtmechanix/confsvr/Application.java 中)。

代码清单 3-2 Spring Cloud Config 服务器的引导类

```
package com.thoughtmechanix.confsvr;

import org.springframework.boot.SpringApplication;
import org.springframework.boot.autoconfigure.SpringBootApplication;
import org.springframework.cloud.config.server.EnableConfigServer;

@SpringBootApplication
@EnableConfigServer
public class ConfigServerApplication {
```

Spring Cloud Config 服务是 Spring Boot 应用程序,因此需要用@SpringBootApplication 进行标记

@EnableConfigServer 使服务成为 Spring Cloud Config 服务

```
public static void main(String[] args) {
    SpringApplication.run(ConfigServerApplication.class, args);
}
```

main 方法启动服务并启动 Spring 容器

接下来，我们将使用最简单的文件系统示例来搭建 Spring Cloud 配置服务器。

3.2.2　使用带有文件系统的 Spring Cloud 配置服务器

Spring Cloud 配置服务器使用 confsvr/src/main/resources/application.yml 文件中的条目指向要保存应用程序配置数据的存储库。创建基于文件系统的存储库是实现这一目标的最简单方法。

为此，要将以下信息添加到配置服务器的 application.yml 文件中。代码清单 3-3 展示 Spring Cloud 配置服务器的 application.yml 文件的内容。

代码清单 3-3　Spring Cloud 配置的 application.yml 文件

```
server:
  port: 8888
spring:
  profiles:
    active: native
  cloud:
    config:
      server:
        native:
          searchLocations: file:///Users/johncarnell1/book/spmia-code
          /chapter3-code/confsvr/src/main/resources/config/
           licensingservice
```

Spring Cloud 配置服务器将要监听的端口

用于存储配置的后端存储库（文件系统）

配置文件存储位置的路径

在代码清单 3-3 所示的配置文件中，首先告诉配置服务器，对于所有配置信息的请求，应该监听哪个端口号：

```
server:
  port: 8888
```

因为我们正在使用文件系统来存储应用程序配置信息，所以需要告诉 Spring Cloud 配置服务器以 "native" profile 运行：

```
profiles:
  active: native
```

application.yml 文件的最后一部分为 Spring Cloud 配置提供了应用程序数据所在的文件目录：

```
server:
  native:
    searchLocations: file:///Users/johncarnell1/book/spmia_code
    /chapter3-code/confsvr/src/main/resources/config/licensingservice
```

配置条目中的重要参数是 searchLocations 属性。这个属性为每一个应用程序提供了用逗号分隔的文件夹列表，这些文件夹含有由配置服务器管理的属性。在上一个示例中，只配置了许可证服务。

> **注意**　如果使用 Spring Cloud Config 的本地文件系统版本，那么在本地运行代码时，需要修改 `spring.cloud.config.server.native.searchLocations` 属性以反映本地文件路径。

我们现在已经完成了足够多的工作来启动配置服务器。接下来，我们就使用 `mvn spring-boot:run` 命令启动配置服务器。服务器现在应该在命令行上出现一个 Spring Boot 启动画面。如果用浏览器访问 http://localhost:8888/licensingservice/default，那么将会看到 JSON 净荷与 licensingservice.yml 文件中包含的所有属性一起返回。图 3-4 展示了调用此端点的结果。

```
{
  "name": "licensingservice",
  "profiles": [
    "default"
  ],
  "label": "master",
  "version": "8b20dd9432ef9ef08216a5775859afb24a5e7d43",
  "propertySources": [
    {
      "name": "https://github.com/carnellj/config-repo/licensingservice/licensingservice.yml",    ← 包含配置存储库中
      "source": {                                                                                     的属性的源文件
        "example.property": "I AM IN THE DEFAULT",
        "spring.jpa.database": "POSTGRESQL",
        "spring.datasource.platform": "postgres",
        "spring.jpa.show-sql": "true",
        "spring.database.driverClassName": "org.postgresql.Driver",
        "spring.datasource.url": "jdbc:postgresql://database:5432/eagle_eye_local",
        "spring.datasource.username": "postgres",
        "spring.datasource.password": "{cipher}4788dfe1ccbe6485934aec2ffeddb06163ea3d616df5fd75be96aadd4df1da91",
        "spring.datasource.testWhileIdle": "true",
        "spring.datasource.validationQuery": "SELECT 1",
        "spring.jpa.properties.hibernate.dialect": "org.hibernate.dialect.PostgreSQLDialect",
        "redis.server": "redis",
        "redis.port": "6379",
        "signing.key": "345345fsdfsf5345"
      }
    }
  ]
}
```

图 3-4　检索许可证服务的默认配置信息

如果读者想要查看基于开发环境的许可证服务的配置信息，可以对 http://localhost:8888/licensingservice/dev 端点发起 GET 请求。图 3-5 展示了调用此端点的结果。

如果仔细观察，读者会看到在访问开发环境端点时，将返回许可证服务的默认配置属性以及开发环境下的许可证服务配置。Spring Cloud 配置返回两组配置信息的原因是，Spring 框架实现了一种用于解析属性的层次结构机制。当 Spring 框架执行属性解析时，它将始终先查找默认属性中的属性，然后用特定环境的值（如果存在）去覆盖默认属性。

具体来说，如果在 licensingservice.yml 文件中定义一个属性，并且不在任何其他环境配置文件（如 licensingservice-dev.yml）中定义它，则 Spring 框架将使用这个默认值。

```
"propertySources": [
  {
    "name": "https://github.com/carnellj/config-repo/licensingservice/licensingservice-dev.yml",
    "source": {
      "spring.jpa.database": "POSTGRESQL",
      "spring.datasource.platform": "postgres",
      "spring.jpa.show-sql": "true",
      "spring.database.driverClassName": "org.postgresql.Driver",
      "spring.datasource.url": "jdbc:postgresql://database:5432/eagle_eye_dev",
      "spring.datasource.username": "postgres_dev",
      "spring.datasource.password": "{cipher}d495ce8603af958b2526967648aa9620b7e834c4eaff66014aa805450736e119",
      "spring.datasource.testWhileIdle": "true",
      "spring.datasource.validationQuery": "SELECT 1",
      "spring.jpa.properties.hibernate.dialect": "org.hibernate.dialect.PostgreSQLDialect",
      "redis.server": "redis",
      "redis.port": "6379",
      "signing.key": "345345fsdfsf5345"
    }
  },
  {
    "name": "https://github.com/carnellj/config-repo/licensingservice/licensingservice.yml",
    "source": {
      "example.property": "I AM IN THE DEFAULT",
      "spring.jpa.database": "POSTGRESQL",
      "spring.datasource.platform": "postgres",
      "spring.jpa.show-sql": "true",
```

请求特定环境的profile时，将返回所请求的profile和默认的profile。

图 3-5　使用开发环境 profile 检索许可证服务的配置信息

注意　这不是直接调用 Spring Cloud 配置 REST 端点所看到的行为。REST 端点将返回调用的默认值和环境特定值的所有配置值。

让我们看看如何将 Spring Cloud 配置服务器挂钩到许可证微服务。

3.3　将 Spring Cloud Config 与 Spring Boot 客户端集成

在上一章中，我们构建了一个简单的许可证服务框架，这个框架只是返回一个代表数据库中单个许可记录的硬编码 Java 对象。在下一个示例中，我们将构建许可证服务，并与持有许可数据的 Postgres 数据库进行交流。

我们将使用 Spring Data 与数据库进行通信，并将数据从许可证表映射到保存数据的 POJO。数据库连接和一条简单的属性将从 Spring Cloud 配置服务器中读出。图 3-6 展示了许可证服务和 Spring Cloud 配置服务之间的交互。

当许可证服务首次启动时，将通过命令行传递两条信息：Spring 的 profile 和许可证服务用于与 Spring Cloud 配置服务通信的端点。Spring 的 profile 值映射到为 Spring 服务检索属性的环境。当许可证服务首次启动时，它将通过从 Spring 的 profile 传入构建的端点与 Spring Cloud Config 服务进行联系。然后，Spring Cloud Config 服务将会根据 URI 上传递过来的特定 Spring profile，使用已配置的后端配置存储库（文件系统、Git、Consul 或 Eureka）来检索相应的配置信息，然后将适当的属性值传回许可证服务。接着，Spring Boot 框架将这些值注入应用程序的相应部分。

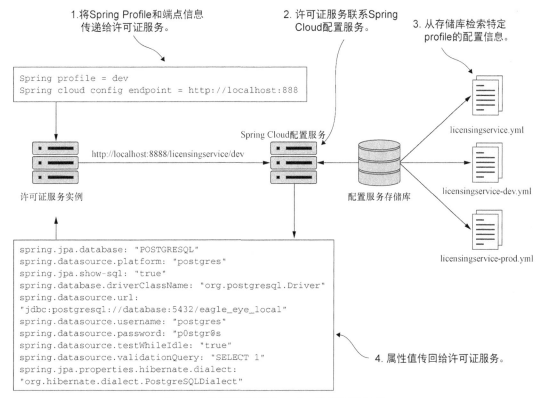

图 3-6　使用开发环境 profile 检索配置信息

3.3.1　建立许可证服务对 Spring Cloud Config 服务器的依赖

让我们把焦点从配置服务器转移到许可证服务。我们需要做的第一件事，就是在许可证服务中为 Maven 文件添加更多的条目。代码清单 3-4 展示了需要添加的条目。

代码清单 3-4　许可证服务所需的其他 Maven 依赖项

```xml
<dependency>
  <groupId>org.springframework.boot</groupId>
  <artifactId>spring-boot-starter-data-jpa</artifactId>
</dependency>
```
告诉 Spring Boot 将要在服务中使用 Java Persistence API（JPA）

```xml
<dependency>
  <groupId>postgresql</groupId>
  <artifactId>postgresql</artifactId>
  <version>9.1-901.jdbc4</version>
</dependency>
```
告诉 Spring Boot 拉取 Postgres JDBC 驱动程序

```xml
<dependency>
  <groupId>org.springframework.cloud</groupId>
```

```
   <artifactId>spring-cloud-config-client</artifactId>
</dependency>
```

告诉 Spring Boot 拉取 Spring Cloud Config
客户端所需的所有依赖项

第一个和第二个依赖项 `spring-boot-starter-data-jpa` 和 `postgresql` 导入了 Spring Data Java Persistence API（JPA）和 Postgres JDBC 驱动程序。最后一个依赖项是 `spring-cloud-config-client`，它包含与 Spring Cloud 配置服务器交互所需的所有类。

3.3.2 配置许可证服务以使用 Spring Cloud Config

在定义了 Maven 依赖项后，需要告知许可证服务在哪里与 Spring Cloud 配置服务器进行联系。在使用 Spring Cloud Config 的 Spring Boot 服务中，配置信息可以在 bootstrap.yml 和 application.yml 这两个配置文件之一中设置。

在其他所有配置信息被使用之前，bootstrap.yml 文件要先读取应用程序属性。一般来说，bootstrap.yml 文件包含服务的应用程序名称、应用程序 profile 和连接到 Spring Cloud Config 服务器的 URI。希望保留在本地服务（而不是存储在 Spring Cloud Config 中）的其他配置信息，都可以在服务中的 application.yml 文件中进行本地设置。通常情况下，即使 Spring Cloud Config 服务不可用，我们也会希望存储在 application.yml 文件中的配置数据可用。bootstrap.yml 和 application.yml 保存在项目的 src/main/resources 文件夹中。

要使许可证服务与 Spring Cloud Config 服务进行通信，需要添加一个 licensing-service/src/main/resources/bootstrap.yml 文件，并设置 3 个属性，即 `spring.application.name`、`spring.profiles.active` 和 `spring.cloud.config.uri`。

代码清单 3-5 展示了许可证服务的 bootstrap.yml 文件。

代码清单 3-5 配置许可证服务的 bootstrap.yml 文件

```
spring:
  application:
    name: licensingservice
  profiles:
    active:
      default
  cloud:
    config:
      uri: http://localhost:8888
```

指定许可证服务的名称，以便 Spring Cloud Config 客户端知道正在查找哪个服务

指定服务应该运行的默认 profile oprofile 映射到环境

指定 Spring Cloud Config 服务器的位置

注意 Spring Boot 应用程序支持两种定义属性的机制：YAML（Yet another Markup Language）和使用 "." 分隔的属性名称。我们选择 YAML 作为配置应用程序的方法。YAML 属性值的分层格式直接映射到 `spring.application.name`、`spring.profiles.active` 和 `spring.cloud.config.uri` 名称。

`spring.application.name` 是应用程序的名称（如 licensingservice）并且必须直接映射

到 Spring Cloud 配置服务器中的目录的名称。对于许可证服务，需要在 Spring Cloud 配置服务器上有一个名为 licensingservice 的目录。

第二个属性 `spring.profiles.active` 用于告诉 Spring Boot 应用程序应该运行哪个 profile。profile 是区分 Spring Boot 应用程序要使用哪个配置数据的机制。对于许可证服务的 profile，我们将支持服务的环境直接映射到云配置环境中。例如，通过作为 profile 传入开发环境，Spring Cloud 配置服务器将使用开发环境的属性。如果没有设置 profile，许可证服务将使用默认 profile。

第三个也是最后一个属性 `spring.cloud.config.uri` 是许可证服务查找 Spring Cloud 配置服务器端点的位置。在默认情况下，许可证服务将在 http://localhost:8888 上查找配置服务器。在本章的后面，读者将看到如何在应用程序启动时覆盖 boostrap.yml 和 application.yml 文件中定义的不同属性，这样可以告知许可证微服务应该运行哪个环境。

现在，如果启动 Spring Cloud 配置服务，并在本地计算机上运行相应的 Postgres 数据库，那么就可以使用默认 profile 启动许可证服务。这可以通过切换到许可证服务的目录并执行以下命令来完成：

```
mvn spring-boot: run
```

通过运行此命令而不设置任何属性，许可证服务器将自动尝试使用端点（http://localhost: 8888）和在许可证服务的 bootstrap.yml 文件中定义的活跃 profile（默认），连接到 Spring Cloud 配置服务器。

如果要覆盖这些默认值并指向另一个环境，可以通过将许可证服务项目编译到 JAR，然后使用-D 系统属性来运行这个 JAR 来实现。下面的命令行演示了如何使用非默认 profile 启动许可证服务：

```
java  -Dspring.cloud.config.uri=http://localhost:8888 \
      -Dspring.profiles.active=dev \
      -jar target/licensing-service-0.0.1-SNAPSHOT.jar
```

使用上述命令行将覆盖两个参数，即 `spring.cloud.config.uri` 和 `spring.profiles.active`。使用-Dspring.cloud.config.uri=http://localhost:8888 系统属性将指向一个本地运行的配置服务器。

注意 如果读者尝试从自己的台式机上使用上述的 Java 命令来运行从本章的 GitHub 存储库下载的许可证服务，将会运行失败，这是因为没有运行桌面 Postgres 服务器，并且 GitHub 存储库中的源代码在配置服务器上使用了加密。本章稍后将介绍加密。前面的例子演示了如何通过命令行来覆盖 Spring 属性。

使用-Dspring.profiles.active=dev 系统属性，可以告诉许可证服务使用开发环境 profile（从配置服务器读取），从而连接到开发环境的数据库的实例。

使用环境变量传递启动信息

在这些示例中，将这些值硬编码传递给-D 参数值。在云中所需的大部分应用程序配置数据都将位于配置服务器中。但是，对于启动服务所需的信息（如配置服务器的数据），则需要启动 VM 实例或 Docker 容器并传入环境变量。

本书每章的所有代码示例都可以在 Docker 容器中完全运行。使用 Docker，我们可以通过特定环境的 Docker-compose 文件来模拟不同的环境，从而协调所有服务的启动。容器所需的特定环境值作为环境变量传递到容器。例如，要在开发环境中启动许可证服务，docker/dev/docker-compose.yml 文件要包含以下用于许可证服务的条目：

```
licensingservice:
  image: ch3-thoughtmechanix/licensing-service
  ports:
    - "8080:8080"          指定许可证服务容器
  environment:             的环境变量的开始
    PROFILE: "dev"
    CONFIGSERVER_URI: http://configserver:8888
    CONFIGSERVER_PORT: "8888"       PROFILE 环境变量被传递给 Spring
    DATABASESERVER_PORT: "5432"     配置服务的端点    Boot 服务命令行，告诉 Spring Boot
                                                      应该运行哪个 profile
```

该文件中的环境条目包含两个变量 PROFILE 的值，这是许可证服务将要运行的 Spring Boot profile。CONFIGSERVER_URI 被传递给许可证服务，该属性定义了 Spring Cloud 配置服务器实例的地址，服务将从该 URI 读取其配置数据的。

在由容器运行的启动脚本中，我们将这些环境变量以-D 参数传递到启动应用程序的 JVM。在每个项目中，可以制作一个 Docker 容器，然后该 Docker 容器使用启动脚本启动该容器中的软件。对于许可证服务，容器中的启动脚本位于 licensing-service/src/main/docker/run.sh 中。在 run.sh 脚本中，以下条目负责启动许可证服务的 JVM：

```
echo   "**********************************************************"
echo   "Starting License Server with Configuration Service :
       $CONFIGSERVER_URI";
echo   "**********************************************************"
java -Dspring.cloud.config.uri=$CONFIGSERVER_URI
-Dspring.profiles.active=$PROFILE -jar /usr/local/licensingservice/
       licensing-service-0.0.1-SNAPSHOT.jar
```

因为我们是通过 Spring Boot Actuator 来增强服务的自我检查能力的，所以可以通过访问 http://localhost:8080/env 来确认正在运行的环境。/env 端点将提供有关服务的配置信息的完整列表，包括服务启动的属性和端点，如图 3-7 所示。

图 3-7 中要注意的关键是，许可证服务的活跃 profile 是 dev。通过观察返回的 JSON，还可以看到被返回的 Postgres 数据库 URI 是开发环境 URI：jdbc:postgresql://database:5432/eagle-ege-dev。

```json
{
  "profiles": [
    "default"
  ],
  "server.ports": {
    "local.server.port": 8080
  },
  "decrypted": {
    "spring.datasource.password": "******"
  },
  "configService:configClient": {
    "config.client.version": "8907411ed638d7a66e2ae4142f83671425f4113f"
  },
  "configService:https://github.com/carnellj/config-repo/licensingservice/licensingservice.yml": {
    "example.property": "I AM IN THE DEFAULT",
    "spring.jpa.database": "POSTGRESQL",
    "spring.datasource.platform": "postgres",
    "spring.jpa.show-sql": "true",
    "spring.database.driverClassName": "org.postgresql.Driver",
    "spring.datasource.url": "jdbc:postgresql://database:5432/eagle_eye_local",
    "spring.datasource.username": "postgres",
    "spring.datasource.password": "******",
    "spring.datasource.testWhileIdle": "true",
    "spring.datasource.validationQuery": "SELECT 1",
    "spring.jpa.properties.hibernate.dialect": "org.hibernate.dialect.PostgreSQLDialect",
    "redis.server": "redis",
    "redis.port": "6379",
    "signing.key": "******"
  },
}
```

图 3-7　可以通过调用/env 端点来检查许可证服务加载的配置

暴露太多的信息

围绕如何为服务实现安全性，每个组织都会有自己的规则。许多组织认为，服务不应该广播任何有关自己的信息，也不允许像/env 端点这样的东西在服务上存在，因为他们相信（这是理所当然的）这样会为潜在的黑客提供太多的信息。Spring Boot 为配置 Spring Actuator 端点返回的信息提供了丰富的功能，这些知识超出了本书的范围。Craig Walls 的优秀著作《Spring Boot 实战》详细介绍了这个主题，我强烈建议读者回顾一下企业安全策略并阅读 Walls 的书，以便能够提供想通过 Spring Actuator 公开的正确级别的细节。

3.3.3　使用 Spring Cloud 配置服务器连接数据源

至此我们已将数据库配置信息直接注入微服务中。数据库配置设置完毕后，配置许可证微服务就变成使用标准 Spring 组件来构建和从 Postgres 数据库中检索数据的练习。许可证服务已被重构成不同的类，每个类都有各自独立的职责。这些类如表 3-2 所示。

表 3-2　许可证服务的类及其所在位置

类　　名	位　　置
License	licensing-service/src/main/java/com/thoughtmechanix/licenses/model
LicenseRepository	licensing-service/src/main/java/com/thoughtmechanix/licenses/repository
LicenseService	licensing-service/src/main/java/com/thoughtmechanix/licenses/services

License 类是模型类，它将持有从许可数据库检索的数据。代码清单 3-6 展示了 License 类的代码。

代码清单 3-6 单个许可证记录的 JPA 模型代码

```
package com.thoughtmechanix.licenses.model;

import javax.persistence.Column;
import javax.persistence.Entity;
import javax.persistence.Id;
import javax.persistence.Table;
                                            @Entity 注解告诉 Spring
                                            这是一个 JPA 类
@Entity
@Table(name = "licenses")                   @Table 映射到数据库的表
public class License{
    @Id
    @Column(name = "license_id", nullable = false)      @Id 将该字段标记
    private String licenseId;                           为主键

    @Column(name = "organization_id", nullable = false)  @Column 将该字段映射
    private String organizationId;                       到特定数据库表中的列

    @Column(name = "product_name", nullable = false)
    private String productName;

    /*为了简洁，省略了其余的代码*/
}
```

这个类使用了多个 Java 持久性注解（Java Persistence Annotations，JPA），帮助 Spring Data 框架将 Postgres 数据库中的 licenses 表中的数据映射到 Java 对象。@Entity 注解让 Spring 知道这个 Java POJO 将要映射保存数据的对象。@Table 注解告诉 Spring JPA 应该映射哪个数据库表。@Id 注解标识数据库的主键。最后，数据库中的每一列将被映射到由@Column 标记的各个属性。

Spring Data 和 JPA 框架提供访问数据库的基本 CRUD 方法。如果要构建其他方法，可以使用 Spring Data 存储库接口和基本命名约定来进行构建。Spring 将在启动时从 Repository 接口解析方法的名称，并将它们转换为基于名称的 SQL 语句，然后在幕后生成一个动态代理类来完成这项工作。代码清单 3-7 展示了许可证服务的存储库。

代码清单 3-7 LicenseRepository 接口定义查询方法

```
package com.thoughtmechanix.licenses.repository;

import com.thoughtmechanix.licenses.model.License;
import org.springframework.data.repository.CrudRepository;
import org.springframework.stereotype.Repository;

import java.util.List;
                                        告诉 Spring Boot 这是
                                        一个 JPA 存储库类
@Repository
public interface LicenseRepository
```

```
        extends CrudRepository<License,String>                        定义正在扩展 Spring
{                                                                     CrudRepository
    public List<License> findByOrganizationId
    ➥ (String organizationId);                                       每个查询方法被 Spring 解
    public License findByOrganizationIdAndLicenseId                   析为 SELECT...FROM 查询
    ➥ (String organizationId,String licenseId);
}
```

存储库接口 LicenseRepository 用 @Repository 注解标记，这个注解告诉 Spring 应该将这个接口视为存储库并为它生成动态代理。Spring 提供不同类型的数据访问存储库。我们选择使用 Spring CrudRepository 基类来扩展 LicenseRepository 类。CrudRepository 基类包含基本的 CRUD 方法。除了从 CrudRepository 扩展的 CRUD 方法外，我们还添加了两个用于从许可表中检索数据的自定义查询方法。Spring Data 框架将拆开这些方法的名称以构建访问底层数据的查询。

注意   Spring Data 框架提供各种数据库平台上的抽象层，并不仅限于关系数据库。该框架还支持 NoSQL 数据库，如 MongoDB 和 Cassandra。

与第 2 章中的许可证服务不同，我们现在已将许可证服务的业务逻辑和数据访问逻辑从 LicenseController 中分离出来，并划分在名为 LicenseService 的独立服务类中（如代码清单 3-8 所示）。

代码清单 3-8   用于执行数据库命令的 LicenseService 类

```java
package com.thoughtmechanix.licenses.services;

import com.thoughtmechanix.licenses.config.ServiceConfig;
import com.thoughtmechanix.licenses.model.License;
import com.thoughtmechanix.licenses.repository.LicenseRepository;
import org.springframework.beans.factory.annotation.Autowired;
import org.springframework.stereotype.Service;
import java.util.List;
import java.util.UUID;

@Service
public class LicenseService {

    @Autowired
    private LicenseRepository licenseRepository;

    @Autowired
    ServiceConfig config;

    public License getLicense(String organizationId,String licenseId) {
        License license = licenseRepository.findByOrganizationIdAndLicenseId(
        ➥    organizationId, licenseId);
        return license.withComment(config.getExampleProperty());
    }

    public List<License> getLicensesByOrg(String organizationId){
```

```
            return licenseRepository.findByOrganizationId(organizationId);
    }

    public void saveLicense(License license){
        license.withId( UUID.randomUUID().toString());
        licenseRepository.save(license);
    }
        /*为了简洁，省略了其余的代码*/
}
```

使用标准的 Spring @Autowired 注解将控制器、服务和存储库类连接到一起。

3.3.4　使用@Value 注解直接读取属性

在上一节的 LicenseService 类中，读者可能已经注意到，在 getLicense()中使用了来自 config.getExampleProperty()的值来设置 license.withComment()的值。所指的代码如下：

```
public License getLicense(String organizationId,String licenseId) {
    License license = licenseRepository.findByOrganizationIdAndLicenseId(
organizationId, licenseId);
    return license.withComment(config.getExampleProperty());
}
```

如果查看 licensing-service/src/main/java/com/thoughtmechanix/licenses/config/ServiceConfig.java，将看到使用@Value 注解标注的属性。代码清单 3-9 展示了@Value 注解的用法。

代码清单 3-9　用于集中应用程序属性的 **ServiceConfig** 类

```
package com.thoughtmechanix.licenses.config;

import org.springframework.beans.factory.annotation.Value;
import org.springframework.stereotype.Component;

@Component
public class ServiceConfig{
    @Value("${example.property}")
    private String exampleProperty;

    public String getExampleProperty(){
        return exampleProperty;
    }
}
```

虽然 Spring Data "自动神奇地"将数据库的配置数据注入数据库连接对象中，但所有其他属性都必须使用@Value 注解进行注入。在上述示例中，@Value 注解从 Spring Cloud 配置服务器中提取 example.property 并将其注入 ServiceConfig 类的 example.property 属性中。

提示　虽然可以将配置的值直接注入各个类的属性中，但我发现将所有配置信息集中到一个配置类，然后将配置类注入需要它的地方是很有用的。

3.3.5 使用 Spring Cloud 配置服务器和 Git

如前所述，使用文件系统作为 Spring Cloud 配置服务器的后端存储库，对基于云的应用程序来说是不切实际的，因为开发团队必须搭建和管理所有挂载在云配置服务器实例上的共享文件系统。

Spring Cloud 配置服务器能够与不同的后端存储库集成，这些存储库可以用于托管应用程序配置属性。我成功地使用过 Spring Cloud 配置服务器与 Git 源代码控制存储库集成。

通过使用 Git，我们可以获得将配置管理属性置于源代码管理下的所有好处，并提供一种简单的机制来将属性配置文件的部署集成到构建和部署管道中。

要使用 Git，需要在配置服务的 bootstrap.yml 文件中使用代码清单 3-10 所示的配置替换文件系统的配置。

代码清单 3-10 Spring Cloud 配置的 bootstrap.yml

```
server:
  port: 8888
spring:
  cloud:
    config:
      server:               告诉 Spring Cloud Config        告诉 Spring Cloud Git 服
        git:  ◄──────       使用 Git 作为后端存储库          务器和 Git 存储库的 URL
          uri: https://github.com/carnellj/config-repo/
          searchPaths: licensingservice,organizationservice  ◄──────
          username: native-cloud-apps                告诉 Spring Cloud Config 在
          password: 0ffended                         Git 中查找配置文件的路径
```

上述示例中的 3 个关键配置部分是 `spring.cloud.config.server`、`spring.cloud.config.server.git.uri` 和 `spring.cloud.config.server.git.searchPaths` 属性。`spring.cloud.config.server` 属性告诉 Spring Cloud 配置服务器使用非基于文件系统的后端存储库。在上述例子中，将要连接到基于云的 Git 存储库 GitHub。

`spring.cloud.config.server.git.uri` 属性提供要连接的存储库 URL。最后，`spring.cloud.config.server.git.searchPaths` 属性告诉 Spring Cloud Config 服务器在云配置服务器启动时应该在 Git 存储库中搜索的相对路径。与配置的文件系统版本一样，`spring.cloud.config.server.git.searchPaths` 属性中的值是以逗号分隔的由配置服务托管的服务列表。

3.3.6 使用 Spring Cloud 配置服务器刷新属性

开发团队想要使用 Spring Cloud 配置服务器时，遇到的第一个问题是，如何在属性变化时动态刷新应用程序。Spring Cloud 配置服务器始终提供最新版本的属性，通过其底层存储库，对属性进行的更改将是最新的。

但是，Spring Boot 应用程序只会在启动时读取它们的属性，因此 Spring Cloud 配置服务器中进行的属性更改不会被 Spring Boot 应用程序自动获取。Spring Boot Actuator 提供了一个 @RefreshScope 注解，允许开发团队访问/refresh 端点，这会强制 Spring Boot 应用程序重新读取应用程序配置。代码清单 3-11 展示了 @RefreshScope 注解的作用。

代码清单 3-11   @RefreshScope 注解

```
package com.thoughtmechanix.licenses;

import org.springframework.boot.SpringApplication;
import org.springframework.boot.autoconfigure.SpringBootApplication;
import org.springframework.cloud.context.config.annotation.RefreshScope;

@SpringBootApplication
@RefreshScope
public class Application {
    public static void main(String[] args) {
        SpringApplication.run(Application.class, args);
    }
}
```

我们需要注意一些有关 @RefreshScope 注解的事情。首先，注解只会重新加载应用程序配置中的自定义 Spring 属性。Spring Data 使用的数据库配置等不会被 @RefreshScope 注解重新加载。要执行刷新，可以访问 http://<yourserver>:8080/refresh 端点。

> **关于刷新微服务**
>
> 将微服务与 Spring Cloud 配置服务一起使用时，在动态更改属性之前需要考虑的一件事是，可能会有同一服务的多个实例正在运行，需要使用新的应用程序配置刷新所有这些服务。有几种方法可以解决这个问题。
>
> Spring Cloud 配置服务确实提供了一种称为 Spring Cloud Bus 的"推送"机制，使 Spring Cloud 配置服务器能够向所有使用服务的客户端发布有更改发生的消息。Spring Cloud 配置需要一个额外的中间件（RabbitMQ）运行。这是检测更改的非常有用的手段，但并不是所有的 Spring Cloud 配置后端都支持这种"推送"机制（也就是 Consul 服务器）。
>
> 在下一章中，我们将使用 Spring Service Discovery 和 Eureka 来注册所有服务实例。我用过的用于处理应用程序配置刷新事件的一种技术是，刷新 Spring Cloud 配置中的应用程序属性，然后编写一个简单的脚本来查询服务发现引擎以查找服务的所有实例，并直接调用/refresh 端点。
>
> 最后一种方法是重新启动所有服务器或容器来接收新的属性。这项工作很简单，特别是在 Docker 等容器服务中运行服务时。重新启动 Docker 容器差不多需要几秒，然后将强制重新读取应用程序配置。
>
> 记住，基于云的服务器是短暂的。不要害怕使用新配置启动服务的新实例，直接使用新服务，然后拆除旧的服务。

3.4 保护敏感的配置信息

在默认情况下,Spring Cloud 配置服务器在应用程序配置文件中以纯文本格式存储所有属性,包括像数据库凭据这样的敏感信息。

将敏感凭据作为纯文本保存在源代码存储库中是一种非常糟糕的做法。遗憾的是,它发生的频率比我们想象的要高得多。Spring Cloud Config 可以让我们轻松加密敏感属性。Spring Cloud Config 支持使用对称加密(共享密钥)和非对称加密(公钥/私钥)。

我们将看看如何搭建 Spring Cloud 配置服务器以使用对称密钥的加密。要做到这一点,需要:

(1)下载并安装加密所需的 Oracle JCE jar;

(2)创建加密密钥;

(3)加密和解密属性;

(4)配置微服务以在客户端使用加密。

3.4.1 下载并安装加密所需的 Oracle JCE jar

首先,需要下载并安装 Oracle 的不限长度的 Java 加密扩展(Unlimited Strength Java Cryptography Extension, JCE)。它无法通过 Maven 下载,必须从 Oracle 公司下载[①]。下载包含 JCE jar 的 zip 文件后,必须执行以下操作。

(1)切换到$JAVA_HOME/jre/lib/security 文件夹。

(2)将$JAVA_HOME/jre/lib/security 目录中的 local_policy.jar 和 US_export_ policy.jar 文件备份到其他位置。

(3)解压从 Oracle 下载的 JCE zip 文件。

(4)将 local_policy.jar 和 US_export_policy.jar 复制到$JAVA_HOME/jre/lib/security 目录中。

(5)配置 Spring Cloud Config 以使用加密。

自动化安装 Oracle JCE 文件的过程

我已经完成了在笔记本电脑上安装 JCE 所需的手动步骤。因为我们使用 Docker 将所有的服务构建为 Docker 容器,所以我已经在 Spring Cloud Config Docker 容器中编写了这些 JAR 文件的下载和安装的脚本。下面的 OS X shell 脚本代码段展示了如何使用 curl 命令行工具进行自动化操作:

```
cd /tmp/
curl -k-LO "http://download.oracle.com/otn-pub/java/jce/8/jce_policy-8.zip"
    -H 'Cookie: oraclelicense=accept-securebackup-cookie' && unzip
    jce_policy-8.zip
rm jce_policy-8.zip
```

---

① 在 Google 快速搜索 Java Cryptography Extensions 应该能找到正确的 URL。

```
yes |cp -v /tmp/UnlimitedJCEPolicyJDK8/*.jar /usr/lib/jvm/java-1.8-openjdk/jre/
    lib/security/
```

我不会去讲所有的细节，但基本上我使用 CURL 下载了 JCE zip 文件（注意通过 curl 命令中的 -H 属性传递的 Cookie 头参数），然后解压文件并将其复制到 Docker 容器中的/usr/lib/jvm/java-1.8-openjdk/jre/lib/security 目录。

如果读者查看本章源代码中的 src/main/docker/Dockerfile 文件，就可以看到该脚本的示例。

3.4.2　创建加密密钥

一旦 JAR 文件就位，就需要设置一个对称加密密钥。对称加密密钥只不过是加密器用来加密值和解密器用来解密值的共享密钥。使用 Spring Cloud 配置服务器，对称加密密钥是通过操作系统环境变量 ENCRYPT_KEY 传递给服务的字符串。在本书中，需要始终将 ENCRYPT_KEY 环境变量设置为：

```
export ENCRYPT_KEY=IMSYMMETRIC
```

关于对称密钥，要注意以下两点。

（1）对称密钥的长度应该是 12 个或更多个字符，最好是一个随机的字符集。

（2）不要丢失对称密钥。一旦使用加密密钥加密某些东西，如果没有对称密钥就无法解密。

管理加密密钥

为了撰写本书，我做了两件在生产部署中通常不会推荐的事情。

- 我将加密密钥设置为一句话。因为我想保持密钥简单，以便我能记住它，并且它能很好地进行阅读。在真实的部署中，我会为部署的每个环境使用单独的加密密钥，并使用随机字符作为我的密钥。

- 我直接在本书中使用的 Docker 文件中硬编码了 ENCRYPT_KEY 环境变量。我这样做是为了让读者可以下载文件并启动它们而无须设置环境变量。在真实的运行时环境中，我将引用 ENCRYPT_KEY 作为 Docker 文件中的一个操作系统环境变量。注意这一点，并且不要在 Dockerfile 内硬编码加密密钥。记住，Dockerfile 应该处于源代码管理下。

3.4.3　加密和解密属性

现在，可以开始加密在 Spring Cloud Config 中使用的属性了。我们将加密用于访问 EagleEye 数据的许可证服务 Postgres 数据库密码。要加密的属性 spring.datasource.password 当前设置的纯文本值为 p0stgr@s。

在启动 Spring Cloud Config 实例时，Spring Cloud Config 将检测到环境变量 ENCRYPT_KEY 已设置，并自动将两个新端点（/encrypt 和/decrypt）添加到 Spring Cloud Config 服务。我们将使用/encrypt 端点加密 p0stgr@s 值。

图 3-8 展示了如何使用/encrypt 端点和 POSTMAN 加密 p0stgr@s 的值。请注意，无论何时调用/encrypt 或/decrypt 端点，都需要确保对这些端点进行 POST 请求。

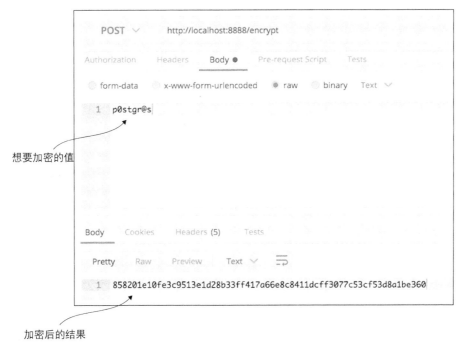

图 3-8 使用/encrypt 端点可以加密值

如果要解密这个值，可以使用/decrypt 端点，在调用中传递已加密的字符串。

现在可以使用以下语法将已加密的属性添加到 GitHub 或基于文件系统的许可证服务的配置文件中：

```
spring.datasource.password:"{cipher}
➥   858201e10fe3c9513e1d28b33ff417a66e8c8411dcff3077c53cf53d8a1be360"
```

Spring Cloud 配置服务器要求所有已加密的属性前面加上{cipher}。{cipher}告诉 Spring Cloud 配置服务器它正在处理已加密的值。启动 Spring Cloud 配置服务器，并使用 GET 方法访问 http://localhost:8888/licensingservice/default 端点。

图 3-9 展示了这次调用的结果。

我们通过对属性进行加密来让 spring.datasource.password 变得更安全,但仍然存在一个问题。在访问 http://localhost:8888/licensingservice/default 端点时，数据库密码被以纯文本形式公开了。

在默认情况下，Spring Cloud Config 将在服务器上解密所有属性，并将未加密的纯文本作为结果传回给请求属性的应用程序。但是，开发人员可以告诉 Spring Cloud Config 不要在服务器上进行解密，并让应用程序负责检索配置数据以解密已加密的属性。

将spring.datasource.password属性存储为已加密的值。

图 3-9   虽然在属性文件中，spring.datasource.password 已经被加密，然而当许可证服务的
配置被检索时，它将被解密。这仍然是有问题的

3.4.4   配置微服务以在客户端使用加密

要让客户端对属性进行解密，需要做以下 3 件事情。

（1）配置 Spring Cloud Config 不要在服务器端解密属性。

（2）在许可证服务器上设置对称密钥。

（3）将 `spring-security-rsa` JAR 添加到许可证服务的 pom.xml 文件中。

首先需要做的是在 Spring Cloud Config 中禁用服务器端的属性解密。这可以通过设置 Spring Cloud Config 的 src/main/resources/application.yml 文件中的 `spring.cloud.config.server.encrypt.enabled` 属性为 `false` 来完成。这就是在 Spring Cloud Config 服务器上需要做的所有工作。

因为许可证服务现在负责解密已加密的属性，所以需要先在许可证服务上设置对称密钥，方法是确保 `ENCRYPT_KEY` 环境变量与 Spring Cloud Config 服务器使用的对称密钥相同（如 IMSYMMETRIC）

接下来，需要在许可证服务中包含 `spring-security-rsa` JAR 依赖项：

```
<dependency>
```

```
<groupId>org.springframework.security</groupId>
<artifactId>spring-security-rsa</artifactId>
</dependency>
```

这些 JAR 文件包含解密从 Spring Cloud Config 检索的已加密的属性所需的 Spring 代码。有了这些更改，就可以启动 Spring Cloud Config 和许可证服务了。如果读者访问 `http://localhost:8888/licensingservice/default` 端点，就会发现 `spring.datasource.password` 是以加密形式返回的。图 3-10 展示了这一调用的输出结果。

属性spring.datasource.password是加密的。

图 3-10 启用客户端解密后，敏感属性不再以未加密文本的形式从 Spring Cloud Config REST 调用中返回。相反，在从 Spring Cloud Config 加载属性时，该属性将由调用服务解密

3.5 最后的想法

应用程序配置管理可能看起来像一个普通的主题，但它在基于云的环境中至关重要。正如我们将在后面几章中更详细地讨论的，非常重要的一点在于应用程序以及它们运行的服务器是不可变的，并且不会手动更改在不同环境间进行部署提升的服务器。这与传统部署模型的情况是不一样的，在传统部署模型中，开发人员会将应用程序制品（如 JAR 或 WAR 文件）连同它的属性文件一起部署到一个"固定的"环境中。

使用基于云的模型，应用程序配置数据应该与应用程序完全分离，并在运行时注入相应的配置数据，以便在所有环境中一致地提升相同的服务器和应用程序制品。

3.6　小结

- Spring Cloud 配置服务器允许使用环境特定值创建应用程序属性。
- Spring 使用 Spring profile 来启动服务，以确定要从 Spring Cloud Config 服务检索哪些环境属性。
- Spring Cloud 配置服务可以使用基于文件或基于 Git 的应用程序配置存储库来存储应用程序属性。
- Spring Cloud 配置服务允许使用对称加密和非对称加密对敏感属性文件进行加密。

第4章　服务发现

本章主要内容
- 为什么服务发现对基于云的应用程序环境很重要
- 与传统的负载均衡方法作对比，了解服务发现的优缺点
- 建立一个 Spring Netflix Eureka 服务器
- 通过 Eureka 注册一个基于 Spring Boot 的微服务
- 使用 Spring Cloud 和 Netflix 的 Ribbon 库来完成客户端负载均衡

在任何分布式架构中，都需要找到机器所在的物理地址。这个概念自分布式计算开始出现就已经存在，并且被正式称为服务发现。服务发现可以非常简单，只需要维护一个属性文件，这个属性文件包含应用程序使用的所有远程服务的地址，也可以像通用描述、发现与集成服务（Universal Description, Discovery, and Integration，UUDI）存储库一样正式（和复杂）。

服务发现对于微服务和基于云的应用程序至关重要，主要原因有两个。首先，它为应用团队提供了一种能力，可以快速地对在环境中运行的服务实例数量进行水平伸缩。通过服务发现，服务消费者能够将服务的物理位置抽象出来。由于服务消费者不知道实际服务实例的物理位置，因此可以从可用服务池中添加或移除服务实例。

这种在不影响服务消费者的情况下快速伸缩服务的能力是一个非常强大的概念，因为它驱使习惯于构建单一整体、单一租户（如一个客户）的应用程序的开发团队，远离仅考虑通过增加更大型、更好的硬件（垂直伸缩）的方法来扩大服务，而是通过更强大的方法——添加更多服务器（水平伸缩）来实现扩大。

单体架构通常会驱使开发团队在过度购买处理能力的道路上越走越远。处理能力的增长以跳跃式和峰值的形式体现出来，很少按照平稳路径的形式增长。微服务允许开发人员对服务实例进行伸缩。服务发现有助于抽象出这些服务部署，使它们远离服务消费者。

服务发现的第二个好处是，它有助于提高应用程序的弹性。当微服务实例变得不健康或不可用时，大多数服务发现引擎将从内部可用服务列表中移除该实例。由于服务发现引擎会在路由服务时绕过不可用服务，因此能够使不可用服务造成的损害最小。

我们已经了解了服务发现的好处,但是它有什么大不了的呢?难道我们就不能使用诸如域名服务(Domain Name Service,DNS)或负载均衡器等可靠的方法来帮助实现服务发现吗?接下来让我们就来讨论一下,为什么这些方法不适用于基于微服务的应用程序,特别是在云中运行的应用程序。

4.1 我的服务在哪里

每当应用程序调用分布在多个服务器上的资源时,这个应用程序就需要定位这些资源的物理位置。在非云的世界中,这种服务位置解析通常由 DNS 和网络负载均衡器的组合来解决。图 4-1 展示了这个模型。

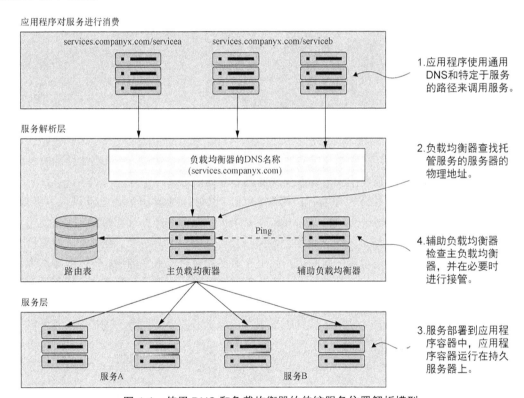

图 4-1　使用 DNS 和负载均衡器的传统服务位置解析模型

应用程序需要调用位于组织其他部分的服务。它尝试通过使用通用 DNS 名称以及唯一表示需要调用的服务的路径来调用该服务。DNS 名称会被解析到一个商用负载均衡器(如流行的 F5 负载均衡器)或开源负载均衡器(如 HAProxy)。

负载均衡器在接收到来自服务消费者的请求时,会根据服务消费者尝试访问的路径,在路由表中定位物理地址条目。此路由表条目包含托管该服务的一个或多个服务器的列表。接着,负载均衡器选择列表中的一个服务器，并将请求转发到该服务器上。

服务的每个实例被部署到一个或多个应用服务器。这些应用程序服务器的数量往往是静态的（例如，托管服务的应用程序服务器的数量并没有增加和减少）和持久的（例如，如果运行应用程序的服务器崩溃，它将恢复到崩溃时的状态，并将具有与之前相同的 IP 和配置）。

为了实现高可用性，辅助负载均衡器会处于空闲状态，并 ping 主负载均衡器以查看它是否处于存活（alive）状态。如果主负载均衡器未处于存活状态，那么辅助负载均衡器将变为存活状态，接管主负载均衡器的 IP 地址并开始提供请求。

这种模型适用于在企业数据中心内部运行的应用程序，以及在一组静态服务器上运行少量服务的情况，但对基于云的微服务应用程序来说，这种模型并不适用。原因有以下几个。

- 单点故障——虽然负载均衡器可以实现高可用，但这是整个基础设施的单点故障。如果负载均衡器出现故障，那么依赖它的每个应用程序都会出现故障。尽管可以使负载平衡器高度可用，但负载均衡器往往是应用程序基础设施中的集中式阻塞点。

- 有限的水平可伸缩性——在服务集中到单个负载均衡器集群的情况下，跨多个服务器水平伸缩负载均衡基础设施的能力有限。许多商业负载均衡器受两件事情的限制：冗余模型和许可证成本。第一，大多数商业负载均衡器使用热插拔模型实现冗余，因此只能使用单个服务器来处理负载，而辅助负载均衡器仅在主负载均衡器中断的情况下，才能进行故障切换。这种架构本质上受到硬件的限制。第二，商业负载均衡器具有有限数量的许可证，它面向固定容量模型而不是更可变的模型。

- 静态管理——大多数传统的负载均衡器不是为快速注册和注销服务设计的。它们使用集中式数据库来存储规则的路由，添加新路由的唯一方法通常是通过供应商的专有 API（Application Programming Interface，应用程序编程接口）来进行添加。

- 复杂——由于负载均衡器充当服务的代理，它必须将服务消费者的请求映射到物理服务。这个翻译层通常会为服务基础设施增加一层复杂度，因为开发人员必须手动定义和部署服务的映射规则。在传统的负载均衡器方案中，新服务实例的注册是手动完成的，而不是在新服务实例启动时完成的。

这 4 个原因并不是对负载均衡器的刻意指摘。负载均衡器在企业级环境中工作良好，在这种环境中，大多数应用程序的大小和规模可以通过集中式网络基础设施来处理。此外，负载均衡器仍然可以在集中化 SSL 终端和管理服务端口安全性方面发挥作用。负载均衡器可以锁定位于它后面的所有服务器的入站（入口）端口和出站（出口）端口访问。在需要满足行业标准的认证要求，如 PCI（Payment Card Industry，支付卡行业）合规时，这种最小网络访问概念经常是关键组成部分。

然而，在需要处理大量事务和冗余的云环境中，集中的网络基础设施并不能最终发挥作用，因为它不能有效地伸缩，并且成本效益也不高。现在我们来看一下，如何为基于云的应用程序实现一个健壮的服务发现机制。

4.2 云中的服务发现

基于云的微服务环境的解决方案是使用服务发现机制，这一机制具有以下特点。

- 高可用——服务发现需要能够支持"热"集群环境，在服务发现集群中可以跨多个节点共享服务查找。如果一个节点变得不可用，集群中的其他节点应该能够接管工作。
- 点对点——服务发现集群中的每个节点共享服务实例的状态。
- 负载均衡——服务发现需要在所有服务实例之间动态地对请求进行负载均衡，以确保服务调用分布在由它管理的所有服务实例上。在许多方面，服务发现取代了许多早期 Web 应用程序实现中使用的更静态的、手动管理的负载均衡器。
- 有弹性——服务发现的客户端应该在本地"缓存"服务信息。本地缓存允许服务发现功能逐步降级，这样，如果服务发现服务变得不可用，应用程序仍然可以基于本地缓存中维护的信息来运行和定位服务。
- 容错——服务发现需要检测出服务实例什么时候是不健康的，并从可以接收客户端请求的可用服务列表中移除该实例。服务发现应该在没有人为干预的情况下，对这些故障进行检测，并采取行动。

在接下来的几节中，我们将：

- 了解基于云的服务发现代理的工作方式的概念架构；
- 展示即使在服务发现代理不可用时，客户端缓存和负载均衡如何使服务能够继续发挥作用；
- 了解如何使用 Spring Cloud 和 Netflix 的 Eureka 服务发现代理实现服务发现功能。

4.2.1 服务发现架构

为了开始讨论服务发现架构，我们需要了解 4 个概念。这些一般概念在所有服务发现实现中是共通的。

- 服务注册——服务如何使用服务发现代理进行注册？
- 服务地址的客户端查找——服务客户端查找服务信息的方法是什么？
- 信息共享——如何跨节点共享服务信息？
- 健康监测——服务如何将它的健康信息传回给服务发现代理？

图 4-2 展示了这 4 个概念的流程，以及在服务发现模式实现中通常发生的情况。

在图 4-2 中，启动了一个或多个服务发现节点。这些服务发现实例通常是独立的，在它们之前一般不会有负载均衡器。

当服务实例启动时，它们将通过一个或多个服务发现实例来注册它们可以访问的物理位置、路径和端口。虽然每个服务实例都具有唯一的 IP 地址和端口，但是每个服务实例都将以相同的服务 ID 进行注册。服务 ID 是唯一标识一组相同服务实例的键。

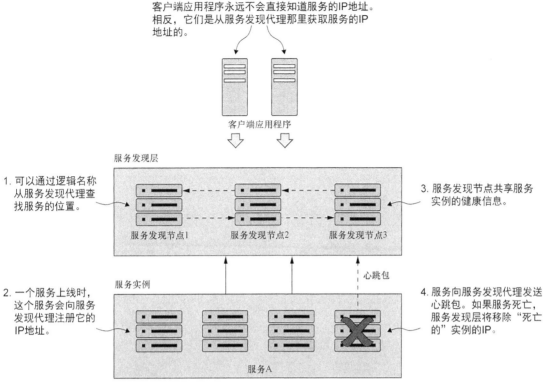

图 4-2　随着服务实例的添加与删除，它们将更新服务发现代理，并可用于处理用户请求

　　服务通常只在一个服务发现实例中进行注册。大多数服务发现的实现使用数据传播的点对点模型，每个服务实例的数据都被传递到服务发现集群中的所有其他节点。

　　根据服务发现实现机制的不同，传播机制可能会使用硬编码的服务列表来进行传播，也可能会使用像"gossip"或"infection-style"协议这样的多点广播协议，以允许其他节点在集群中"发现"变更。

　　最后，每个服务实例将通过服务发现服务去推送服务实例的状态，或者服务发现服务从服务实例拉取状态。任何未能返回良好的健康检查信息的服务都将从可用服务实例池中删除。

　　服务在向服务发现服务进行注册之后，这个服务就可以被需要使用这项服务功能的应用程序或其他服务使用。客户端可以使用不同的模型来"发现"服务。在每次调用服务时，客户端可以只依赖于服务发现引擎来解析服务位置。使用这种方法，每次调用注册的微服务实例时，服务发现引擎就会被调用。但是，这种方法很脆弱，因为服务客户端完全依赖于服务发现引擎来查找和调用服务。

　　一种更健壮的方法是使用所谓的客户端负载均衡。图 4-3 展示了这种方法。

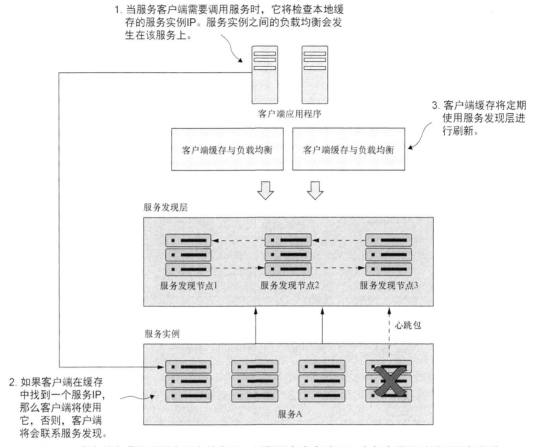

图 4-3　客户端负载均衡缓存服务的位置，以便服务客户端不必在每次调用时联系服务发现

在这个模型中，当服务消费者需要调用一个服务时：

（1）它将联系服务发现服务，获取它请求的所有服务实例，然后在服务消费者的机器上本地缓存数据。

（2）每当客户端需要调用该服务时，服务消费者将从缓存中查找该服务的位置信息。通常，客户端缓存将使用简单的负载均衡算法，如"轮询"负载均衡算法，以确保服务调用分布在多个服务实例之间。

（3）然后，客户端将定期与服务发现服务进行联系，并刷新服务实例的缓存。客户端缓存最终是一致的，但是始终存在这样的风险：在客户端联系服务发现实例以进行刷新和调用时，调用可能会被定向到不健康的服务实例上。

如果在调用服务的过程中，服务调用失败，那么本地的服务发现缓存失效，服务发现客户端将尝试从服务发现代理刷新数据。

现在，让我们使用通用服务发现模式，并将它应用到 EagleEye 问题域。

4.2.2 使用 Spring 和 Netflix Eureka 进行服务发现实战

现在，我们将通过创建一个服务发现代理来实现服务发现，然后通过代理注册两个服务。接着，通过使用服务发现检索到的信息，让一个服务调用另一个服务。Spring Cloud 提供了多种从服务发现代理查找信息的方法。本书将介绍每种方法的优点和缺点。

Spring Cloud 项目再一次让这种创建变得极其简单。本书将使用 Spring Cloud 和 Netflix 的 Eureka 服务发现引擎来实现服务发现模式。对于客户端负载均衡，本书使用 Spring Cloud 和 Netflix 的 Ribbon 库。

在前两章中，我们尽可能让许可证服务保持简单，并将组织名称和许可证数据包含在许可证中。在本章中，我们将把组织信息分解到它自己的服务中。

当许可证服务被调用时，它将调用组织服务以检索与指定的组织 ID 相关联的组织信息。组织服务的位置的实际解析存储在服务发现注册表中。本例将使用服务发现注册表注册两个组织服务实例，然后使用客户端负载均衡来查找服务，并在每个服务实例中缓存注册表。图 4-4 展示了这个过程。

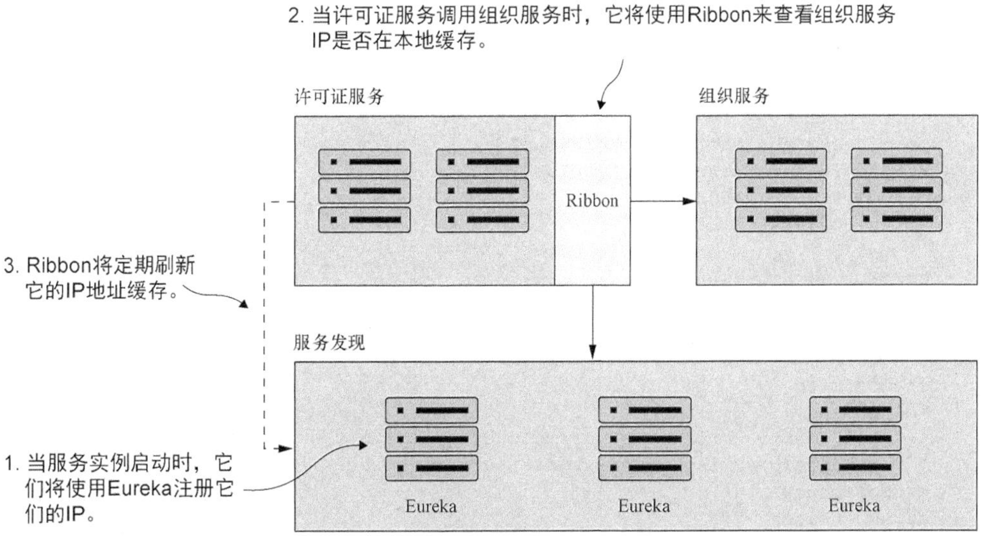

图 4-4 通过许可证服务和组织服务实现客户端缓存和 Eureka，可以减轻 Eureka 服务器上的负载，并提高 Eureka 不可用时的客户端稳定性

（1）随着服务的启动，许可证和组织服务将通过 Eureka 服务进行注册。这个注册过程将告诉 Eureka 每个服务实例的物理位置和端口号，以及正在启动的服务的服务 ID。

（2）当许可证服务调用组织服务时，许可证服务将使用 Netflix Ribbon 库来提供客户端负载均衡。Ribbon 将联系 Eureka 服务去检索服务位置信息，然后在本地进行缓存。

（3）Netflix Ribbon 库将定期对 Eureka 服务进行 ping 操作，并刷新服务位置的本地缓存。

任何新的组织服务实例现在都将在本地对许可证服务可见，而任何不健康实例都将从本地缓存中移除。

接下来，我们将通过建立 Spring Cloud Eureka 服务来实现这个设计。

4.3 构建 Spring Eureka 服务

在本节中，我们将通过 Spring Boot 建立 Eureka 服务。与 Spring Cloud 配置服务一样，我们将从构建新的 Spring Boot 项目开始，并应用注解和配置来建立 Spring Cloud Eureka 服务。首先从 Maven 的 pom.xml[①]开始。代码清单 4-1 展示了正在建立的 Spring Boot 项目所需的 Eureka 服务依赖项。

代码清单 4-1 添加依赖项到 pom.xml

```xml
<?xml version="1.0" encoding="UTF-8"?>
<project xmlns="http://maven.apache.org/POM/4.0.0"
    xmlns:xsi="http://www.w3.org/2001/XMLSchema-instance"
    xsi:schemaLocation="http://maven.apache.org/POM/4.0.0 http://
        maven.apache.org/xsd/maven-4.0.0.xsd">

    <modelVersion>4.0.0</modelVersion>

    <groupId>com.thoughtmechanix</groupId>
    <artifactId>eurekasvr</artifactId>
    <version>0.0.1-SNAPSHOT</version>
    <packaging>jar</packaging>

    <name>Eureka Server</name>
    <description>Eureka Server demo project</description>

<!--没有显示使用 Spring Cloud Parent 的 Maven 定义-->
    <dependencies>
        <dependency>
            <groupId>org.springframework.cloud</groupId>
            <artifactId>spring-cloud-starter-eureka-server</artifactId>     ◁──┐
        </dependency>                                          告诉 Maven 构建包含 Eureka
    </dependencies>                                            库（其中包括 Ribbon ）

为了简洁，省略了 pom.xml 的其余部分
....
</project>
```

接着，需要创建 src/main/resources/application.yml 文件，在这里需要添加以独立模式（例如，

[①] 本章的所有源代码可以从本章的 GitHub 存储库下载。Eureka 服务在 chapter4/eurekasvr 的例子中。本章的所有服务都是通过 Docker 和 Docker Compose 构建的，因此它们能够以单实例的方式启动。

集群中没有其他节点）运行 Eureka 服务所需的配置，如代码清单 4-2 所示。

代码清单 4-2　在 application.yml 文件中创建 Eureka 配置

```
server:
  port: 8761                              ◁—— Eureka 服务器将要监听的端口

eureka:
  client:
    registerWithEureka: false            ◁—— 不要使用 Eureka 服务进行注册
    fetchRegistry: false                 ◁—— 不要在本地缓存注册表信息
    server:
      waitTimeInMsWhenSyncEmpty: 5       ◁—— 在服务器接收请求之前等待的初始时间
```

要设置的关键属性是 `server.port` 属性，它用于设置 Eureka 服务的默认端口。`eureka.client.registerWithEureka` 属性会告知服务，在 Spring Boot Eureka 应用程序启动时不要通过 Eureka 服务注册，因为它本身就是 Eureka 服务。`eureka.client.fetchRegistry` 属性设置为 `false`，以便 Eureka 服务启动时，它不会尝试在本地缓存注册表信息。在运行 Eureka 客户端时，为了缓存通过 Eureka 注册的 Spring Boot 服务，我们需要更改 `eureka.client.fetchRegistry` 的值。

读者会注意到，最后一个属性 `eureka.server.waitTimeInMsWhenSyncEmpty` 被注释掉了。在本地测试服务时，读者应该取消注释此行，因为 Eureka 不会马上通告任何通过它注册的服务，默认情况下它会等待 5 min，让所有的服务都有机会在通告它们之前通过它来注册。进行本地测试时取消注释此行，将有助于加快 Eureka 服务启动和显示通过它注册服务所需的时间。

每次服务注册需要 30 s 的时间才能显示在 Eureka 服务中，因为 Eureka 需要从服务接收 3 次连续心跳包 ping，每次心跳包 ping 间隔 10 s，然后才能使用这个服务。在部署和测试服务时，要牢记这一点。

在建立 Eureka 服务时，需要进行的最后一项工作就是在启动 Eureka 服务的应用程序引导类中添加注解。对于 Eureka 服务，应用程序引导类可以在 src/main/java/com/thoughtmechanix/eurekasvr/EurekaServerApplication.java 中找到。代码清单 4-3 展示了添加注解的位置。

代码清单 4-3　标注引导类以启用 Eureka 服务器

```
package com.thoughtmechanix.eurekasvr;

import org.springframework.boot.SpringApplication;
import org.springframework.boot.autoconfigure.SpringBootApplication;
import org.springframework.cloud.netflix.eureka.server.EnableEurekaServer;

@SpringBootApplication
@EnableEurekaServer                      ◁—— 在 Spring 服务中启用 Eureka 服务器
public class EurekaServerApplication {
    public static void main(String[] args) {
        SpringApplication.run(EurekaServerApplication.class, args);
    }
```

```
}
```

只需要使用一个新的注解@EnableEurekaServer，就可以让我们的服务成为一个 Eureka
服务。此时，可以通过运行mvn spring-boot:run 或运行docker-compose（参见附录 A）
来启动服务。一旦运行这个命令，Eureka 服务就会运行，此时没有任何服务注册在这个 Eureka
服务中。接下来，我们将构建组织服务，并通过这个 Eureka 服务注册。

4.4   通过 Spring Eureka 注册服务

现在有一个基于 Spring 的 Eureka 服务器正在运行。在本节中，我们将配置组织服务和许可
证服务，以便通过 Eureka 服务器来注册它们自身。这项工作是为了让服务客户端从 Eureka 注册
表中查找服务做好准备。在本节结束时，读者应该对如何通过 Eureka 注册 Spring Boot 微服务有
一个明确的认识。

通过 Eureka 注册一个基于 Spring Boot 的微服务是非常简单的。出于本章的目的，这里不会
详细介绍编写服务所涉及的所有 Java 代码（本书故意将代码量保持得很少），而是专注于如何使
用在上一节创建的 Eureka 服务注册表来注册服务。

首先需要做的是将 Spring Eureka 依赖项添加到组织服务的 pom.xml 文件中：

```
<dependency>
  <groupId>org.springframework.cloud</groupId>
  <artifactId>spring-cloud-starter-eureka</artifactId>        ◁—— 引入 Eureka 库，以便可以使
</dependency>                                                       用 Eureka 注册服务
```

唯一使用的新库是 spring-cloud-starter-eureka 库。spring-cloud-starter-
eureka 拥有 Spring Cloud 用于与 Eureka 服务进行交互的 jar 文件。

在创建好 pom.xml 文件后，需要告诉 Spring Boot 通过 Eureka 注册组织服务。这个注册是通
过组织服务的 src/main/java/resources/application.yml 文件中的额外配置来完成的，如代码清单 4-4
所示。

代码清单 4-4   修改组织服务的 application.yml 文件以便与 Eureka 通信

```
spring:
  application:
    name: organizationservice        ◁—— 将使用 Eureka 注册的服务
  profiles:                               的逻辑名称
    active:
      default
  cloud:
   config:
     enabled: true
eureka:
  instance:                            注册服务的 IP，而不是服务
    preferIpAddress: true        ◁——  器名称
  client:
```

```
registerWithEureka: true  ◄─────  向 Eureka 注册服务
fetchRegistry: true       ◄─────────── 拉取注册表的本地副本
serviceUrl:
  defaultZone: http://localhost:8761/eureka/  ◄─┐
                                                 └ Eureka 服务的位置
```

每个通过 Eureka 注册的服务都会有两个与之相关的组件：应用程序 ID 和实例 ID。应用程序 ID 用于表示一组服务实例。在基于 Spring Boot 的微服务中，应用程序 ID 始终是由 `spring.application.name` 属性设置的值。对于上述组织服务，`spring.application.name` 被命名为 organizationservice。实例 ID 是一个随机数，用于代表单个服务实例。

注意 记住，通常 `spring.application.name` 属性写在 bootstrap.yml 文件中。为了便于说明，我把它包含在 application.yml 文件中。上述代码将与 `spring.application.name` 一起使用，但是从长远来看，这个属性的适当位置是在 bootstrap.yml 文件中。

配置的第二部分提供了如何通过 Eureka 注册服务以及将服务注册在哪里。`eureka.instance.preferIpAddress` 属性告诉 Eureka，要将服务的 IP 地址而不是服务的主机名注册到 Eureka。

为什么偏向于 IP 地址

在默认情况下，Eureka 在尝试注册服务时，将会使用主机名让外界与它进行联系。这种方式在基于服务器的环境中运行良好，在这样的环境中，服务会被分配一个 DNS 支持的主机名。但是，在基于容器的部署（如 Docker）中，容器将以随机生成的主机名启动，并且该容器没有 DNS 记录。

如果没有将 `eureka.instance.preferIpAddress` 设置为 true，那么客户端应用程序将无法正确地解析主机名的位置，因为该容器不存在 DNS 记录。设置 `preferIpAddress` 属性将通知 Eureka 服务，客户端想要通过 IP 地址进行通告。

就本书而言，我们始终将这个属性设置为 `true`。基于云的微服务应该是短暂的和无状态的，它们可以随意启动和关闭。IP 地址更适合这些类型的服务。

`eureka.client.registerWithEureka` 属性是一个触发器，它可以告诉组织服务通过 Eureka 注册它本身。`eureka.client.fetchRegistry` 属性用于告知 Spring Eureka 客户端以获取注册表的本地副本。将此属性设置为 `true` 将在本地缓存注册表，而不是每次查找服务都调用 Eureka 服务。每隔 30 s，客户端软件就会重新联系 Eureka 服务，以便查看注册表是否有任何变化。

最后一个属性 `eureka.serviceUrl.defaultZone` 包含客户端用于解析服务位置的 Eureka 服务的列表，该列表以逗号进行分隔。对于本书而言，只有一个 Eureka 服务。

Eureka 高可用性

建立多个 URL 服务并不足以实现高可用性。`eureka.serviceUrl.defaultZone` 属性仅为客户端提供一个进行通信的 Eureka 服务列表。除此之外，还需要建立多个 Eureka 服务，以便相互复制注册表的内容。

一组 Eureka 注册表相互之间使用点对点通信模型进行通信，在这种模型中，必须对每个 Eureka 服务进行配置，以了解集群中的其他节点。建立 Eureka 集群的内容超出了本书的范围。读者如果有兴趣建立 Eureka 集群，可以访问 Spring Cloud 项目的网站以获取更多信息。

到目前为止，已经有一个通过 Eureka 服务注册的服务。

读者可以使用 Eureka 的 REST API 来查看注册表的内容。要查看服务的所有实例，可以以 GET 方法访问端点：

```
http://<eureka service>:8761/eureka/apps/<APPID>
```

例如，要查看注册表中的组织服务，可以访问 http://localhost:8761/eureka/apps/organizationservice。

Eureka 服务返回的默认格式是 XML。Eureka 还可以将图 4-5 中的数据作为 JSON 净荷返回，但是必须将 HTTP 首部 Accept 设置为 application/json。图 4-6 展示了一个 JSON 净荷的例子。

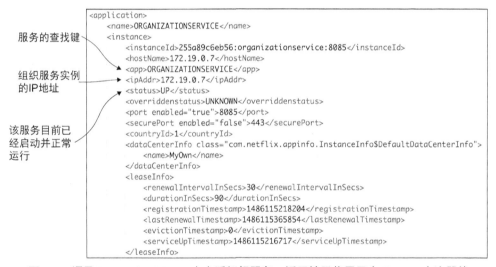

图 4-5　调用 Eureka REST API 来查看组织服务，返回结果将展示在 Eureka 中注册的
服务实例的 IP 地址以及服务状态

在 Eureka 和服务启动时要保持耐心

当服务通过 Eureka 注册时，Eureka 将在 30 s 内等待 3 次连续的健康检查，然后才能通过 Eureka 获取该服务。这个热身过程让开发者们感到疑惑，因为如果他们在服务启动后立即调用他们的服务，他们会认为 Eureka 还没有注册他们的服务。这一点在 Docker 环境运行的代码示例中很明显，因为 Eureka 服务和应用程序服务（许可证服务和组织服务）都是在同一时间启动的。请注意，在启动应用程序后，尽管服务本身已经启动，读者可能会收到关于未找到服务的 404 错误。等待 30 s，然后再尝试调用服务。

在生产环境中，Eureka 服务已经在运行，如果读者正在部署现有的服务，那么旧服务仍然可以用于接收请求。

将Accept HTTP首部设置为application / json 将以JSON格式返回服务信息。

图 4-6　调用 Eureka REST API，以 JSON 格式返回调用结果

4.5　使用服务发现来查找服务

现在已经有了通过 Eureka 注册的组织服务。我们还可以让许可证服务调用该组织服务，而不必直接知晓任何组织服务的位置。许可证服务将通过 Eureka 来查找组织服务的实际位置。

为了达成我们的目的，我们将研究 3 个不同的 Spring/Netflix 客户端库，服务消费者可以使用它们来和 Ribbon 进行交互。从最低级别到最高级别，这些库包含了不同的与 Ribbon 进行交互的抽象层次。这里将要探讨的库包括：

- Spring DiscoveryClient；
- 启用了 RestTemplate 的 Spring DiscoveryClient；
- Netflix Feign 客户端。

本章将介绍这些客户端，并在许可证服务的上下文中介绍它们的用法。在开始详细介绍客户端的细节之前，我在代码中编写了一些便利的类和方法，以便读者可以使用相同的服务端点来处

理不同的客户端类型。

　　首先，我修改了 src/main/java/com/thoughtmechanix/licenses/controllers/LicenseServiceController.
java 以包含许可证服务的新路由。这个新路由允许指定要用于调用服务的客户端的类型。这是一
个辅助路由，因此，当我们探索通过 Ribbon 调用组织服务的各种不同方法时，可以通过单个路
由来尝试每种机制。LicenseServiceController 类中新路由的代码如代码清单 4-5 所示。

```
@RequestMapping(value="/{licenseId}/{clientType}", method = RequestMethod.GET)
public License getLicensesWithClient(                    ◁          clientType 确定 Spring REST
➥   @PathVariable("organizationId") String organizationId,          要使用的客户端的类型
➥   @PathVariable("licenseId") String licenseId,
➥   @PathVariable("clientType") String clientType) {

        return licenseService.getLicense(organizationId, licenseId, clientType);
}
```

　　在上述代码中，该路由上传递的 clientType 参数决定了我们将在代码示例中使用的客户
端类型。可以在此路由上传递的具体类型包括：

- Discovery——使用 DiscoveryClient 和标准的 Spring RestTemplate 类来调用组织服务；
- Rest——使用增强的 Spring RestTemplate 来调用基于 Ribbon 的服务；
- Feign——使用 Netflix 的 Feign 客户端库来通过 Ribbon 调用服务。

　　注意　　因为我对这 3 种类型的客户端使用同一份代码，所以读者可能会看到代码中出现某些客户
端的注解，即使在某些情况下并不需要它们。例如，读者可以在代码中同时看到
@EnableDiscoveryClient 和 @EnableFeignClients 注解，即使运行的代码只解释了其中一
种客户端类型。通过这种方式，我就可以为我的示例共用一份代码。我会在遇到它们的时候指出这
些冗余和代码。

　　src/main/java/com/thoughtmechanix/licenses/services/LicenseService.java 中的 LicenseService
类添加了一个名为 retrieveOrgInfo() 的简单方法，该方法将根据传递到路由的 clientType
类型进行解析，以用于查找组织服务实例。LicenseService 类上的 getLicense() 方法将使
用 retrieveOrgInfo() 方法从 Postgres 数据库中检索组织数据。代码清单 4-6 展示了
getLicense() 方法。

```
public License getLicense(String organizationId, String licenseId, String
➥   clientType) {
    License license = licenseRepository.findByOrganizationIdAndLicenseId(
    ➥   organizationId, licenseId);

    Organization org = retrieveOrgInfo(organizationId, clientType);
```

```
return license
    .withOrganizationName( org.getName())
    .withContactName( org.getContactName())
    .withContactEmail( org.getContactEmail() )
    .withContactPhone( org.getContactPhone() )
    .withComment(config.getExampleProperty());
}
```

读者可以在 licensing-service 源代码的 src/main/java/com/thoughtmechanix/licenses/clients 包中找到使用 Spring DiscoveryClient、Spring RestTemplate 或 Feign 库构建的客户端。

4.5.1 使用 Spring DiscoveryClient 查找服务实例

Spring DiscoveryClient 提供了对 Ribbon 和 Ribbon 中缓存的注册服务的最低层次访问。使用 DiscoveryClient，可以查询通过 Ribbon 注册的所有服务以及这些服务对应的 URL。

接下来，我们将创建一个简单的示例，使用 DiscoveryClient 从 Ribbon 中检索组织服务 URL，然后使用标准的 RestTemplate 类调用该服务。要开始使用 DiscoveryClient，需要先使用 @EnableDiscoveryClient 注解来标注 src/main/java/com/thoughtmechanix/ licenses/Application. java 中的 Application 类，如代码清单 4-7 所示。

代码清单 4-7 创建引导类以使用 Spring Discovery Client

```
@SpringBootApplication
@EnableDiscoveryClient          ←──  激活 Spring DiscoveryClient
@EnableFeignClients          ←──  现在忽略这个注解，本章稍
public class Application {            后将进行介绍
    public static void main(String[] args) {
        SpringApplication.run(Application.class, args);
    }
}
```

@EnableDiscoveryClient 注解是 Spring Cloud 的触发器，其作用是使应用程序能够使用 DiscoveryClient 和 Ribbon 库。现在可以忽略 @EnableFeignClients 注解，因为本章稍后就会介绍它。

如代码清单 4-8 所示，我们现在来看看如何通过 Spring DiscoveryClient 调用组织服务。读者可以在 src/main/java/com/thoughtmechanix/licenses/OrganizationDiscovery Client.java 中找到这段代码。

代码清单 4-8 使用 DiscoveryClient 查找信息

```
/*为了简洁，省略了 package 和 import 部分*/

@Component
public class OrganizationDiscoveryClient {

    @Autowired                         ←──  DiscoveryClient 被自动注入这个类
    private DiscoveryClient discoveryClient;
```

```
public Organization getOrganization(String organizationId) {
    RestTemplate restTemplate = new RestTemplate();          获取组织服务的
    List<ServiceInstance> instances =                        所有实例的列表
 ➥   discoveryClient.getInstances("organizationservice");

    if (instances.size()==0) return null;
    String serviceUri = String.format("%s/v1/organizations/%s",
 ➥       instances.get(0).getUri().toString(),
 ➥       organizationId);                  ←————————— 检索要调用的服务端点

    ResponseEntity<Organization> restExchange = ←—
 ➥   restTemplate.exchange(                          使用标准的 Spring REST
 ➥       serviceUri,                                 模板类去调用服务
 ➥       HttpMethod.GET,
 ➥       null, Organization.class, organizationId);

    return restExchange.getBody();
    }
}
```

在这段代码中，我们首先感兴趣的是 DiscoveryClient。这是用于与 Ribbon 交互的类。要检索通过 Eureka 注册的所有组织服务实例，可以使用 getInstances() 方法传入要查找的服务的关键字，以检索 ServiceInstance 对象的列表。

ServiceInstance 类用于保存关于服务的特定实例（包括它的主机名、端口和 URI）的信息。

在代码清单 4-8 中，我们使用列表中的第一个 ServiceInstance 去构建目标 URL，此 URL 可用于调用服务。一旦获得目标 URL，就可以使用标准的 Spring RestTemplate 来调用组织服务并检索数据。

DiscoveryClient 与实际运用

通过介绍 DiscoveryClient，我完成了使用 Ribbon 来构建服务消费者的过程。然而，在实际运用中，只有在服务需要查询 Ribbon 以了解哪些服务和服务实例已经通过它注册时，才应该直接使用 DiscoveryClient。上述代码存在以下几个问题。

- 没有利用 Ribbon 的客户端负载均衡——尽管通过直接调用 DiscoveryClient 可以获得服务列表，但是要调用哪些返回的服务实例就成了开发人员的责任。
- 开发人员做了太多的工作——现在，开发人员必须构建一个用来调用服务的 URL。尽管这是一件小事，但是编写的代码越少意味着需要调试的代码就越少。

善于观察的 Spring 开发人员可能已经注意到，上述代码中直接实例化了 RestTemplate 类。这与正常的 Spring REST 调用相反，通常情况下，开发人员会利用 Spring 框架，通过@Autowired 注解将 RestTemplate 注入使用 RestTemplate 的类中。

代码清单 4-8 实例化了 RestTemplate 类，这是因为一旦在应用程序类中通过 @EnableDiscoveryClient 注解启用了 Spring DiscoveryClient，由 Spring 框架管理的所有 RestTemplate 都将注入一个启用了 Ribbon 的拦截器，这个拦截器将改变使用 RestTemplate 类创

建 URL 的行为。直接实例化 RestTemplate 类可以避免这种行为。

总而言之，有更好的机制来调用支持 Ribbon 的服务。

4.5.2   使用带有 Ribbon 功能的 Spring RestTemplate 调用服务

接下来，我们将看到如何使用带有 Ribbon 功能的 RestTemplate 的示例。这是通过 Spring 与 Ribbon 进行交互的更为常见的机制之一。要使用带有 Ribbon 功能的 RestTemplate 类，需 要使用 Spring Cloud 注解@LoadBalanced 来定义 RestTemplate bean 的构造方法。对于许可 证服务，可以在 src/main/java/com/thoughtmechanix/licenses/Application.java 中找到用于创建 RestTemplate bean 的方法。

代码清单 4-9 展示了使用 getRestTemplate() 方法来创建支持 Ribbon 的 Spring RestTemplate bean。

代码清单 4-9   标注和定义 RestTemplate 构造方法

```
package com.thoughtmechanix.licenses;

// 为了简洁，省略了大部分 import 语句
import org.springframework.cloud.client.loadbalancer.LoadBalanced;
import org.springframework.context.annotation.Bean;
import org.springframework.web.client.RestTemplate;

@SpringBootApplication
@EnableDiscoveryClient
@EnableFeignClients
public class Application {

    @LoadBalanced
    @Bean
    public RestTemplate getRestTemplate(){
        return new RestTemplate();
    }

    public static void main(String[] args) {
        SpringApplication.run(Application.class, args);
    }
}
```

因为我们在示例中使用了多种客户端类型，因此在代码中包含了这些注解。但是，在使用支持 Ribbon 的 RestTemplate 时，并不需要用到@EnableDiscoveryClient 和@EnableFeignClients，因此可以将它们移除

@LoadBalanced 注解告诉 Spring Cloud 创建一个支持 Ribbon 的 RestTemplate 类

注意   在 Spring Cloud 的早期版本中，RestTemplate 类默认自动支持 Ribbon。但是，自从 Spring Cloud 发布 Angel 版本之后，Spring Cloud 中的 RestTemplate 就不再支持 Ribbon。如果要将 Ribbon 和 RestTemplate 一起使用，则必须使用@LoadBalanced 注解进行显式标注。

既然已经定义了支持 Ribbon 的 RestTemplate 类，任何时候想要使用 RestTemplate bean 来调用服务，就只需要将它自动装配到使用它的类中。

除了在定义目标服务的 URL 上有一点小小的差异，使用支持 Ribbon 的 RestTemplate 类

几乎和使用标准的 `RestTemplate` 类一样。我们将使用要调用的服务的 Eureka 服务 ID 来构建目标 URL，而不是在 `RestTemplate` 调用中使用服务的物理位置。

让我们通过查看代码清单 4-10 来了解这一差异。代码清单 4-10 中的代码可以在 src/main/java/com/thoughtmechanix/licenses/-clients/OrganizationRestTemplate. java 中找到。

代码清单 4-10　使用支持 Ribbon 的 `RestTemplate` 来调用服务

```
/*为了简洁，省略了 Package 和 impoot 部分*/
@Component
public class OrganizationRestTemplateClient {
    @Autowired
    RestTemplate restTemplate;

    public Organization getOrganization(String organizationId){
        ResponseEntity<Organization> restExchange = restTemplate.exchange(
            "http://organizationservice/v1/organizations/{organizationId}",   ⬅
            HttpMethod.GET,
            null, Organization.class, organizationId);

        return restExchange.getBody();
    }
}
```

在使用支持 Ribbon 的 Rest Template 时，使用 Eureka 服务 ID 来构建目标 URL

这段代码看起来和前面的例子有些类似，但是它们有两个关键的区别。首先，Spring（Cloud）DiscoveryClient 不见了；其次，读者可能会对 `restTemplate.exchange()` 调用中使用的 URL 感到奇怪：

```
restTemplate.exchange(
    "http://organizationservice/v1/organizations/{organizationId}",
    HttpMethod.GET,
    null, Organization.class, organizationId);
```

URL 中的服务器名称与通过 Eureka 注册的组织服务的应用程序 ID——organizationervice 相匹配：

```
http://{applicationid}/v1/organizations/{organizationId}
```

启用 Ribbon 的 `RestTemplate` 将解析传递给它的 URL，并使用传递的内容作为服务器名称，该服务器名称作为从 Ribbon 查询服务实例的键。实际的服务位置和端口与开发人员完全抽象隔离。

此外，通过使用 `RestTemplate` 类，Ribbon 将在所有服务实例之间轮询负载均衡所有请求。

4.5.3　使用 Netflix Feign 客户端调用服务

Netflix 的 Feign 客户端库是 Spring 启用 Ribbon 的 `RestTemplate` 类的替代方案。Feign 库采用不同的方法来调用 REST 服务，方法是让开发人员首先定义一个 Java 接口，然后使用 Spring

Cloud 注解来标注接口，以映射 Ribbon 将要调用的基于 Eureka 的服务。Spring Cloud 框架将动态生成一个代理类，用于调用目标 REST 服务。除了编写接口定义，开发人员不需要编写其他调用服务的代码。

要在许可证服务中允许使用 Feign 客户端，需要向许可证服务的 src/main/java/com/thoughtmechanix/licenses/Application.java 添加一个新注解@EnableFeignClients。代码清单 4-11 展示了这段代码。

代码清单 4-11　在许可证服务中启用 Spring Cloud/Netflix Feign 客户端

因为现在只使用 Feign 客户端，读者可以在代码中移除@EnableDiscoveryClient 注解

```
@SpringBootApplication
@EnableDiscoveryClient
@EnableFeignClients
public class Application {
    public static void main(String[] args) {
        SpringApplication.run(Application.class, args);
    }
}
```

需要使用@EnableFeign Clients 以在代码中启用 Feign 客户端

既然已经在许可证服务中启用了 Feign 客户端，那么我们就来看一个 Feign 客户端接口定义，它可以用来调用组织服务上的端点。代码清单 4-12 展示了一个接口定义示例，这段代码可以在 src/main/java/com/thoughtmechanix/licenses/clients/OrganizationFeignClient.java 中找到。

代码清单 4-12　定义用于调用组织服务的 Feign 接口

```
/*为了简洁，省略了package 和 import 部分*/
@FeignClient("organizationservice")
public interface OrganizationFeignClient {
    @RequestMapping(
        method= RequestMethod.GET,
        value="/v1/organizations/{organizationId}",
        consumes="application/json")
    Organization getOrganization(
        @PathVariable("organizationId") String organizationId);
}
```

使用@FeignClient 注解标识服务

使用@RequestMapping 注解来定义端点的路径和动作

使用@PathVariable 来定义传入端点的参数

我们通过使用@FeignClient 注解来开始这个 Feign 示例，并将这个接口代表的服务的应用程序 ID 传递给它。接下来，在这个接口中定义一个 getOrganization()方法，该方法可以由客户端调用以触发组织服务。

定义 getOrganization()方法的方式看起来就像在 Spring 控制器类中公开一个端点一样。首先，为 getOrganization()方法定义一个@RequestMapping 注解，该注解映射 HTTP 动词以及将在组织服务中公开的端点。其次，使用@PathVariable 注解将 URL 上传递的组织 ID 映射到调用的方法的 organizationId 参数。调用组织服务的返回值将被自动映射到 Organization 类，这个类被定义为 getOrganization()方法的返回值类型。

要使用 `OrganizationFeignClient` 类，开发人员需要做的只是自动装配并使用它。Feign 客户端代码将为开发人员承担所有的编码工作。

错误处理

在使用标准的 Spring `RestTemplate` 类时，所有服务调用的 HTTP 状态码都将通过 `ResponseEntity` 类的 `getStatusCode()` 方法返回。通过 Feign 客户端，任何被调用的服务返回的 HTTP 状态码 4xx ~ 5xx 都将映射为 `FeignException`。`FeignException` 包含可以被解析为特定错误消息的 JSON 体。

Feign 为开发人员提供了编写错误解码器类的功能，该类可以将错误映射回自定义的异常类。有关编写错误解码器的内容超出了本书的范围，读者可以在 Feign GitHub 存储库中找到与此相关的示例。

4.6　小结

- 服务发现模式用于抽象服务的物理位置。
- 诸如 Eureka 这样的服务发现引擎可以在不影响服务客户端的情况下，无缝地向环境中添加和从环境中移除服务实例。
- 通过在进行服务调用的客户端中缓存服务的物理位置，客户端负载均衡可以提供额外的性能和弹性。
- Eureka 是 Netflix 项目，在与 Spring Cloud 一起使用时，很容易对 Eureka 进行建立和配置。
- 本章在 Spring Cloud、Netflix Eureka 和 Netflix Ribbon 中使用了 3 种不同的机制来调用服务。这些机制包括：
  - ◆ 使用 Spring Cloud 服务 DiscoveryClient；
  - ◆ 使用 Spring Cloud 和支持 Ribbon 的 RestTemplate；
  - ◆ 使用 Spring Cloud 和 Netflix 的 Feign 客户端。

第 5 章　使用 Spring Cloud 和 Netflix Hystrix 的客户端弹性模式

本章主要内容

- 实现断路器模式、后备模式和舱壁模式
- 使用断路器模式来保护微服务客户端资源
- 当远程服务失败时使用 Hystrix
- 实施 Hystrix 的舱壁模式来隔离远程资源调用
- 调节 Hystrix 的断路器和舱壁的实现
- 定制 Hystrix 的并发策略

　　所有的系统，特别是分布式系统，都会遇到故障。如何构建应用程序来应对这种故障，是每个软件开发人员工作的关键部分。然而，当涉及构建弹性系统时，大多数软件工程师只考虑到基础设施或关键服务彻底发生故障。他们专注于在应用程序的每一层构建冗余，使用诸如集群关键服务器、服务间的负载均衡以及将基础设施分离到多个位置的技术。

　　尽管这些方法考虑到系统组件的彻底（通常是惊人的）损失，但它们只解决了构建弹性系统的一小部分问题。当服务崩溃时，很容易检测到该服务已经不在了，因此应用程序可以绕过它。然而，当服务运行缓慢时，检测到这个服务性能不佳并绕过它是非常困难的，这是因为以下几个原因。

　　(1) 服务的降级可以从间歇性问题开始，并形成不可逆转的势头——降级可能只发生在很小的爆发中。故障的第一个迹象可能是一小部分用户抱怨某个问题，直到突然间应用程序容器耗尽了线程池并彻底崩溃。

　　(2) 对远程服务的调用通常是同步的，并且不会缩短长时间运行的调用——服务的调用者没有超时的概念来阻止服务调用的永久挂起。应用程序开发人员调用该服务来执行操作并等待服务返回。

　　(3) 应用程序经常被设计为处理远程资源的彻底故障，而不是部分降级——通常，只要服务没有彻底失败，应用程序将继续调用这个服务，并且不会采取快速失败措施。该应用程序将继续调用表现不佳的服务。调用的应用程序或服务可能会优雅地降级，但更有可能因为资源耗尽而崩溃。资源耗尽是指有限的资源（如线程池或数据库连接）消耗殆尽，而调用客户端必须等待该资源变为可用。

　　性能不佳的远程服务所导致的潜在问题是，它们不仅难以检测，还会触发连锁效应，从而影响整个应用程序生态系统。如果没有适当的保护措施，一个性能不佳的服务可以迅速拖垮多个应用程序。基于云、基于微服务的应用程序特别容易受到这些类型的中断的影响，因为这些应用程序序由大量细粒度的分布式服务组成，这些服务在完成用户的事务时涉及不同的基础设施。

5.1　什么是客户端弹性模式

客户端弹性软件模式的重点是，在远程服务发生错误或表现不佳时保护远程资源（另一个微服务调用或数据库查询）的客户端免于崩溃。这些模式的目标是让客户端"快速失败"，而不消耗诸如数据库连接和线程池之类的宝贵资源，并且可以防止远程服务的问题向客户端的消费者进行"上游"传播。

有 4 种客户端弹性模式，它们分别是：

（1）客户端负载均衡（client load balance）模式；

（2）断路器（circuit breaker）模式；

（3）后备（fallback）模式；

（4）舱壁（bulkhead）模式。

图 5-1 展示了如何将这些模式用于微服务消费者和微服务之间。

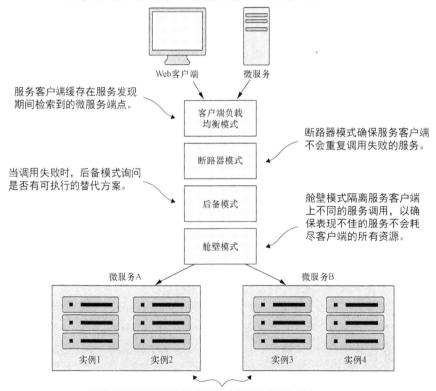

图 5-1　这 4 个客户端弹性模式充当服务消费者和服务之间的保护缓冲区

这些模式是在调用远程资源的客户端中实现的，它们的实现在逻辑上位于消费远程资源的客户端和资源本身之间。

5.1.1　客户端负载均衡模式

在讨论服务发现时，我们在第 4 章中介绍了客户端负载均衡模式。客户端负载均衡涉及让客户端从服务发现代理（如 Netflix Eureka）查找服务的所有实例，然后缓存服务实例的物理位置。每当服务消费者需要调用该服务实例时，客户端负载均衡器将从它维护的服务位置池返回一个位置。

因为客户端负载均衡器位于服务客户端和服务消费者之间，所以负载均衡器可以检测服务实例是否抛出错误或表现不佳。如果客户端负载均衡器检测到问题，它可以从可用服务位置池中移除该服务实例，并防止将来的服务调用访问该服务实例。

这正是 Netflix 的 Ribbon 库提供的开箱即用的功能，而不需要额外的配置。因为第 4 章介绍了 Netflix Ribbon 的客户端负载均衡，所以本章就不再赘述了。

5.1.2　断路器模式

断路器模式是模仿电路断路器的客户端弹性模式。在电气系统中，断路器将检测是否有过多电流流过电线。如果断路器检测到问题，它将断开与电气系统的其余部分的连接，并保护下游部件不被烧毁。

有了软件断路器，当远程服务被调用时，断路器将监视这个调用。如果调用时间太长，断路器将会介入并中断调用。此外，断路器将监视所有对远程资源的调用，如果对某一个远程资源的调用失败次数足够多，那么断路器实现就会出现并采取快速失败，阻止将来调用失败的远程资源。

5.1.3　后备模式

有了后备模式，当远程服务调用失败时，服务消费者将执行替代代码路径，并尝试通过其他方式执行操作，而不是生成一个异常。这通常涉及从另一数据源查找数据或将用户的请求进行排队以供将来处理。用户的调用结果不会显示为提示问题的异常，但用户可能会被告知，他们的请求要在晚些时候被满足。

例如，假设我们有一个电子商务网站，它可以监控用户的行为，并尝试向用户推荐其他可以购买的产品。通常来说，可以调用微服务来对用户过去的行为进行分析，并返回针对特定用户的推荐列表。但是，如果这个偏好服务失败，那么后备策略可能是检索一个更通用的偏好列表，该列表基于所有用户的购买记录分析得出，并且更为普遍。这些更通用的偏好列表数据可能来自完全不同的服务和数据源。

5.1.4　舱壁模式

舱壁模式是建立在造船的概念基础上的。采用舱壁设计,一艘船被划分为完全隔离和防水的隔间,这称为舱壁。即使船的船体被击穿,由于船被划分为水密舱(舱壁),舱壁会将水限制在被击穿的船的区域内,防止整艘船灌满水并沉没。

同样的概念可以应用于必须与多个远程资源交互的服务。通过使用舱壁模式,可以把远程资源的调用分到线程池中,并降低一个缓慢的远程资源调用拖垮整个应用程序的风险。线程池充当服务的"舱壁"。每个远程资源都是隔离的,并分配给线程池。如果一个服务响应缓慢,那么这种服务调用的线程池就会饱和并停止处理请求,而对其他服务的服务调用则不会变得饱和,因为它们被分配给了其他线程池。

5.2　为什么客户端弹性很重要

我们已经抽象地介绍了这些不同的模式,让我们来深入了解一些可以应用这些模式的更具体的例子。接下来我们来看看我遇到过的一个常见场景,看看为什么客户端弹性模式(如断路器模式)对于实现基于服务的架构至关重要,尤其是在云中运行的微服务架构。

图 5-2 展示了一个典型的场景,它涉及使用远程资源,如数据库和远程服务。

在图 5-2 所示的场景中,3 个应用程序分别以这样或那样的方式与 3 个不同的服务进行通信。应用程序 A 和应用程序 B 与服务 A 直接通信。服务 A 从数据库检索数据,并调用服务 B 来为它工作。服务 B 从一个完全不同的数据库平台中检索数据,并从第三方云服务提供商调用另一个服务——服务 C,该服务严重依赖于内部网络区域存储(Network Area Storage,NAS)设备,以将数据写入共享文件系统。此外,应用程序 C 直接调用服务 C。

在某个周末,网络管理员对 NAS 配置做了一个他认为是很小的调整,如图 5-2 所示。这个调整似乎可以正常工作,但是在周一早上,所有对特定磁盘子系统的读取开始变得非常慢。

编写服务 B 的开发人员从来没有预料到会发生调用服务 C 缓慢的事情。他们所编写的代码中,在同一个事务中写入数据库和从服务 C 读取数据。当服务 C 开始运行缓慢时,不仅请求服务 C 的线程池开始堵塞,服务容器的连接池中的数据库连接也会耗尽,因为这些连接保持打开状态,这一切的原因是对服务 C 的调用从来没有完成。

最后,服务 A 耗尽资源,因为它调用了服务 B,而服务 B 的运行缓慢则是因为它调用了服务 C。最后,所有 3 个应用程序都停止响应了,因为它们在等待请求完成中耗尽了资源。

如果在调用分布式资源(无论是调用数据库还是调用服务)的每一个点上都实现了断路器模式,则可以避免这种情况。在图 5-2 中,如果使用断路器实现了对服务 C 的调用,那么当服务 C 开始表现不佳时,对服务 C 的特定调用的断路器就会跳闸,并且快速失败,而不会消耗掉一个线程。如果服务 B 有多个端点,则只有与服务 C 特定调用交互的端点才会受到影响。服务 B 的其余功能仍然是完整的，可以满足用户的要求。

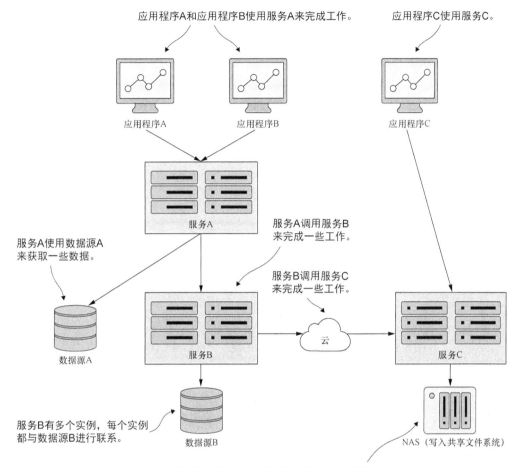

图 5-2　应用程序是相互关联依赖的图形结构。如果不管理这些依赖之间的远程调用，那么一个
表现不佳的远程资源可能会拖垮图中的所有服务

　　断路器在应用程序和远程服务之间充当中间人。在上述场景中，断路器实现可以保护应用程序 A、应用程序 B 和应用程序 C 免于完全崩溃。

　　在图 5-3 中，服务 B（客户端）永远不会直接调用服务 C。相反，在进行调用时，服务 B 把服务的实际调用委托给断路器，断路器将接管这个调用，并将它包装在独立于原始调用者的线程（通常由线程池管理）中。通过将调用包装在一个线程中，客户端不再直接等待调用完成。相反，断路器会监视线程，如果线程运行时间太长，断路器就可以终止该调用。

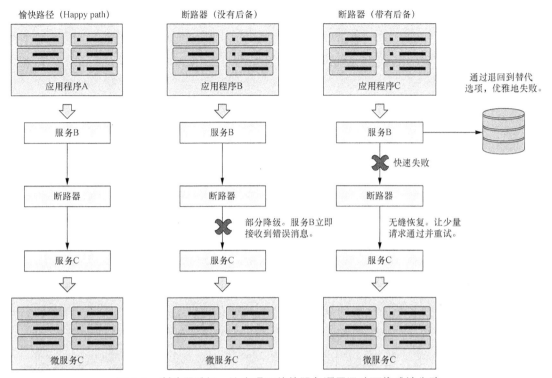

图 5-3 断路器跳闸，让表现不佳的服务调用迅速而优雅地失败

图 5-3 展示了这 3 个场景。第一种场景是愉快路径，断路器将维护一个定时器，如果在定时器的时间用完之前完成对远程服务的调用，那么一切都非常顺利，服务 B 可以继续工作。在部分降级的场景中，服务 B 将通过断路器调用服务 C。但是，如果这一次服务 C 运行缓慢，在断路器维护的线程上的定时器超时之前无法完成对远程服务的调用，断路器就会切断对远程服务的连接。

然后，服务 B 将从发出的调用中得到一个错误，但是服务 B 不会占用资源（也就是自己的线程池或连接池）来等待服务 C 完成调用。如果对服务 C 的调用被断路器超时中断，断路器将开始跟踪已发生故障的数量。

如果在一定时间内在服务 C 上发生了足够多的错误，那么断路器就会电路"跳闸"，并且在不调用服务 C 的情况下，就判定所有对服务 C 的调用将会失败。

电路跳闸将会导致如下 3 种结果。

（1）服务 B 现在立即知道服务 C 有问题，而不必等待断路器超时。

（2）服务 B 现在可以选择要么彻底失败，要么执行替代代码（后备）来采取行动。

（3）服务 C 将获得一个恢复的机会，因为在断路器跳闸后，服务 B 不会调用它。这使得服务 C 有了喘息的空间，并有助于防止出现服务降级时发生的级联死亡。

最后，断路器会让少量的请求调用直达一个降级的服务，如果这些调用连续多次成功，断路器就会自动复位。

以下是断路器模式为远程调用提供的关键能力。

（1）快速失败——当远程服务处于降级状态时，应用程序将会快速失败，并防止通常会拖垮整个应用程序的资源耗尽问题的出现。在大多数中断情况下，最好是部分服务关闭而不是完全关闭。

（2）优雅地失败——通过超时和快速失败，断路器模式使应用程序开发人员有能力优雅地失败，或寻求替代机制来执行用户的意图。例如，如果用户尝试从一个数据源检索数据，并且该数据源正在经历服务降级，那么应用程序开发人员可以尝试从其他地方检索该数据。

（3）无缝恢复——有了断路器模式作为中介，断路器可以定期检查所请求的资源是否重新上线，并在没有人为干预的情况下重新允许对该资源进行访问。

在大型的基于云的应用程序中运行着数百个服务，这种优雅的恢复能力至关重要，因为它可以显著减少恢复服务所需的时间，并大大减少因疲劳的运维人员或应用工程师直接干预恢复服务（重新启动失败的服务）而造成更严重问题的风险。

5.3　进入 Hystrix

构建断路器模式、后备模式和舱壁模式的实现需要对线程和线程管理有深入的理解。编写健壮的线程代码是一门艺术（这是我从未掌握的），并且正确地做到这一点很困难。高质量地实现断路器模式、后备模式和舱壁模式需要做大量的工作。幸运的是，开发人员可以使用 Spring Cloud 和 Netflix 的 Hystrix 库，这些库每天都在 Netflix 的微服务架构中使用，因此它们久经考验。

本章的后面几节将讨论如下内容。

- 如何配置许可证服务的 Maven 构建文件（pom.xml）以包含 Spring Cloud/Hystrix 包装器。
- 如何通过 Spring Cloud/Hystrix 注解来运用断路器模式包装远程调用。
- 如何在远程资源上定制断路器，以便为每个调用使用定制超时。这里还将演示如何配置断路器，以便控制断路器在"跳闸"之前发生的故障次数。
- 如何在调用失败或断路器必须中断调用时实现后备策略。
- 如何在服务中使用单独的线程池来隔离服务调用，并在被调用的不同远程资源之间构建舱壁。

5.4　搭建许可服务器以使用 Spring Cloud 和 Hystrix

要开始对 Hystrix 的探索，需要创建项目的 pom.xml 文件来导入 Spring Hystrix 依赖项。我们将使用之前一直在构建的许可证服务，并通过添加 Hystrix 的 Maven 依赖项来修改 pom.xml 文件：

```
<dependency>
  <groupId>org.springframework.cloud</groupId>
  <artifactId>spring-cloud-starter-hystrix</artifactId>
```

```
</dependency>
<dependency>
  <groupId>com.netflix.hystrix</groupId>
  <artifactId>hystrix-javanica</artifactId>
  <version>1.5.9</version>
</dependency>
```

第一个<dependency>标签（spring-cloud-starter-hystrix）告诉 Maven 去拉取 Spring Cloud Hystrix 依赖项。第二个<dependency>标签（hystrix-javanica）将拉取核心 Netflix Hystrix 库。创建完 Maven 依赖项后，我们可以继续，使用在前几章中构建的许可证服务和组织服务来开始 Hystrix 的实现。

注意　读者不一定要在 pom.xml 中直接包含 hystrix-javanica 依赖项。在默认情况下，spring-cloud-starter-hystrix 包括一个 hystrix-javanica 依赖项的版本。本书使用的 Camden.SR5 发行版本使用了 hystrix-javanica-1.5.6。这个 hystrix-javanica 的版本有一个不一致的地方，它导致 Hystrix 代码在没有后备的情况下会抛出 java.lang. reflect.UndeclaredThrowableException 而不是 com.netflix.hystrix.exception. HystrixRuntimeException。对于使用旧版 Hystrix 的许多开发人员来说，这是一个破坏性的变化。hystrix-javanica 库在后来的版本中解决了这个问题，所以我专门使用了更高版本的 hystrix-javanica，而不是使用 Spring Cloud 引入的默认版本。

在应用程序代码中开始使用 Hystrix 断路器之前，需要完成的最后一件事情是，使用 @EnableCircuitBreaker 注解来标注服务的引导类。例如，对于许可证服务，最好将 @EnableCircuitBreaker 注解添加到 licensing-service/src/main/java/com/thoughtmechanix/licenses/Application.java 中。代码清单 5-1 展示了这段代码。

代码清单 5-1　用于在服务中激活 Hystrix 的@EnableCircuitBreaker 注解

```
package com.thoughtmechanix.licenses

import org.springframework.cloud.client.circuitbreaker.EnableCircuitBreaker;
// 为了简洁，省略了其余的 import 语句

@SpringBootApplication
@EnableEurekaClient
@EnableCircuitBreaker          ◁──────  告诉 Spring Cloud 将要为服务
public class Application {               使用 Hystrix
    @LoadBalanced
    @Bean
    public RestTemplate restTemplate() {
        return new RestTemplate();
    }

    public static void main(String[] args) {
        SpringApplication.run(Application.class, args);
    }
}
```

注意 如果忘记将@EnableCircuitBreaker 注解添加到引导类中，那么 Hystrix 断路器不会处于活动状态。在服务启动时，不会收到任何警告或错误消息。

5.5 使用 Hystrix 实现断路器

我们将会看到两大类别的 Hystrix 实现。在第一个类别中，我们将使用 Hystrix 断路器包装许可证服务和组织服务中所有对数据库的调用。然后，我们将使用 Hystrix 包装许可证服务和组织服务之间的内部服务调用。虽然这是两个不同类别的调用，但是 Hystrix 的用法是完全一样的。图 5-4 展示了使用 Hystrix 断路器来包装的远程资源。

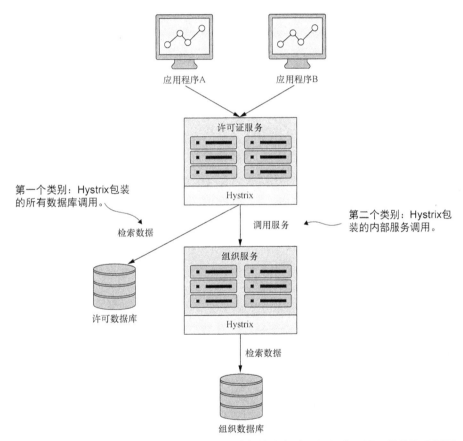

图 5-4 Hystrix 位于每个远程资源调用之间并保护客户端。远程资源调用是数据库调用还是基于 REST 的服务调用无关紧要

本章将先展示如何使用同步 Hystrix 断路器从许可数据库中检索许可服务数据，以此开始对 Hystrix 的讨论。许可证服务将通过同步调用来检索数据，但在继续处理之前会等待 SQL 语句完

成或断路器超时。

Hystrix 和 Spring Cloud 使用@HystrixCommand 注解来将 Java 类方法标记为由 Hystrix 断路器进行管理。当 Spring 框架看到@HystrixCommand 时，它将动态生成一个代理，该代理将包装该方法，并通过专门用于处理远程调用的线程池来管理对该方法的所有调用。

我 们 将 包 装 licensing-service/src/main/java/com/thoughtmechanix/licenses/services/License Service.java 中的 LicenseService 类中的 getLicensesByOrg()方法，如代码清单 5-2 所示。

代码清单 5-2　用断路器包装远程资源调用

```
// 为了简洁，省略了 import 语句
@HystrixCommand
public List<License> getLicensesByOrg(String organizationId){
    return licenseRepository.findByOrganizationId(organizationId);
}
```

@HystrixCommand 注解会使用 Hystrix 断路器包装 getLicenseByOrg()方法

注意　如果读者在源代码库中查看代码清单 5-2 中的代码，会在@HystrixCommand 注解中看到多个参数，而不是像上述代码清单显示的那样。本章稍后将介绍这些参数。代码清单 5-2 中的代码使用了@HystrixCommand 注解，其中包含了所有默认值。

这看起来代码并不多，但在这一个注解中却有很多功能。使用@HystrixCommand 注解，在任何时候调用 getLicensesByOrg()方法时，Hystrix 断路器都将包装这个调用。每当调用时间超过 1000 ms 时，断路器将中断对 getLicensesByOrg()方法的调用。

如果数据库正常工作，这个代码示例就显得很无聊。因此，通过让调用时间稍微超过 1 s（每 3 次调用中大约有 1 次），让我们来模拟 getLicensesByOrg()方法执行慢数据库查询。代码清单 5-3 展示了上述讨论的内容。

代码清单 5-3　对许可证服务数据库的随机超时调用

```
private void randomlyRunLong(){
    Random rand = new Random();

    int randomNum = rand.nextInt((3 - 1) + 1) + 1;

    if (randomNum==3) sleep();
}

private void sleep(){
    try {
        Thread.sleep(11000);
    } catch (InterruptedException e) {
        e.printStackTrace();
    }
}
```

randomlyRunLong()方法提供了 1/3 的概率运行耗时较长的数据库调用

休眠 11 000 ms（即 11 s），Hystrix 的默认调用时间是 1 s

```
}

@HystrixCommand
public List<License> getLicensesByOrg(String organizationId){
    randomlyRunLong();

    return licenseRepository.findByOrganizationId(organizationId);
}
```

如 果 访 问 `http://localhost/v1/organizations/e254f8c-c442-4ebe-a82a-e2fc1d1ff78a/ licenses/`端点的次数足够多，那么应该会看到从许可证服务返回的超时错误消息。图 5-5 展示了这个错误。

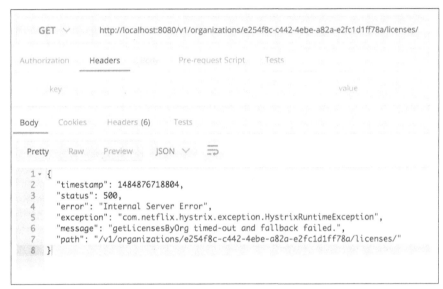

图 5-5　当远程调用花费时间过长时，会抛出一个 HystrixRuntimeException 异常

现在，有了 @HystrixCommand 注解，如果查询花费的时间过长，许可证服务将中断其对数据库的调用。如果需要超过 1000 ms 的时间来执行 Hystrix 代码包装的数据库调用，那么服务调用将抛出一个 com.nextflix.hystrix.exception.HystrixRuntimeException 异常。

5.5.1　对组织微服务的调用超时

我们可以使用方法级注解使被标记的调用拥有断路器功能，其优点在于，无论是访问数据库还是调用微服务，它都是相同的注解。

例如，在许可证服务中，我们需要查找与许可证关联的组织的名称。如果要使用断路器来包装对组织服务的调用的话，一个简单的方法就是将 RestTemplate 调用分解到自己的方法，并使用@HystrixCommand 注解进行标注：

```
@HystrixCommand
private Organization getOrganization(String organizationId) {
    return organizationRestClient.getOrganization(organizationId);
}
```

注意　虽然使用@HystrixCommand 很容易实现，但在使用没有任何配置的默认的@HystrixCommand 注解时要特别小心。在默认情况下，在指定不带属性的@HystrixCommand 注解时，这个注解会将所有远程服务调用都放在同一线程池下。这可能会导致应用程序中出现问题。在本章稍后讨论如何实现舱壁模式时，将展示如何将这些远程服务调用隔离到它们自己的线程池中，并配置线程池的行为以相互独立。

5.5.2　定制断路器的超时时间

在与新的开发人员合作使用 Hystrix 进行开发时，我经常遇到的第一个问题是，他们如何定制 Hystrix 中断调用之前的时间。这一点通过将附加的参数传递给@HystrixCommand 注解可以轻松完成。代码清单 5-4 演示了如何定制 Hystrix 在超时调用之前等待的时间。

代码清单 5-4　定制断路器调用超时

```
@HystrixCommand(
    commandProperties = {                                    commandProperties 属性允许开发人
        @HystrixProperty(                                    员提供附加的属性来定制 Hystrix
            name="execution.isolation.thread.timeoutInMilliseconds",
            value="12000")})
public List<License> getLicensesByOrg(String organizationId){
    randomlyRunLong();

    return licenseRepository.findByOrganizationId(organizationId);
}
                                     execution.isolation.thread.timeoutInMilliseconds 用
                                     于设置断路器的超时时间（以毫秒为单位）
```

Hystrix 允许通过 commandProperties 属性来定制断路器的行为。commandProperties 属性接受一个 HystrixProperty 对象数组，它可以传入自定义属性来配置 Hystrix 断路器。在代码清单 5-4 中，使用 execution.isolation.thread.timeoutIn Milliseconds 属性设置 Hystrix 调用的最大超时时间为 12 s。

现在，如果重新构建并重新运行这个代码示例，则永远都不会出现超时错误，因为人工超时时间为 11 s，而@HystrixCommand 注解现在配置为 12 s 后才会超时。

服务超时

显然，12 s 的断路器超时只是我用来作为教学的一个例子。在分布式环境中，如果我开始听到开发团队反馈，说远程服务调用上的 1 s 超时时间太少了，因为他们的服务 X 平均需要 5～6 s 的时间，那么我就会经常感到紧张。

这些反馈通常告诉我，被调用的服务存在未解决的性能问题。开发人员应避免在 Hystrix 调用上增加默认超时的诱惑，除非实在无法解决运行缓慢的服务调用。

如果确实遇到一些比其他服务调用需要更长时间的服务调用，务必将这些服务调用隔离到单独的线程池中。

5.6 后备处理

断路器模式的一部分美妙之处在于，由于远程资源的消费者和资源本身之间存在"中间人"，因此开发人员有机会拦截服务故障，并选择替代方案。

在 Hystrix 中，这被称为后备策略（fallback strategy），并且很容易实现。让我们看看如何为许可数据库构建一个简单的后备策略，该后备策略简单地返回一个许可对象，这个许可对象表示当前没有可用的许可信息。代码清单 5-5 展示了上述讨论的内容。

代码清单 5-5　在 Hystrix 中实现一个后备

> fallbackMethod 属性定义了类中的一个方法，如果来自 Hystrix 的调用失败，那么就会调用该方法

```
@HystrixCommand(fallbackMethod = "buildFallbackLicenseList")
public List<License> getLicensesByOrg(String organizationId){
    randomlyRunLong();

    return licenseRepository.findByOrganizationId(organizationId);
}

private List<License> buildFallbackLicenseList(String organizationId){
    List<License> fallbackList = new ArrayList<>();
    License license = new License()
        .withId("0000000-00-00000")
        .withOrganizationId( organizationId )
        .withProductName(
        ➥ "Sorry no licensing information currently available");
    fallbackList.add(license);
    return fallbackList;
}
```

> 在后备方法中，返回了一个硬编码的值

注意　在来自 GitHub 存储库的源代码中，我注释掉了 fallbackMethod 对应的行，以便读者可以看到服务调用的随机失败。要查看代码清单 5-5 中的后备代码，读者需要取消注释掉 fallbackMethod 属性，否则，永远不会看到后备代码实际被调用。

要使用 Hystrix 实现一个的后备策略，开发人员必须做两件事情。第一件是，需要在 @HystrixCommand 注解中添加一个名为 fallbackMethod 的属性。该属性将包含一个方法的名称，当 Hystrix 因为调用耗费时间太长而不得不中断该调用时，该方法将会被调用。

第二件是，需要定义一个待执行的后备方法。此后备方法必须与由 @HystrixCommand 保护的原始方法位于同一个类中，并且必须具有与原始方法完全相同的方法签名，因为传递给由 @HystrixCommand 保护的原始方法的所有参数都将传递给后备方法。

在代码清单 5-5 所示的示例中，后备方法 buildFallbackLicenseList() 只是简单构建一个包含虚拟信息的单个 License 对象。读者可以使用后备方法从备用数据源读取这些数据，但出于演示的目的，我们将构建一个列表，该列表由原始的方法调用返回。

后备

在微服务检索数据并且调用失败的情况下，后备策略非常有效。在我工作过的一个组织中，我们将客户信息存储在操作型数据存储（Operational Data Store，ODS）中，并在数据仓库中进行汇总。

我们的愉快路径总是检索最新的数据，并为其动态计算摘要信息。然而，在一次特别严重的中断之后，由于数据库连接的速度慢，我们决定使用 Hystrix 后备实现来保护检索和汇总客户信息的服务调用。如果由于性能问题或错误导致对 ODS 的调用失败，我们就使用后备来从数据仓库表中检索汇总数据。

我们的业务团队认为，提供旧数据给客户比让客户看到错误或整个应用程序崩溃更为可取。选择是否使用后备策略的关键是客户对数据"年龄"的宽容程度，以及永远不要让他们看到应用程序出现问题的重要程度。

在确定是否要实施后备策略时，要注意以下两点。

（1）后备是一种在资源超时或失败时提供行动方案的机制。如果发现自己使用后备来捕获超时异常，然后只做日志记录错误，就应该在服务调用周围使用标准的 try..catch 块，捕获 HystrixRuntime Exception 异常，并将日志记录逻辑放在 try..catch 块中。

（2）注意使用后备方法所执行的操作。如果在后备服务中调用另一个分布式服务，就可能需要使用 @HystrixCommand 注解来包装后备方法。记住，在主要行动方案中经历的相同的失败有可能也会影响次要的后备方案。要进行防御性编码。我试过在使用后备的时候没有考虑到这个问题，最终吃了很大苦头。

现在我们拥有了后备方案，接下来继续访问端点。这一次，当我们访问这个端点并遇到一个超时错误（有 1/3 的机会）时，我们不会从服务调用中得到一个返回的异常，而是得到虚拟的许可证值。图 5-6 展示了上面讨论的内容。

```
GET  ∨        http://localhost:8080/v1/organizations/e254f8c-c442-4ebe-a82a-e2fc1d1ff78a/licenses/

Authorization    Headers        Pre-request Script    Tests

        key                                              value


Body    Cookies    Headers (5)    Tests

Pretty   Raw    Preview    JSON  ∨    ⇥

 1 ▾ [
 2 ▾   {
 3         "licenseId": "0000000-00-00000",
 4         "organizationId": "e254f8c-c442-4ebe-a82a-e2fc1d1ff78a",
 5         "organizationName": "",
 6         "contactName": "",
 7         "contactPhone": "",
 8         "contactEmail": "",
 9         "productName": "Sorry no licensing information currently available",
10         "licenseType": null,
11         "licenseMax": null,
12         "licenseAllocated": null,
13         "comment": null
14       }
15     ]
```

后备代码的结果

图 5-6　使用 Hystrix 后备的服务调用

5.7　实现舱壁模式

在基于微服务的应用程序中，开发人员通常需要调用多个微服务来完成特定的任务。在不使用舱壁模式的情况下，这些调用默认是使用同一批线程来执行调用的，这些线程是为了处理整个 Java 容器的请求而预留的。在存在大量请求的情况下，一个服务出现性能问题会导致 Java 容器的所有线程被刷爆并等待处理工作，同时堵塞新请求，最终导致 Java 容器崩溃。舱壁模式将远程资源调用隔离在它们自己的线程池中，以便可以控制单个表现不佳的服务，而不会使该容器崩溃。

Hystrix 使用线程池来委派所有对远程服务的请求。在默认情况下，所有的 Hystrix 命令都将共享同一个线程池来处理请求。这个线程池将有 10 个线程来处理远程服务调用，而这些远程服务调用可以是任何东西，包括 REST 服务调用、数据库调用等。图 5-7 说明了这一点。

在应用程序中访问少量的远程资源时，这种模型运行良好，并且各个服务的调用量分布相对均匀。问题是，如果某些服务具有比其他服务高得多的请求量或更长的完成时间，那么最终可能会导致 Hystrix 线程池中的线程耗尽，因为一个服务最终会占据默认线程池中的所有线程。

幸好，Hystrix 提供了一种易于使用的机制，在不同的远程资源调用之间创建舱壁。图 5-8 展示了 Hystrix 管理的资源被隔离到它们自己的"舱壁"时的情况。

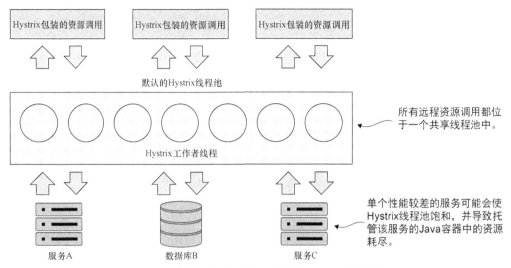

图 5-7   多种资源类型共享默认的 Hystrix 线程池

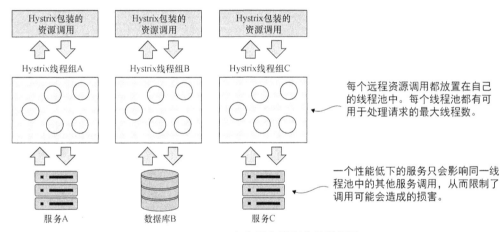

图 5-8   Hystrix 命令绑定到隔离的线程池

要实现隔离的线程池，我们需要使用@HystrixCommand 注解的其他属性。接下来的代码将完成以下操作。

（1）为 getLicensesByOrg()调用建立一个单独的线程池。

（2）设置线程池中的线程数。

（3）设置单个线程繁忙时可排队的请求数的队列大小。

代码清单 5-6 展示了如何围绕服务调用建立一个舱壁，该服务调用从许可证服务查询许可证数据。

代码清单 5-6 围绕 `getLicensesByOrg()` 方法创建舱壁

`threadPoolProperties` 属性用于
定义和定制 `threadPool` 的行为

`threadPoolKey` 属性定义线
程池的唯一名称

```
@HystrixCommand(fallbackMethod = "buildFallbackLicenseList",
    threadPoolKey = "licenseByOrgThreadPool",
    threadPoolProperties = {
        @HystrixProperty(name = "coreSize", value="30"),
        @HystrixProperty(name = "maxQueueSize", value="10")}
)

public List<License> getLicensesByOrg(String organizationId){
    return licenseRepository.findByOrganizationId(organizationId);
}
```

`coreSize` 属性用于定义线程
池中线程的最大数量

`maxQueueSize` 用于定义一个位于线程池前的
队列，它可以对传入的请求进行排队

要注意的第一件事是，我们在 `@HystrixCommand` 注解中引入了一个新属性，即 `threadPoolKey`。这向 Hystrix 发出信号，我们想要建立一个新的线程池。如果在线程池中没有设置任何进一步的值，Hystrix 会使用 `threadPoolKey` 属性中的名称搭建一个线程池，并使用所有的默认值来对线程池进行配置。

要定制线程池，应该使用 `@HystrixCommand` 上的 `threadPoolProperties` 属性。此属性使用 `HystrixProperty` 对象的数组，这些 `HystrixProperty` 对象用于控制线程池的行为。使用 `coreSize` 属性可以设置线程池的大小。

开发人员还可以在线程池前创建一个队列，该队列将控制在线程池中线程繁忙时允许堵塞的请求数。此队列大小由 `maxQueueSize` 属性设置。一旦请求数超过队列大小，对线程池的任何其他请求都将失败，直到队列中有空间。

请注意有关 `maxQueueSize` 属性的两件事情。首先，如果将其值设置为-1，则将使用 Java `SynchronousQueue` 来保存所有传入的请求。同步队列本质上会强制要求正在处理中的请求数量永远不能超过线程池中可用线程的数量。将 `maxQueueSize` 设置为大于 1 的值将导致 Hystrix 使用 Java `LinkedBlockingQueue`。`LinkedBlockingQueue` 的使用允许开发人员即使所有线程都在忙于处理请求，也能对请求进行排队。

要注意的第二件事是，`maxQueueSize` 属性只能在线程池首次初始化时设置（例如，在应用程序启动时）。Hystrix 允许通过使用 `queueSizeRejectionThreshold` 属性来动态更改队列的大小，但只有在 `maxQueueSize` 属性的值大于 0 时，才能设置此属性。

自定义线程池的适当大小是多少？ Netflix 推荐以下公式：

服务在健康状态时每秒支撑的最大请求数 × 第 99 百分位延迟时间
（以秒为单位）＋ 用于缓冲的少量额外线程

通常情况下，直到服务处于负载状态，开发人员才能知道它的性能特征。线程池属性需要被调整的关键指标就是，即使目标远程资源是健康的，服务调用仍然超时。

5.8   基础进阶——微调 Hystrix

我们目前已经研究了使用 Hystrix 创建断路器模式和舱壁模式的基本概念。现在我们来看看如何真正定制 Hystrix 断路器的行为。记住，Hystrix 不仅能超时长时间运行的调用，它还会监控调用失败的次数，如果调用失败的次数足够多，那么 Hystrix 会在请求发送到远程资源之前，通过使调用失败来自动阻止未来的调用到达服务。

这样做有两个原因。首先，如果远程资源有性能问题，那么快速失败将防止应用程序等待调用超时。这显著降低了调用应用程序或服务所导致的资源耗尽问题和崩溃的风险。其次，快速失败和阻止来自服务客户端的调用有助于苦苦挣扎的服务保持其负载，而不会彻底崩溃。快速失败给了性能下降的系统一些时间去进行恢复。

要了解如何在 Hystrix 中配置断路器，需要先了解 Hystrix 如何确定何时跳闸断路器的流程。图 5-9 展示了 Hystrix 在远程资源调用失败时使用的决策过程。

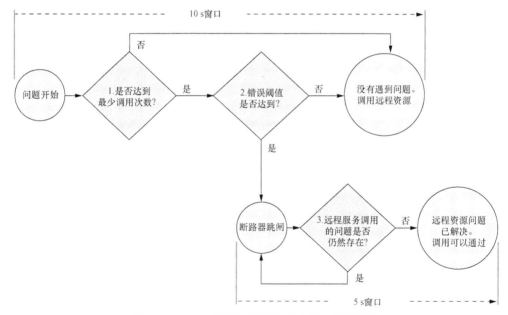

图 5-9   Hystrix 经过一系列检查来确定是否跳闸

每当 Hystrix 命令遇到服务错误时，它将开始一个 10 s 的计时器，用于检查服务调用失败的频率。这个 10 s 窗口是可配置的。Hystrix 做的第一件事就是查看在 10 s 内发生的调用数量。如果调用次数少于在这个窗口内需要发生的最小调用次数，那么即使有几个调用失败，Hystrix 也不会采取行动。例如，在 Hystrix 考虑采取行动之前，需要在 10 s 之内进行调用的次数的默认值为 20。如果这些调用之中有 15 个在 10 s 内发生调用失败，只要在 10 s 之内调用次数达不到 20次，那么即使 15 个调用都失败，这些调用的数量也不足以让断路器发生跳闸。Hystrix 将继续让调用通过，到达远程服务。

在 10 s 窗口内达到最少的远程资源调用次数时，Hystrix 将开始查看整体故障的百分比。如果故障的总体百分比超过阈值，Hystrix 将触发断路器，使将来几乎所有的调用都失败。正如稍后即将讨论的那样，Hystrix 将会让部分调用通过来进行"测试"，以查看服务是否恢复。错误阈值的默认值为 50%。

如果超过错误阈值的百分比，Hystrix 将"跳闸"断路器，防止更多的调用访问远程资源。如果远程调用失败的百分比未达到要求的阈值，并且 10 s 窗口已过去，Hystrix 将重置断路器的统计信息。

当 Hystrix 在一个远程调用上"跳闸"断路器时，它将尝试启动一个新的活动窗口。每隔 5 s（这个值是可配置的），Hystrix 会让一个调用到达这个苦苦挣扎的服务。如果调用成功，Hystrix 将重置断路器并重新开始让调用通过。如果调用失败，Hystrix 将保持断路器断开，并在另一个 5 s 里再次尝试上述步骤。

基于此，开发人员可以使用 5 个属性来定制断路器的行为。@HystrixCommand 注解通过 commandPoolProperties 属性公开了这 5 个属性。其中，threadPoolProperties 属性用于设置 Hystrix 命令中使用的底层线程池的行为，而 commandPoolProperties 属性用于定制与 Hystrix 命令关联的断路器的行为。代码清单 5-7 展示了这些属性的名称以及如何在每个属性中设置值。

代码清单 5-7　配置断路器的行为

```
@HystrixCommand(
    fallbackMethod = "buildFallbackLicenseList",
    threadPoolKey = "licenseByOrgThreadPool",
    threadPoolProperties = {
        @HystrixProperty(name = "coreSize",value="30"),
        @HystrixProperty(name="maxQueueSize"value="10"),
    },
    commandPoolProperties = {
        @HystrixProperty(name="circuitBreaker.requestVolumeThreshold", value="10"),
        @HystrixProperty(name="circuitBreaker.errorThresholdPercentage", value="75"),
        @HystrixProperty(name="circuitBreaker.sleepWindowInMilliseconds",
            value="7000"),
        @HystrixProperty(name="metrics.rollingStats.timeInMilliseconds",
            value="15000"),
        @HystrixProperty(name="metrics.rollingStats.numBuckets", value="5")}
)
public List<License> getLicensesByOrg(String organizationId){
    logger.debug("getLicensesByOrg Correlation id: {}",
        UserContextHolder
            .getContext()
            .getCorrelationId());
```

```
    randomlyRunLong();

    return licenseRepository.findByOrganizationId(organizationId);
}
```

第一个属性 circuitBreaker.requestVolumeThreshold 用于控制 Hystrix 考虑将该断路器跳闸之前，在 10 s 之内必须发生的连续调用数量。第二个属性 circuitBreaker.error-ThresholdPercentage 是在超过 circuitBreaker.requestVolumeThreshold 值之后在断路器跳闸之前必须达到的调用失败（由于超时、抛出异常或返回 HTTP 500）百分比。上述代码示例中的最后一个属性 circuitBreaker.sleepWindowInMilliseconds 是在断路器跳闸之后，Hystrix 允许另一个调用通过以便查看服务是否恢复健康之前 Hystrix 的休眠时间。

最后两个 Hystrix 属性 metrics.rollingStats.timeInMilliseconds 和 metrics.rollingStats.numBuckets 的命名与前面的属性有所不同，但它们仍然是控制断路器的行为的。第一个属性 metrics.rollingStats.timeInMilliseconds 用于控制 Hystrix 用来监视服务调用问题的窗口大小，其默认值为 10 000 ms（即 10 s）。

第二个属性 metrics.rollingStats.numBuckets 控制在定义的滚动窗口中收集统计信息的次数。在这个窗口中，Hystrix 在桶（bucket）中收集度量数据，并检查这些桶中的统计信息，以确定远程资源调用是否失败。给 metrics.rollingStats.timeInMilliseconds 设置的值必须能被定义的桶的数量值整除。例如，在代码清单 5-7 所示的自定义设置中，Hystrix 将使用 15 s 的窗口，并将统计数据收集到长度为 3 s 的 5 个桶中。

注意　检查的统计窗口越小且在窗口中保留的桶的数量越多，就越会加剧高请求服务的 CPU 利用率和内存利用率。要意识到这一点，避免将度量收集窗口和桶设置为太细的粒度，除非你需要这种可见性级别。

重新审视 Hystrix 配置

Hystrix 库是高度可配置的，可以让开发人员严格控制使用它定义的断路器模式和舱壁模式的行为。开发人员可以通过修改 Hystrix 断路器的配置，控制 Hystrix 在超时远程调用之前需要等待的时间。开发人员还可以控制 Hystrix 断路器何时跳闸以及 Hystrix 何时尝试重置断路器。

使用 Hystrix，开发人员还可以通过为每个远程服务调用定义单独的线程组，然后为每个线程组配置相应的线程数来微调舱壁实现。这允许开发人员对远程服务调用进行微调，因为某些远程资源调用具有较高的请求量。

在配置 Hystrix 环境时，需要记住的关键点是，开发人员可以使用 Hystrix 的 3 个配置级别：
（1）整个应用程序级别的默认值；
（2）类级别的默认值；
（3）在类中定义的线程池级别。
每个 Hystrix 属性都有默认设置的值，这些值将被应用程序中的每个@HystrixCommand 注解所使用, 除非这些属性值在 Java 类级别被设置, 或者被类中单个 Hystrix 线程池级别的值覆盖。

Hystrix 确实允许开发人员在类级别设置默认参数, 以便特定类中的所有 Hystrix 命令共享相同的配置。类级属性是通过一个名为 @DefaultProperties 的类级注解设置的。例如, 如果希望特定类中的所有资源的超时时间均为 10 s, 则可以按以下方式设置 @DefaultProperties:

```
@DefaultProperties(
    commandProperties = {
        @HystrixProperty(name = "execution.isolation.thread.timeoutInMilliseconds",
        ➥ value = "10000")}
class MyService { ... }
```

除非在线程池级别上显式地覆盖, 否则所有线程池都将继承应用程序级别的默认属性或类中定义的默认属性。Hystrix 的 threadPoolProperties 和 commandProperties 也绑定到已定义的命令键。

注意　我在本章编码示例的应用程序代码中硬编码了所有的 Hystrix 值。在生产环境中, 最有可能需要调整的 Hystrix 数据 (超时参数、线程池计数) 将被外部化到 Spring Cloud Config。通过这种方式, 如果需要更改参数值, 就可以在更改完参数值之后重新启动服务实例, 而无须重新编译和重新部署应用程序。

对于单个 Hystrix 池, 本书将保持配置尽可能接近代码并将线程池配置置于 @HystrixCommand 注解中。表 5-1 总结了用于创建和配置 @HystrixCommand 注解的所有配置值。

表 5-1　**@HystrixCommand 注解的配置值**

属 性 名 称	默认值	描　　述
fallbackMethod	None	标识类中的方法, 如果远程调用超时, 将调用该方法。回调方法必须与 @HystrixCommand 注解在同一个类中, 并且必须具有与调用类相同的方法签名。如果值不存在, Hystrix 会抛出异常
threadPoolKey	None	给予 @HystrixCommand 一个唯一的名称, 并创建一个独立于默认线程池的线程池。如果没有定义任何值, 则将使用默认的 Hystrix 线程池
threadPoolProperties	None	核心的 Hystrix 注解属性, 用于配置线程池的行为
coreSize	10	设置线程池的大小
maxQueueSize	-1	设置线程池前面的最大队列大小。如果设置为-1, 则不使用队列, Hystrix 将阻塞请求, 直到有一个线程可用来处理
circuitBreaker.requestVolumeThreshold	20	设置 Hystrix 开始检查断路器是否跳闸之前滚动窗口中必须处理的最小请求数 注意: 此值只能使用 commandPoolProperties 属性设置
circuitBreaker.errorThresholdPercentage	50	在断路器跳闸之前, 滚动窗口内必须达到的故障百分比 注意: 此值只能使用 commandPoolProperties 属性设置

续表

属 性 名 称	默认值	描　　　述
circuitBreaker. sleepWindowInMilliseconds	5000	在断路器跳闸之后，Hystrix 尝试进行服务调用之前将要等 待的时间（以毫秒为单位） 注意：此值只能使用 commandPoolProperties 属性 设置
metricsRollingStats. timeInMilliseconds	10000	Hystrix 收集和监控服务调用的统计信息的滚动窗口（以毫 秒为单位）
metricsRollingStats. numBuckets	10	Hystrix 在一个监控窗口中维护的度量桶的数量。监视窗口 内的桶数越多，Hystrix 在窗口内监控故障的时间越低

5.9　线程上下文和 Hystrix

当一个 @HystrixCommand 被执行时，它可以使用两种不同的隔离策略——THREAD（线程）和 SEMAPHORE（信号量）来运行。在默认情况下，Hystrix 以 THREAD 隔离策略运行。用于保护调用的每个 Hystrix 命令都在一个单独的线程池中运行，该线程池不与父线程共享它的上下文。这意味着 Hystrix 可以在它的控制下中断线程的执行，而不必担心中断与执行原始调用的父线程相关的其他活动。

通过基于 SEMAPHORE 的隔离，Hystrix 管理由 @HystrixCommand 注解保护的分布式调用，而不需要启动一个新线程，并且如果调用超时，就会中断父线程。在同步容器服务器环境（Tomcat）中，中断父线程将导致抛出开发人员无法捕获的异常。这可能会给编写代码的开发人员带来意想不到的后果，因为他们无法捕获抛出的异常或执行任何资源清理或错误处理。

要控制命令池的隔离设置，开发人员可以在自己的 @HystrixCommand 注解上设置 commandProperties 属性。例如，如果要在 Hystrix 命令中设置隔离级别以便使用 SEMAPHORE 隔离，则可以使用：

```
@HystrixCommand(
    commandProperties = {
        @HystrixProperty(name="execution.isolation.strategy", value="SEMAPHORE")})
```

注意　在默认情况下，Hystrix 团队建议开发人员对大多数命令使用默认的 THREAD 隔离策略。这将保持开发人员和父线程之间更高层次的隔离。THREAD 隔离比 SEMAPHORE 隔离更重，SEMAPHORE 隔离模型更轻量级，SEMAPHORE 隔离模型适用于服务量很大且正在使用异步 I/O 编程模型（假设使用的是像 Netty 这样的异步 I/O 容器）运行的情况。

5.9.1　ThreadLocal 与 Hystrix

在默认情况下，Hystrix 不会将父线程的上下文传播到由 Hystrix 命令管理的线程中。例如，在默认情况下，对被父线程调用并由 @HystrixComman 保护的方法而言，在父线程中设置为

ThreadLocal 值的值都是不可用的（再强调一次，这是假设当前使用的是 THREAD 隔离级别）。

这听起来可能会有一点难以理解，所以让我们看一个具体的例子。通常在基于 REST 的环境中，开发人员希望将上下文信息传递给服务调用，这将有助于在运维上管理该服务。例如，可以在 REST 调用的 HTTP 首部中传递关联 ID（correlation ID）或验证令牌，然后将其传播到任何下游服务调用。关联 ID 是唯一标识符，该标识符可用于在单个事务中跨多个服务调用进行跟踪。

要使服务调用中的任何地方都可以使用此值，开发人员可以使用 Spring 过滤器类来拦截对 REST 服务的每个调用，并从传入的 HTTP 请求中检索此信息，然后将此上下文信息存储在自定义的 UserContext 对象中。然后，在任何需要在 REST 服务调用中访问该值的时候，可以从 ThreadLocal 存储变量中检索 UserContext 并读取该值。代码清单 5-8 展示了一个示例 Spring 过滤器，读者可以在许可服务中使用它。读者可以在 licensingservice/src/main/java/com/thoughtmechanix/licenses/utils/UserContextFilter.java 中找到这段代码。

代码清单 5-8 `UserContextFilter` 解析 HTTP 首部并检索数据

```
package com.thoughtmechanix.licenses.utils;

// 为了简洁，省略了一些代码
@Component
public class UserContextFilter implements Filter {
    private static final Logger logger =
        LoggerFactory.getLogger(UserContextFilter.class);
    @Override
    public void doFilter(
        ServletRequest servletRequest,
        ServletResponse servletResponse,
        FilterChain filterChain)
    throws IOException, ServletException {
        HttpServletRequest httpServletRequest =
            (HttpServletRequest) servletRequest;

        UserContextHolder
            .getContext()
            .setCorrelationId(
                httpServletRequest.getHeader(UserContext.CORRELATION_ID) );

        UserContextHolder
            .getContext()
            .setUserId(
                httpServletRequest.getHeader(UserContext.USER_ID));
        UserContextHolder
            .getContext()
            .setAuthToken(
                httpServletRequest.getHeader(UserContext.AUTH_TOKEN));
        UserContextHolder
            .getContext()
            .setOrgId(httpServletRequest.getHeader(UserContext.ORG_ID));

        filterChain.doFilter(httpServletRequest, servletResponse);
```

检索调用的 HTTP 首部中设置的值，将这些值赋给存储在 UserContextHolder 中的 UserContext

```
        }
    }
```

UserContextHolder 类用于将 UserContext 存储在 ThreadLocal 类中。一旦存储在 ThreadLocal 中，任何为请求执行的代码都将使用存储在 UserContextHolder 中的 UserContext 对象。代码清单 5-9 展示了 UserContextHolder 类。这个类可以在 licensing-service/src/main/ java/com/thoughtmechanix/licenses/utils/UserContextHolder.java 中找到。

代码清单 5-9　所有 UserContext 数据都是由 UserContextHolder 管理的

```
public class UserContextHolder {
    private static final ThreadLocal<UserContext> userContext =
        new ThreadLocal<UserContext>();                          ◁──── UserContext 存储在一个
                                                                       静态 ThreadLocal 变量中
    public static final UserContext getContext(){                ◁──┐
        UserContext context = userContext.get();                    │ getContext()方法将检索
                                                                     │ UserContext 以供使用
        if (context == null) {
            context = createEmptyContext();
            userContext.set(context);

        }
        return userContext.get();
    }

    public static final void setContext(UserContext context) {
        Assert.notNull(context,"Only non-null UserContext instances are
            permitted");
        userContext.set(context);
    }

    public static final UserContext createEmptyContext(){
        return new UserContext();
    }
}
```

此时，可以向许可证服务添加一些日志语句。我们将添加日志记录到以下许可证服务类和方法。

- com/thoughtmechanix/licenses/utils/UserContextFilter.java 中 UserContextFilter 类的 doFilter()方法。
- com/thoughtmechanix/licenses/controllers/LicenseServiceController.Java 中 LicenseService Controller 的 getLicenses()方法。
- com/thoughtmechanix/licenses/services/LicenseService.java 中 LicenseService 类的 get LicensesByOrg()方法。此方法通过@HystrixCommand 标注。

接下来，将使用名为 tmx-correlation-id 和值为 TEST-CORRELATION-ID 的 HTTP 首部来传递关联 ID 以调用服务。图 5-10 展示了在 Postman 中使用 HTTP GET 来访问 http://localhost: 8080/v1/organizations/e254f8c-c442-4ebe-a82a-e2fc1d1ff78a/licenses/。

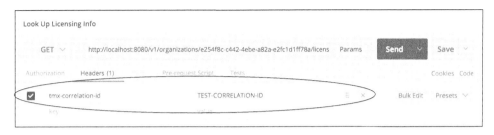

图 5-10　向许可证服务调用的 HTTP 首部添加关联 ID

一旦提交了这个调用，当它流经 UserContext、LicenseServiceController 和 LicenseServer 类时，我们将看到 3 条日志消息记录了传入的关联 ID：

```
UserContext Correlation id: TEST-CORRELATION-ID
LicenseServiceController Correlation id: TEST-CORRELATION-ID
LicenseService.getLicenseByOrg Correlation:
```

正如预期的那样，一旦这个调用使用了由 Hystrix 保护的 LicenseService.getLicenses-ByOrg() 方法，就无法得到关联 ID 的值。幸运的是，Hystrix 和 Spring Cloud 提供了一种机制，可以将父线程的上下文传播到由 Hystrix 线程池管理的线程。这种机制被称为 Hystrix ConcurrencyStrategy。

5.9.2　HystrixConcurrencyStrategy 实战

Hystrix 允许开发人员定义一种自定义的并发策略，它将包装 Hystrix 调用，并允许开发人员将附加的父线程上下文注入由 Hystrix 命令管理的线程中。实现自定义 HystrixConcurrencyStrategy 需要执行以下 3 个操作。

（1）定义自定义的 Hystrix 并发策略类。

（2）定义一个 Callable 类，将 UserContext 注入 Hystrix 命令中。

（3）配置 Spring Cloud 以使用自定义 Hystrix 并发策略。

HystrixConcurrencyStrategy 的所有示例可以在 licensing-service/src/main/java/com/thoughtmechanix/licenses/hystrix 包中找到。

1. 自定义 Hystrix 并发策略类

我们需要做的第一件事，就是定义自己的 HystrixConcurrencyStrategy。在默认情况下，Hystrix 只允许为应用程序定义一个 HystrixConcurrencyStrategy。Spring Cloud 已经定义了一个并发策略用于处理 Spring 安全信息的传播。幸运的是，Spring Cloud 允许将 Hystrix 并发策略链接在一起，以便我们可以定义和使用自己的并发策略，方法是将其"插入"到 Hystrix 并发策略中。

Hystrix 并发策略的实现可以在许可证服务 hystrix 包的 ThreadLocalAwareStrategy. java 中

找到，代码清单 5-10 展示了这个类的代码。

代码清单 5-10 定义自己的 Hystrix 并发策略

```
package com.thoughtmechanix.licenses.hystrix;

// 为了简洁，省略了 import 语句                              扩展基本的 Hystrix ConcurrencyStrategy 类
public class ThreadLocalAwareStrategy extends HystrixConcurrencyStrategy{
    private HystrixConcurrencyStrategy existingConcurrencyStrategy;

    public ThreadLocalAwareStrategy(
        HystrixConcurrencyStrategy existingConcurrencyStrategy) {
        this.existingConcurrencyStrategy = existingConcurrencyStrategy;
    }
                             Spring Cloud 已经定义了一个并发类。将已存在的并发策
                             略传入自定义的 HystrixConcurrencyStrategy 的类构造器中
    @Override
    public BlockingQueue<Runnable> getBlockingQueue(int maxQueueSize){
        return existingConcurrencyStrategy != null
            ? existingConcurrencyStrategy.getBlockingQueue(maxQueueSize)
            : super.getBlockingQueue(maxQueueSize);
    }
                             有几个方法需要重写。要么调用 existingConcurrencyStrategy
    @Override                 方法实现，要么调用基类 HystrixConcurrencyStrategy
    public <T> HystrixRequestVariable<T> getRequestVariable(
        HystrixRequestVariableLifecycle<T> rv)
    {// 为了简洁，省略了代码 }

    // 为了简洁，省略了代码
    @Override
    public ThreadPoolExecutor getThreadPool(
        HystrixThreadPoolKey threadPoolKey,
        HystrixProperty<Integer> corePoolSize,
        HystrixProperty<Integer> maximumPoolSize,
        HystrixProperty<Integer> keepAliveTime,
        TimeUnit unit,
        BlockingQueue<Runnable> workQueue)
    {// 为了简洁，省略了代码}

    @Override
    public <T> Callable<T> wrapCallable(Callable<T> callable) {
        return existingConcurrencyStrategy != null
            ? existingConcurrencyStrategy.wrapCallable(
                new DelegatingUserContextCallable<T>(                 注入 Callable 实现，它
                    callable, UserContextHolder.getContext())))      将设置 UserContext
            : super.wrapCallable(
                new DelegatingUserContextCallable<T>(
                    callable, UserContextHolder.getContext())));
    }
}
```

注意代码清单 5-10 中类实现中的几件事情。首先，因为 Spring Cloud 已经定义了一个

HystrixConcurrencyStrategy, 所以所有可能被覆盖的方法都需要检查现有的并发策略是否存在, 然后或调用现有的并发策略的方法或调用基类的 Hystrix 并发策略方法。开发人员必须将此作为惯例, 以确保正确地调用已存在的 Spring Cloud 的 HystrixConcurrencyStrategy, 该并发策略用于处理安全。否则, 在受 Hystrix 保护的代码中尝试使用 Spring 安全上下文时, 可能会出现难以解决的问题。

要注意的第二件事是代码清单 5-10 中的 wrapCallable() 方法。在此方法中, 我们传递了 Callable 的实现 DelegatingUserContextCallable, 用来将 UserContext 从执行用户 REST 服务调用的父线程, 设置为保护正在进行工作的方法的 Hystrix 命令线程。

2. 定义一个 Java Callable 类, 将 UserContext 注入 Hystrix 命令中

将父线程的线程上下文传播到 Hystrix 命令的下一步, 是实现执行传播的 Callable 类。对于本示例, 这个 Callable 类 DelegatingUserContextCallable 类位于 hystrix 包的 DelegatingUserContextCallable.java 中。代码清单 5-11 展示了这个类的代码。

代码清单 5-11　使用 DelegatingUserContextCallable 传播 UserContext

```java
package com.thoughtmechanix.licenses.hystrix;

// 为了简洁, 省略了 import 语句
public final class DelegatingUserContextCallable<V>
    implements Callable<V> {
  private final Callable<V> delegate;
  private UserContext originalUserContext;

  public DelegatingUserContextCallable(
    Callable<V> delegate, UserContext userContext) {
      this.delegate = delegate;
      this.originalUserContext = userContext;
  }

  public V call() throws Exception {
      UserContextHolder.setContext(originalUserContext);

      try {
          return delegate.call();
      }
      finally {
          this.originalUserContext = null;
      }
  }

  public static <V> Callable<V> create(Callable<V> delegate,
    UserContext userContext) {
    return new DelegatingUserContextCallable<V>(delegate, userContext);
  }
}
```

原始 Callable 类将被传递到自定义的 Callable 类, 自定义 Callable 将调用 Hystrix 保护的代码和来自父线程的 UserContext

call() 方法在被 @HystrixCommand 注解保护的方法之前调用

UserContext 设置之后, 在 Hystrix 保护的方法上调用 call() 方法, 如 LicenseServer.getLicenseByOrg() 方法

已设置 UserContext。存储 UserContext 的 ThreadLocal 变量与运行受 Hystrix 保护的方法的线程相关联

当调用 Hystrix 保护的方法时, Hystrix 和 Spring Cloud 将实例化 DelegatingUser-

ContextCallable 类的一个实例，传入一个通常由 Hystrix 命令池管理的线程调用的 Callable 类。在代码清单 5-11 中，此 Callable 类存储在名为 delegate 的 Java 属性中。从概念上讲，可以将 delegate 属性视为由@HystrixCommand 注解保护的方法的句柄。

除了委托的 Callable 类之外，Spring Cloud 也将 UserContext 对象从发起调用的父线程传递出去。这两个值在创建 DelegatingUserContextCallable 实例时设置，实际的操作将发生在类的 call()方法中。

在 call()方法中要做的第一件事是通过 UserContextHolder.setContext()方法设置 UserContext。记住，setContext()方法将 UserContext 对象存储在 ThreadLocal 变量中，这个 ThreadLocal 变量特定于正在运行的线程。设置了 UserContext 之后，就会调用委托的 Callable 类的 call()方法。调用 delegate.call()会调用由@Hystrix Command 注解保护的方法。

3. 配置 Spring Cloud 以使用自定义 Hystrix 并发策略

我们已经通过 ThreadLocalAwareStrategy 类实现了 HystrixConcurrencyStrategy 类，并通过 DelegatingUserContextCallable 类定义了 Callable 类，现在，需要将它们挂钩在 Spring Cloud 和 Hystrix 中。要做到这一点，则需要定义一个新的配置类 ThreadLocalConfiguration，如代码清单 5-12 所示。

代码清单 5-12　将自定义的 `HystrixConcurrencyStrategy` 类挂钩到 Spring Cloud 中

```
package com.thoughtmechanix.licenses.hystrix;

//   为了简洁，省略了import 语句
@Configuration
public class ThreadLocalConfiguration {
    @Autowired(required = false)
    private HystrixConcurrencyStrategy existingConcurrencyStrategy;

    @PostConstruct
    public void init() {
        // 保留现有的 Hystrix 插件的引用
        HystrixEventNotifier eventNotifier =
        ➥ HystrixPlugins
                .getInstance()
                .getEventNotifier();
        HystrixMetricsPublisher metricsPublisher =
        ➥ HystrixPlugins
                .getInstance()
                .getMetricsPublisher();
        HystrixPropertiesStrategy propertiesStrategy =
        ➥ HystrixPlugins
                .getInstance()
                .getPropertiesStrategy();
        HystrixCommandExecutionHook commandExecutionHook =
        ➥ HystrixPlugins
```

当构造配置对象时，它将自动装配在现有的 HystrixConcurrencyStrategy 中

因为要注册一个新的并发策略，所以要获取所有其他的 Hystrix 组件，然后重新设置 Hystrix 插件

```
            .getInstance()
            .getCommandExecutionHook();
        HystrixPlugins.reset();

        HystrixPlugins.getInstance()
            .registerConcurrencyStrategy(
            new ThreadLocalAwareStrategy(existingConcurrencyStrategy));
        HystrixPlugins.getInstance()
            .registerEventNotifier(eventNotifier);
        HystrixPlugins.getInstance()
            .registerMetricsPublisher(metricsPublisher);
        HystrixPlugins.getInstance()
            .registerPropertiesStrategy(propertiesStrategy);
        HystrixPlugins.getInstance()
            .registerCommandExecutionHook(commandExecutionHook);
    }
}
```

使用 Hystrix 插件注册自定义的 Hystrix
并发策略（ThreadConcurrency Strategy）

然后重新注册 Hystrix 插件
使用的所有 Hystrix 组件

这个 Spring 配置类基本上重新构建了管理运行在服务中所有不同组件的 Hystrix 插件。在 init()方法中，我们获取该插件使用的所有 Hystrix 组件的引用。然后注册自定义的 Hystrix 并发策略（ThreadLocalAwareStrategy）。

```
HystrixPlugins.getInstance().registerConcurrencyStrategy(
    new ThreadLocalAwareStrategy(existingConcurrencyStrategy));
```

记住，Hystrix 只允许一个 HystrixConcurrencyStrategy。Spring 将尝试自动装配在现有的任何 HystrixConcurrencyStrategy（如果它存在）中。最后，完成所有的工作之后，我们使用 Hystrix 插件把在 init()方法开头获取的原始 Hystrix 组件重新注册回来。

有了这些，现在可以重新构建并重新启动许可证服务，并通过之前图 5-10 所示的 GET（http://localhost:8080/v1/organizations/e254f8c-c442-4ebe-a82a-e2fc1d1ff78a/licenses/）来调用这个服务。当这个调用完成后，在控制台窗口中应该看到以下输出：

```
UserContext Correlation id: TEST-CORRELATION-ID
LicenseServiceController Correlation id: TEST-CORRELATION-ID
LicenseService.getLicenseByOrg Correlation: TEST-CORRELATION-ID
```

为了产生一个小小的结果需要做很多工作，但是，当使用 Hystrix 的 THREAD 级别的隔离时，这些工作都是很有必要的。

5.10 小结

- 在设计高分布式应用程序（如基于微服务的应用程序）时，必须考虑客户端弹性。
- 服务的彻底故障（如服务器崩溃）是很容易检测和处理的。
- 一个性能不佳的服务可能会引起资源耗尽的连锁效应，因为调用客户端中的线程被阻塞，以等待服务完成。
- 3 种核心客户端弹性模式分别是断路器模式、后备模式和舱壁模式。

- 断路器模式试图杀死运行缓慢和降级的系统调用，这样调用就会快速失败，并防止资源耗尽。
- 后备模式允许开发人员在远程服务调用失败或断路器跳闸的情况下，定义替代代码路径。
- 舱壁模式通过将对远程服务的调用隔离到它们自己的线程池中，使远程资源调用彼此分离。就算一组服务调用失败，这些失败也不会导致应用程序容器中的所有资源耗尽。
- Spring Cloud 和 Netflix Hystrix 库提供断路器模式、后备模式和舱壁模式的实现。
- Hystrix 库是高度可配置的，可以在全局、类和线程池级别设置。
- Hystrix 支持两种隔离模型，即 THREAD 和 SEMAPHORE。
- Hystrix 默认隔离模型 THREAD 完全隔离 Hystrix 保护的调用，但不会将父线程的上下文传播到 Hystrix 管理的线程。
- Hystrix 的另一种隔离模型 SEMAPHORE 不使用单独的线程进行 Hystrix 调用。虽然这更有效率，但如果 Hystrix 中断了调用，它也会让服务变得不可预测。
- Hystrix 允许通过自定义 HystrixConcurrencyStrategy 实现，将父线程上下文注入 Hystrix 管理的线程中。

第6章 使用 Spring Cloud 和 Zuul 进行服务路由

本章主要内容
- 结合微服务使用服务网关
- 使用 Spring Cloud 和 Netflix Zuul 实现服务网关
- 在 Zuul 中映射微服务路由
- 构建过滤器以使用关联 ID 并进行跟踪
- 使用 Zuul 进行动态路由

在像微服务架构这样的分布式架构中,需要确保跨多个服务调用的关键行为的正常运行,如安全、日志记录和用户跟踪。要实现此功能,开发人员需要在所有服务中始终如一地强制这些特性,而不需要每个开发团队都构建自己的解决方案。虽然可以使用公共库或框架来帮助在单个服务中直接构建这些功能,但这样做会造成 3 个影响。

第一,在构建的每个服务中很难始终实现这些功能。开发人员专注于交付功能,在每日的快速开发工作中,他们很容易忘记实现服务日志记录或跟踪。遗憾的是,对那些在金融服务或医疗保健等严格监管的行业工作的人来说,一致且有文档记录系统中的行为通常是符合政府法规的关键要求。

第二,正确地实现这些功能是一个挑战。对每个正在开发的服务进行诸如微服务安全的建立与配置可能是很痛苦的。将实现横切关注点(cross-cutting concern,如安全问题)的责任推给各个开发团队,大大增加了开发人员没有正确实现或忘记实现这些功能的可能性。

第三,这会在所有服务中创建一个顽固的依赖。开发人员在所有服务中共享的公共框架中构建的功能越多,在通用代码中无须重新编译和重新部署所有服务就能更改或添加功能就越困难。当应用程序中有 6 个微服务时,这似乎不是什么大问题,但当这个应用程序拥有更多的服务时(大概30 个或更多),这就是一个很大的问题。突然间,共享库中内置的核心功能的升级就变成了一个数月的迁移过程。

为了解决这个问题,需要将这些横切关注点抽象成一个独立且作为应用程序中所有微服务调用的过滤器和路由器的服务。这种横切关注点被称为服务网关(service gateway)。服务客户端不再直接调用服务。取而代之的是,服务网关作为单个策略执行点(Policy Enforcement Point, PEP),

所有调用都通过服务网关进行路由，然后被路由到最终目的地。

在本章中，我们将看看如何使用 Spring Cloud 和 Netflix 的 Zuul 来实现一个服务网关。Zuul 是 Netflix 的开源服务网关实现。具体来说，我们来看一下如何使用 Spring Cloud 和 Zuul 来完成以下操作。

- 将所有服务调用放在一个 URL 后面，并使用服务发现将这些调用映射到实际的服务实例。
- 将关联 ID 注入流经服务网关的每个服务调用中。
- 在从客户端发回的 HTTP 响应中注入关联 ID。
- 构建一个动态路由机制，将各个具体的组织路由到服务实例端点，该端点与其他人使用的服务实例端点不同。

让我们深入了解服务网关是如何与本书中构建的整体微服务相适应的。

6.1 什么是服务网关

到目前为止，通过前面几章中构建的微服务，我们可以通过 Web 客户端直接调用各个服务，也可以通过诸如 Eureka 这样的服务发现引擎以编程方式调用它们。图 6-1 展示了没有服务网关的后果。

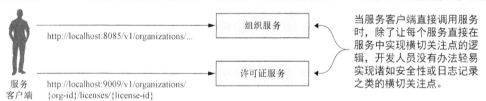

图 6-1 如果没有服务网关，服务客户端将为每个服务调用不同的端点

服务网关充当服务客户端和被调用的服务之间的中介。服务客户端仅与服务网关管理的单个 URL 进行对话。服务网关从服务客户端调用中分离出路径，并确定服务客户端正在尝试调用哪个服务。图 6-2 演示了服务网关如何像交通警察一样指挥交通，将用户引导到目标微服务和相应的实例。服务网关充当应用程序内所有微服务调用的入站流量的守门人。有了服务网关，服务客户端永远不会直接调用单个服务的 URL，而是将所有调用都放到服务网关上。

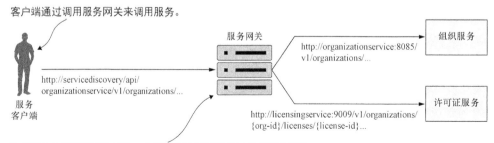

图 6-2 服务网关位于服务客户端和相应的服务实例之间。所有服务调用（内部和外部）都应流经服务网关

由于服务网关位于客户端到各个服务的所有调用之间，因此它还充当服务调用的中央策略执行点（PEP）。使用集中式 PEP 意味着横切服务关注点可以在一个地方实现，而无须各个开发团队来实现这些关注点。举例来说，可以在服务网关中实现的横切关注点包括以下几个。

- 静态路由——服务网关将所有的服务调用放置在单个 URL 和 API 路由的后面。这简化了开发，因为开发人员只需要知道所有服务的一个服务端点就可以了。

- 动态路由——服务网关可以检查传入的服务请求，根据来自传入请求的数据和服务调用者的身份执行智能路由。例如，可能会将参与测试版程序的客户的所有调用路由到特定服务集群的服务，这些服务运行的是不同版本的代码，而不是其他人使用的非测试版程序的代码。

- 验证和授权——由于所有服务调用都经过服务网关进行路由，所以服务网关是检查服务调用者是否已经进行了验证并被授权进行服务调用的自然场所。

- 度量数据收集和日志记录——当服务调用通过服务网关时，可以使用服务网关来收集数据和日志信息，还可以使用服务网关确保在用户请求上提供关键信息以确保日志统一。这并不意味着不应该从单个服务中收集度量数据，而是通过服务网关可以集中收集许多基本度量数据，如服务调用次数和服务响应时间。

等等——难道服务网关不是单点故障和潜在瓶颈吗？

在第 4 章中介绍 Eureka 时，我讨论了集中式负载均衡器是如何成为单点故障和服务瓶颈的。如果没有正确地实现，服务网关会承受同样的风险。在构建服务网关实现时，要牢记以下几点。

在单独的服务组前面，负载均衡器仍然很有用。在这种情况下，将负载均衡器放到多个服务网关实例前面的是一个恰当的设计，它确保服务网关实现可以伸缩。将负载均衡器置于所有服务实例的前面并不是一个好主意，因为它会成为瓶颈。

要保持为服务网关编写的代码是无状态的。不要在内存中为服务网关存储任何信息。如果不小心，就有可能限制网关的可伸缩性，导致不得不确保数据在所有服务网关实例中被复制。

要保持为服务网关编写的代码是轻量的。服务网关是服务调用的"阻塞点"，具有多个数据库调用的复杂代码可能是服务网关中难以追踪的性能问题的根源。

我们现在来看看如何使用 Spring Cloud 和 Netflix Zuul 来实现服务网关。

6.2 Spring Cloud 和 Netflix Zuul 简介

Spring Cloud 集成了 Netflix 开源项目 Zuul。Zuul 是一个服务网关，它非常容易通过 Spring Cloud 注解进行创建和使用。Zuul 提供了许多功能，具体包括以下几个。

- 将应用程序中的所有服务的路由映射到一个 URL——Zuul 不局限于一个 URL。在 Zuul 中，开发人员可以定义多个路由条目，使路由映射非常细粒度（每个服务端点都有自己的路由映射）。然而，Zuul 最常见的用例是构建一个单一的入口点，所有服务客户端调用都将经过这个入口点。

■ 构建可以对通过网关的请求进行检查和操作的过滤器——这些过滤器允许开发人员在代码中注入策略执行点，以一致的方式对所有服务调用执行大量操作。

要开始使用 Zuul，需要完成下面 3 件事。

（1）建立一个 Zuul Spring Boot 项目，并配置适当的 Maven 依赖项。

（2）使用 Spring Cloud 注解修改这个 Spring Boot 项目，将其声明为 Zuul 服务。

（3）配置 Zuul 以便 Eureka 进行通信（可选）。

6.2.1　建立一个 Zuul Spring Boot 项目

如果读者在本书中按顺序读了前几章，应该会对接下来要做的工作很熟悉。要构建一个 Zuul 服务器，需要建立一个新的 Spring Boot 服务并定义相应的 Maven 依赖项。读者可以在本书的 GitHub 存储库中找到本章的项目源代码。幸运的是，在 Maven 中建立 Zuul 只需要很少的步骤，只需要在 zuulsvr/pom.xml 文件中定义一个依赖项：

```
<dependency>
  <groupId>org.springframework.cloud</groupId>
  <artifactId>spring-cloud-starter-zuul</artifactId>
</dependency>
```

这个依赖项告诉 Spring Cloud 框架，该服务将运行 Zuul，并适当地初始化 Zuul。

6.2.2　为 Zuul 服务使用 Spring Cloud 注解

在定义完 Maven 依赖项后，需要为 Zuul 服务的引导类添加注解。Zuul 服务实现的引导类可以在 zuulsvr/src/main/java/com/thoughtmechanix/zuulsvr/Application.java 中找到。代码清单 6-1 展示了如何为 Zuul 服务的引导类添加注解。

代码清单 6-1　创建 Zuul 服务器引导类

```
package com.thoughtmechanix.zuulsvr;

import org.springframework.boot.SpringApplication;
import org.springframework.boot.autoconfigure.SpringBootApplication;
import org.springframework.cloud.netflix.zuul.EnableZuulProxy;
import org.springframework.context.annotation.Bean;

@SpringBootApplication
@EnableZuulProxy                                        使服务成为一个 Zuul 服务器
public class ZuulServerApplication {
    public static void main(String[] args) {
        SpringApplication.run(ZuulServerApplication.class, args);
    }
}
```

就这样，这里只需要一个注解：@EnableZuulProxy。

注意 如果读者浏览过文档或启用了自动补全，那么可能会注意到一个名为@EnableZuulServer 的注解。使用此注解将创建一个 Zuul 服务器，它不会加载任何 Zuul 反向代理过滤器，也不会使用 Netflix Eureka 进行服务发现（我们将很快进入 Zuul 和 Eureka 集成的主题）。开发人员想要构建自己的路由服务，而不使用任何 Zuul 预置的功能时会使用@EnableZuulServer，举例来讲，当开发人员需要使用 Zuul 与 Eureka 之外的其他服务发现引擎（如 Consul）进行集成的时候。本书只会使用@EnableZuulProxy 注解。

6.2.3 配置 Zuul 与 Eureka 进行通信

Zuul 代理服务器默认设计为在 Spring 产品上工作。因此，Zuul 将自动使用 Eureka 来通过服务 ID 查找服务，然后使用 Netflix Ribbon 对来自 Zuul 的请求进行客户端负载均衡。

注意 我经常不按顺序阅读书中的章节，而是会跳到我最感兴趣的主题上。如果读者也这么做，并且不知道 Netflix Eureka 和 Ribbon 是什么，那么，我建议读者先阅读第 4 章，然后再进行下一步。Zuul 大量采用这些技术进行工作，因此了解 Eureka 和 Ribbon 带来的服务发现功能会更容易理解 Zuul。

配置过程的最后一步是修改 Zuul 服务器的 zuulsvr/src/main/resources/application.yml 文件，以指向 Eureka 服务器。代码清单 6-2 展示了 Zuul 与 Eureka 通信所需的 Zuul 配置。代码清单 6-2 中的配置应该看起来很熟悉，因为它与第 4 章中介绍的配置相同。

代码清单 6-2 配置 Zuul 服务器与 Eureka 通信

```
eureka:
  instance:
    preferIpAddress: true
  client:
    registerWithEureka: true
    fetchRegistry: true
    serviceUrl:
      defaultZone: http://localhost:8761/eureka/
```

6.3 在 Zuul 中配置路由

Zuul 的核心是一个反向代理。反向代理是一个中间服务器，它位于尝试访问资源的客户端和资源本身之间。客户端甚至不知道它正与代理之外的服务器进行通信。反向代理负责捕获客户端的请求，然后代表客户端调用远程资源。

在微服务架构的情况下，Zuul（反向代理）从客户端接收微服务调用并将其转发给下游服务。服务客户端认为它只与 Zuul 通信。Zuul 要与下游服务进行沟通，Zuul 必须知道如何将进来的调用映射到下游路由。Zuul 有几种机制来做到这一点，包括：

- 通过服务发现自动映射路由；
- 使用服务发现手动映射路由；
- 使用静态 URL 手动映射路由。

6.3.1　通过服务发现自动映射路由

Zuul 的所有路由映射都是通过在 zuulsvr/src/main/resources/application.yml 文件中定义路由来完成的。但是，Zuul 可以根据其服务 ID 自动路由请求，而不需要配置。如果没有指定任何路由，Zuul 将自动使用正在调用的服务的 Eureka 服务 ID，并将其映射到下游服务实例。例如，如果要调用 `organizationservice` 并通过 Zuul 使用自动路由，则可以使用以下 URL 作为端点，让客户端调用 Zuul 服务实例：

```
http://localhost:5555/organizationservice/v1/organizations/e254f8c-c442-4ebe-
    a82a-e2fc1d1ff78a
```

Zuul 服务器可通过 `http://localhost:5555` 进行访问。该服务中的端点路径的第一部分表示正在尝试调用的服务（`organizationservice`）。

图 6-3 阐明了该映射的实际操作。

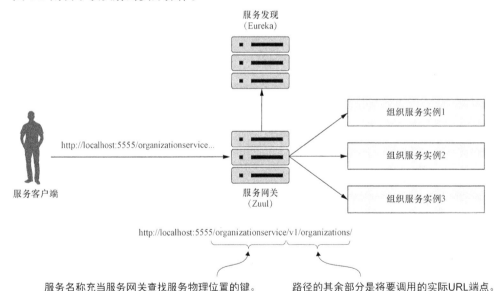

图 6-3　Zuul 将使用 `organizationservice` 应用程序名称来将请求映射到组织服务实例

使用带有 Eureka 的 Zuul 的优点在于，开发人员不仅可以拥有一个可以发出调用的单个端点，有了 Eureka，开发人员还可以添加和删除服务的实例，而无须修改 Zuul。例如，可以向 Eureka 添加新服务，Zuul 将自动路由到该服务，因为 Zuul 会与 Eureka 进行通信，了解实际服务端点的位置。

如果要查看由 Zuul 服务器管理的路由，可以通过 Zuul 服务器上的 `/routes` 端点来访问这些路由，这将返回服务中所有映射的列表。图 6-4 展示了访问 `http://localhost:5555/routes` 的输出结果。

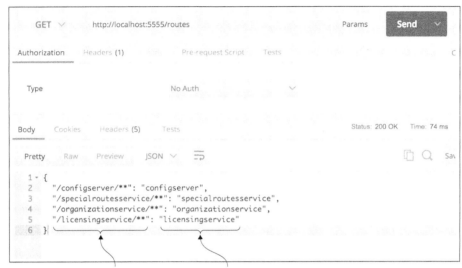

Zuul中的服务路由是基于Eureka　　　　　路由所映射的Eureka服务ID。
的服务ID自动创建的。

图 6-4　在 Eureka 中映射的每个服务现在都将被映射为 Zuul 路由

在图 6-4 中，通过 zuul 注册的服务的映射展示在从 `/route` 调用返回的 JSON 体的左边，路由映射到的实际 Eureka 服务 ID 展示在其右边。

6.3.2　使用服务发现手动映射路由

Zuul 允许开发人员更细粒度地明确定义路由映射，而不是单纯依赖服务的 Eureka 服务 ID 创建的自动路由。假设开发人员希望通过缩短组织名称来简化路由，而不是通过默认路由 `/organizationservice/v1/organizations/{organization-id}` 在 Zuul 中访问组织服务。开发人员可以通过在 zuulsvr/src/main/resources/application.yml 中手动定义路由映射来做到这一点。

```
zuul:
  routes:
    organizationservice: /organization/**
```

通过添加上述配置，现在我们就可以通过访问 `/organization/v1/organizations/{organization-id}` 路由来访问组织服务了。如果再次检查 Zuul 服务器的端点，读者应该会看到图 6-5 所示的结果。

如果仔细查看图 6-5，读者会注意到有两个条目代表组织服务。第一个服务条目是在 application.yml 文件中定义的映射 `"organization/**": "organizationservice"`。第二个服务条目是由 Zuul 根据组织服务的 Eureka ID 创建的自动映射`"/organizationservice/**"`：`"organizationservice"`。

图 6-5　将组织服务进行手动映射后 Zuul `/routes` 的调用结果

注意　在使用自动路由映射时，Zuul 只基于 Eureka 服务 ID 来公开服务，如果服务的实例没有在运行，Zuul 将不会公开该服务的路由。然而，如果在没有使用 Eureka 注册服务实例的情况下，手动将路由映射到服务发现 ID，那么 Zuul 仍然会显示这条路由。如果尝试为不存在的服务调用路由，Zuul 将返回 500 错误。

如果想要排除 Eureka 服务 ID 路由的自动映射，只提供自定义的组织服务路由，可以向 application.yml 文件添加一个额外的 Zuul 参数 `ignored-services`。

以下代码片段展示了如何使用 `ignored-services` 属性从 Zuul 完成的自动映射中排除 Eureka 服务 ID organizationservice。

```
zuul:
  ignored-services: 'organizationservice'
  routes:
    organizationservice: /organization/**
```

`ignored-services` 属性允许开发人员定义想要从注册中排除的 Eureka 服务 ID 的列表，该列表以逗号进行分隔。现在，在调用 `/routes` 端点时，应该只能看到自定义的组织服务映射。图 6-6 展示了此映射的结果。

图 6-6 Zuul 中现在只定义了一个组织服务

如果要排除所有基于 Eureka 的路由，可以将 `ignored-services` 属性设置为 "`*`"。

服务网关的一种常见模式是通过使用/api 之类的标记来为所有的服务调用添加前缀，从而区分 API 路由与内容路由。Zuul 通过在 Zuul 配置中使用 `prefix` 属性来支持这项功能。图 6-7 在概念上勾画了这种映射前缀的样子。

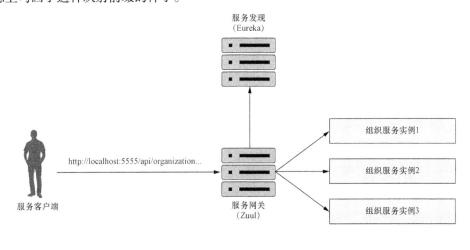

图 6-7 通过使用前缀，Zuul 会将**/api** 前缀映射到它管理的每个服务

在代码清单 6-3 中，我们将看到如何分别为组织服务和许可证服务建立特定的路由，排除所有 Eureka 生成的服务，并使用/api 前缀为服务添加前缀。

代码清单 6-3　使用前缀建立自定义路由

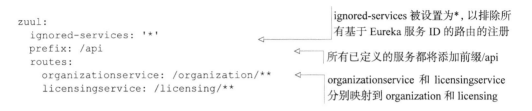

```
zuul:
  ignored-services: '*'
  prefix: /api
  routes:
    organizationservice: /organization/**
    licensingservice: /licensing/**
```

ignored-services 被设置为*，以排除所有基于 Eureka 服务 ID 的路由的注册

所有已定义的服务都将添加前缀/api

organizationservice 和 licensingservice 分别映射到 organization 和 licensing

完成此配置并重新加载 Zuul 服务后，访问/routes 端点时应该会看到以下两个条目：/api/organization 和/api/licensing。图 6-8 展示了这些路由条目。

图 6-8　Zuul 中的路由现在添加了/api 前缀

现在让我们来看看如何使用 Zuul 来映射到静态 URL。静态 URL 是指向未通过 Eureka 服务发现引擎注册的服务的 URL。

6.3.3　使用静态 URL 手动映射路由

Zuul 可以用来路由那些不受 Eureka 管理的服务。在这种情况下，可以建立 Zuul 直接路由到一个静态定义的 URL。例如，假设许可证服务是用 Python 编写的，并且仍然希望通过 Zuul 进行代理，那么可以使用代码清单 6-4 中的 Zuul 配置来达到此目的。

代码清单 6-4　将许可证服务映射到静态路由

```
zuul:
 routes:
  licensestatic:          ◀─── Zuul 用于在内部识别
   path: /licensestatic/**        服务的关键字
   url: http://licenseservice-static:8081
```

许可证服务的静态路由

已建立许可证服务的静态实例，它将被直接调用，而不是由 Zuul 通过 Eureka 调用

完成这一配置更改后，就可以访问 /routes 端点来看添加到 Zuul 的静态路由。图 6-9 展示了 /routes 端点的结果。

现在，licensestatic 端点不再使用 Eureka，而是直接将请求路由到 http://licenseservice-static:8081 端点。这里存在一个问题，那就是通过绕过 Eureka，只有一条路径可以用来指向请求。幸运的是，开发人员可以手动配置 Zuul 来禁用 Ribbon 与 Eureka 集成，然后列出 Ribbon 将进行负载均衡的各个服务实例。代码清单 6-5 展示了这一点。

静态路由条目

图 6-9　现在已经将静态路由映射到许可证服务

代码清单 6-5　将许可证服务静态映射到多个路由

```
zuul:
  routes:
    licensestatic:
      path: /licensestatic/**
      serviceId: licensestatic    ◀─── 定义一个服务 ID，该服务 ID 将
ribbon:                               用于在 Ribbon 中查找服务
  eureka:
    enabled: false    ◀─── 在 Ribbon 中禁用 Eureka 支持
licensestatic:
  ribbon:
    listOfServers: http://licenseservice-static1:8081,
      http://licenseservice-static2:8082    ◀─── 指定请求会路由到的
                                                服务器列表
```

配置完成后，调用/routes 端点现在将显示/api/licensestatic 路由已被映射到名为 licensestatic 的服务 ID。图 6-10 展示了这一点。

静态路由条目现在在服务ID后面。

图 6-10　/api/licensestatic 现在映射到名为 licensestatic 的服务 ID

处理非 JVM 服务

　　静态映射路由并在 Ribbon 中禁用 Eureka 支持会造成一个问题，那就是禁用了对通过 Zuul 服务网关运行的所有服务的 Ribbon 支持。这意味着 Eureka 服务器将承受更多的负载，因为 Zuul 无法使用 Ribbon 来缓存服务的查找。记住，Ribbon 不会在每次发出调用的时候都调用 Eureka。相反，它将在本地缓存服务实例的位置，然后定期检查 Eureka 是否有变化。缺少了 Ribbon，Zuul 每次需要解析服务的位置时都会调用 Eureka。

　　在本章早些时候，我们讨论了如何使用多个服务网关，根据所调用的服务类型来执行不同的路由规则和策略。对于非 JVM 应用程序，可以建立单独的 Zuul 服务器来处理这些路由。然而，我发现对于非基于 JVM 的语言，最好是建立一个 Spring Cloud "Sidecar" 实例。Spring Cloud Sidecar 允许开发人员使用 Eureka 实例注册非 JVM 服务，然后通过 Zuul 进行代理。我没有在本书中介绍 Spring Sidecar，因为本书不会让读者编写任何非 JVM 服务，但是建立一个 Sidecar 实例是非常容易的。读者可以在 Spring Cloud 网站上找到相关指导。

6.3.4　动态重新加载路由配置

　　接下来我们要在 Zuul 中配置路由来看看如何动态重新加载路由。动态重新加载路由的功能非常有用，因为它允许在不回收 Zuul 服务器的情况下更改路由的映射。现有的路由可以被快速修改，以及添加新的路由，都无须在环境中回收每个 Zuul 服务器。在第 3 章中，我们介绍了如何使用 Spring Cloud 配置服务来外部化微服务配置数据。读者可以使用 Spring Cloud Config 来外部化 Zuul 路由。在 EagleEye 示例中，我们可以在 configrepo（http://github.com/carnellj/config-repo）中创建一个名为 zuulservice 的新应用程序文件夹。就像组织服务和许可证服务一样，我们将创建 3 个文件（即 zuulservice.yml、zuulservice-dev.yml 和 zuulservice-prod.yml），它们将保存路由配置。

为了与第 3 章配置中的示例保持一致，我已经将路由格式从层次化格式更改为 "." 格式。初始的路由配置将包含一个条目：

```
zuul.prefix=/api
```

如果访问 /routes 端点，应该会看到在 Zuul 中显示的所有基于 Eureka 的服务，并带有 /api 的前缀。现在，如果想要动态地添加新的路由映射，只需对配置文件进行更改，然后将配置文件提交回 Spring Cloud Config 从中提取配置数据的 Git 存储库。例如，如果想要禁用所有基于 Eureka 的服务注册，并且只公开两个路由（一个用于组织服务，另一个用于许可证服务），则可以修改 zuulservice-*.yml 文件，如下所示：

```
zuul.ignored-services: '*'
zuul.prefix: /api
zuul.routes.organizationservice: /organization/**
zuul.routes.organizationservice: /licensing/**
```

接下来，将更改提交给 GitHub。Zuul 公开了基于 POST 的端点路由 /refresh，其作用是让 Zuul 重新加载路由配置。在访问完 refresh 端点之后，如果访问 /routes 端点，就会看到两条新的路由，所有基于 Eureka 的路由都不见了。

6.3.5 Zuul 和服务超时

Zuul 使用 Netflix 的 Hystrix 和 Ribbon 库，来帮助防止长时间运行的服务调用影响服务网关的性能。在默认情况下，对于任何需要用超过 1 s 的时间（这是 Hystrix 默认值）来处理请求的调用，Zuul 将终止并返回一个 HTTP 500 错误。幸运的是，开发人员可以通过在 Zuul 服务器的配置中设置 Hystrix 超时属性来配置此行为。

开发人员可以使用 hystrix.command.default.execution.isolation.thread.timeoutInMilliseconds 属性来为所有通过 Zuul 运行的服务设置 Hystrix 超时。例如，如果要将默认的 Hystrix 超时设置为 2.5 s，就可以在 Zuul 的 Spring Cloud 配置文件中使用以下配置：

```
zuul.prefix:  /api
zuul.routes.organizationservice: /organization/**
zuul.routes.licensingservice: /licensing/**
zuul.debug.request: true
hystrix.command.default.execution.isolation.thread.timeoutInMilliseconds: 2500
```

如果需要为特定服务设置 Hystrix 超时，可以使用需要覆盖超时的服务的 Eureka 服务 ID 名称来替换属性的 default 部分。例如，如果想要将 licensingservice 的超时更改为 3 s，并让其他服务使用默认的 Hystrix 超时，可以在配置中添加与下面类似的内容：

```
hystrix.command.licensingservice.execution.isolation.thread.timeoutInMilliseconds:
➥ 3000
```

最后，读者需要知晓另外一个超时属性。虽然已经覆盖了 Hystrix 的超时，Netflix Ribbon 同样会超时任何超过 5 s 的调用。尽管我强烈建议读者重新审视调用时间超过 5 s 的调用的设计，但读者可以通过设置属性 servicename.ribbon.ReadTimeout 来覆盖 Ribbon 超时。例如，如果想要覆盖 licensingservice 超时时间为 7 s，可以使用以下配置：

```
hystrix.command.licensingservice.execution.
➥ isolation.thread.timeoutInMilliseconds: 7000
licensingservice.ribbon.ReadTimeout: 7000
```

注意　对于超过 5 s 的配置，必须同时设置 Hystrix 和 Ribbon 超时。

6.4　Zuul 的真正威力：过滤器

虽然通过 Zuul 网关代理所有请求确实可以简化服务调用，但是在想要编写应用于所有流经网关的服务调用的自定义逻辑时，　Zuul 的真正威力才发挥出来。在大多数情况下，这种自定义逻辑用于强制执行一组一致的应用程序策略，如安全性、日志记录和对所有服务的跟踪。

这些应用程序策略被认为是横切关注点，因为开发人员希望将它们应用于应用程序中的所有服务，而无须修改每个服务来实现它们。通过这种方式，Zuul 过滤器可以按照与 J2EE servlet 过滤器或 Spring Aspect 类似的方式来使用。这种方式可以拦截大量行为，并且在原始编码人员意识不到变化的情况下，对调用的行为进行装饰或更改。servlet 过滤器或 Spring Aspect 被本地化为特定的服务，而使用 Zuul 和 Zuul 过滤器允许开发人员为通过 Zuul 路由的所有服务实现横切关注点。

Zuul 允许开发人员使用 Zuul 网关内的过滤器构建自定义逻辑。过滤器可用于实现每个服务请求在执行时都会经过的业务逻辑链。

Zuul 支持以下 3 种类型的过滤器。

- 前置过滤器——前置过滤器在 Zuul 将实际请求发送到目的地之前被调用。前置过滤器通常执行确保服务具有一致的消息格式（例如，关键的 HTTP 首部是否设置妥当）的任务，或者充当看门人，确保调用该服务的用户已通过验证（他们的身份与他们声称的一致）和授权（他们可以做他们请求做的）。
- 后置过滤器——后置过滤器在目标服务被调用并将响应发送回客户端后被调用。通常后置过滤器会用来记录从目标服务返回的响应、处理错误或审核对敏感信息的响应。
- 路由过滤器——路由过滤器用于在调用目标服务之前拦截调用。通常使用路由过滤器来确定是否需要进行某些级别的动态路由。例如，本章的后面将使用路由级别的过滤器，该过滤器将在同一服务的两个不同版本之间进行路由，以便将一小部分的服务调用路由到服务的新版本，而不是路由到现有的服务。这样就能够在不让每个人都使用新服务的情况下，让少量的用户体验新功能。

图 6-11 展示了在处理服务客户端请求时，前置过滤器、后置过滤器和路由过滤器如何组合在一起。

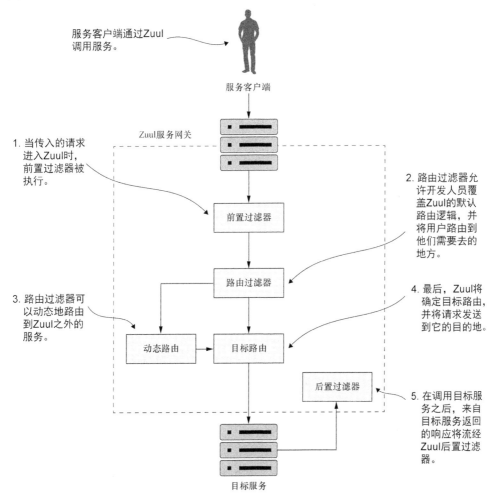

图 6-11 前置过滤器、路由过滤器和后置过滤器组成了客户端请求流经的管道。
随着请求进入 Zuul，这些过滤器可以处理传入的请求

如果遵循图 6-11 中所列出的流程，将会看到所有的事情都是从服务客户端调用服务网关公开的服务开始的。从这里开始，发生了以下活动。

（1）在请求进入 Zuul 网关时，Zuul 调用所有在 Zuul 网关中定义的前置过滤器。前置过滤器可以在 HTTP 请求到达实际服务之前对 HTTP 请求进行检查和修改。前置过滤器不能将用户重定向到不同的端点或服务。

（2）在针对 Zuul 的传入请求执行前置过滤器之后，Zuul 将执行已定义的路由过滤器。路由

过滤器可以更改服务所指向的目的地。

（3）路由过滤器可以将服务调用重定向到 Zuul 服务器被配置的发送路由以外的位置。但 Zuul 路由过滤器不会执行 HTTP 重定向，而是会终止传入的 HTTP 请求，然后代表原始调用者调用路由。这意味着路由过滤器必须完全负责动态路由的调用，并且不能执行 HTTP 重定向。

（4）如果路由过滤器没有动态地将调用者重定向到新路由，Zuul 服务器将发送到最初的目标服务的路由。

（5）目标服务被调用后，Zuul 后置过滤器将被调用。后置过滤器可以检查和修改来自被调用服务的响应。

了解如何实现 Zuul 过滤器的最佳方法就是使用它们。为此，在接下来的几节中，我们将构建前置过滤器、路由过滤器和后置过滤器，然后通过它们运行服务客户端请求。

图 6-12 展示了如何将这些过滤器组合在一起以处理对 EagleEye 服务的请求。

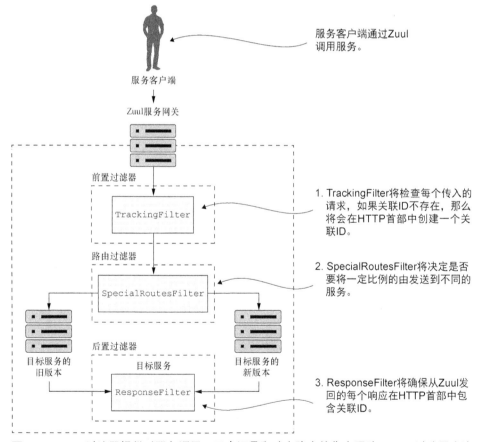

图 6-12   Zuul 过滤器提供对服务调用、日志记录和动态路由的集中跟踪。Zuul 过滤器允许
开发人员针对微服务调用执行自定义规则和策略

按照图 6-12 所示的流程，读者会看到以下过滤器被使用。

（1）TrackingFilter——TrackingFilter 是一个前置过滤器，它确保从 Zuul 流出的每个请求都具有相关的关联 ID。关联 ID 是在执行客户请求时执行的所有微服务中都会携带的唯一 ID。关联 ID 用于跟踪一个调用经过一系列微服务调用发生的事件链。

（2）SpecialRoutesFilter——SpecialRoutesFilter 是一个 Zuul 路由过滤器，它将检查传入的路由，并确定是否要在该路由上进行 A/B 测试。A/B 测试是一种技术，在这种技术中，用户（在这种情况下是服务）随机使用同一个服务提供的两种不同的服务版本。A/B 测试背后的理念是，新功能可以在推出到整个用户群之前进行测试。在我们的例子中，同一个组织服务将具有两个不同的版本。少数用户将被路由到较新版本的服务，与此同时，大多数用户将被路由到较旧版本的服务。

（3）ResponseFilter——ResponseFilter 是一个后置过滤器，它将把与服务调用相关的关联 ID 注入发送回客户端的 HTTP 响应首部中。这样，客户端就可以访问与其发出的请求相关联的关联 ID。

6.5 构建第一个生成关联 ID 的 Zuul 前置过滤器

在 Zuul 中构建过滤器是非常简单的。我们首先将构建一个名为 TrackingFilter 的 Zuul 前置过滤器，该过滤器将检查所有到网关的传入请求，并确定请求中是否存在名为 tmx-correlation-id 的 HTTP 首部。tmx-correlation-id 首部将包含一个唯一的全局通用 ID（Globally Universal ID，GUID），它可用于跨多个微服务来跟踪用户请求。

> **注意** 我们在第 5 章中讨论了关联 ID 的概念。在这里我们将更详细地介绍如何使用 Zuul 来生成一个关联 ID。如果读者跳过了此内容，我强烈建议读者查看第 5 章并阅读 5.9 节的内容。关联 ID 的实现将使用 ThreadLocal 变量实现，而要让 ThreadLocal 变量与 Hystrix 一起使用需要做额外的工作。

如果在 HTTP 首部中不存在 tmx-correlation-id，那么 Zuul TrackingFilter 将生成并设置该关联 ID。如果已经存在关联 ID，那么 Zuul 将不会对该关联 ID 进行任何操作。关联 ID 的存在意味着该特定服务调用是执行用户请求的服务调用链的一部分。在这种情况下，TrackingFilter 类将不执行任何操作。

我们来看看代码清单 6-6 中的 TrackingFilter 的实现。这段代码也可以在本书示例的 **zuulsvr/src/main/java/com/thoughtmechanix/zuulsvr/filters/TrackingFilter.java** 中找到。

代码清单 6-6　用于生成关联 ID 的 Zuul 前置过滤器

```
package com.thoughtmechanix.zuulsvr.filters;

import com.netflix.zuul.ZuulFilter;
import org.springframework.beans.factory.annotation.Autowired;
```

```
// 为了简洁，省略了其他 import 语句

@Component
public class TrackingFilter extends ZuulFilter{
    private static final int FILTER_ORDER = 1;
    private static final boolean SHOULD_FILTER=true;
    private static final Logger logger =
        LoggerFactory.getLogger(TrackingFilter.class);

    @Autowired
    FilterUtils filterUtils;

    @Override
    public String filterType() {
        return FilterUtils.PRE_FILTER_TYPE;
    }

    @Override
    public int filterOrder() {
        return FILTER_ORDER;
    }

    public boolean shouldFilter() {
        return SHOULD_FILTER;
    }

    private boolean isCorrelationIdPresent(){
        if (filterUtils.getCorrelationId() !=null){
            return true;
        }

        return false;
    }

    private String generateCorrelationId(){
        return java.util.UUID.randomUUID().toString();
    }

    public Object run() {
        if (isCorrelationIdPresent()) {
            logger.debug("tmx-correlation-id found in tracking filter: {}.",
                filterUtils.getCorrelationId());
        }
        else{
            filterUtils.setCorrelationId(generateCorrelationId());

            logger.debug("tmx-correlation-id generated in tracking filter: {}.",
                filterUtils.getCorrelationId());
        }

        RequestContext ctx = RequestContext.getCurrentContext();
        logger.debug("Processing incoming request for {}.",
            ctx.getRequest().getRequestURI());
        return null;
```

所有 Zuul 过滤器必须扩展 ZuulFilter 类，并覆盖 4 个方法，即 filterType()、filterOrder()、shouldFilter() 和 run()

在所有过滤器中使用的常用方法都封装在 FilterUtils 类中

filterType() 方法用于告诉 Zuul，该过滤器是前置过滤器、路由过滤器还是后置过滤器

filterOrder() 方法返回一个整数值，指示不同类型的过滤器的执行顺序

shouldFilter() 方法返回一个布尔值来指示该过滤器是否要执行

该辅助方法实际上检查 tmx-correlation-id 是否存在，并且可以生成关联 ID 的 GUID 值

run() 方法是每次服务通过过滤器时执行的代码。run() 方法检查 tmx-correlation-id 是否存在，如果不存在，则生成一个关联值，并设置 HTTP 首部 tmx-correlation-id

```
    }
}
```

要在 Zuul 中实现过滤器,必须扩展 ZuulFilter 类,然后覆盖 4 个方法,即 filterType()、filterOrder()、shouldFilter() 和 run() 方法。代码清单 6-6 中的前三个方法描述了 Zuul 正在构建什么类型的过滤器,与这个类型的其他过滤器相比它应该以什么顺序运行,以及它是否应该处于活跃状态。最后一个方法 run() 包含过滤器要实现的业务逻辑。

我们已经实现了一个名为 FilterUtils 的类。这个类用于封装所有过滤器使用的常用功能。FilterUtils 类位于 zuulsvr/src/main/java/com/thoughtmechanix/zuulsvr/ FilterUtils.java 中。本书不会详细解释整个 FilterUtils 类,在这里讨论的关键方法是 getCorrelationId() 和 setCorrelationId()。代码清单 6-7 展示了 FilterUtils 类的 getCorrelationId() 方法的代码。

代码清单 6-7　从 HTTP 首部检索 `tmx-correlation-id`

```java
public String getCorrelationId(){
    RequestContext ctx = RequestContext.getCurrentContext();

    if (ctx.getRequest().getHeader(CORRELATION_ID) != null) {
        return ctx.getRequest().getHeader(CORRELATION_ID);
    }
    else{
        return ctx.getZuulRequestHeaders().get(CORRELATION_ID);
    }
}
```

在代码清单 6-7 中要注意的关键点是,首先要检查是否已经在传入请求的 HTTP 首部设置了 tmx-correlation-ID。这里使用 ctx.getRequest().getHeader(CORRELATION_ID) 调用来做到这一点。

注意　在一般的 Spring MVC 或 Spring Boot 服务中,RequestContext 是 org.springframework. web.servletsupport.RequestContext 类型的。然而,Zuul 提供了一个专门的 RequestContext, 它具有几个额外的方法来访问 Zuul 特定的值。该请求上下文是 com.netflix.zuul.context 包的一部分。

如果 tmx-correlation-ID 不存在,接下来就检查 ZuulRequestHeaders。Zuul 不允许直接添加或修改传入请求中的 HTTP 请求首部。如果想要添加 tmx-correlation-id,并且以后在过滤器中能够再次访问到它,实际上在 ctx.getRequest Header() 调用的结果中并不会包含它。为了解决这个问题,可以使用 FilterUtils 的 getCorrelationId() 方法。读者可能还记得,在 TrackingFilter 类的 run() 方法中,我们使用了以下代码片段:

```java
else{
    filterUtils.setCorrelationId(generateCorrelationId());
    logger.debug("tmx-correlation-id generated in tracking filter: {}.",
➥   filterUtils.getCorrelationId());
```

```
}
```

tmx-correlation-id 的设置发生在 FilterUtils 的 setCorrelationId() 方法中：

```
public void setCorrelationId(String correlationId){
    RequestContext ctx = RequestContext.getCurrentContext();
    ctx.addZuulRequestHeader(CORRELATION_ID, correlationId);
}
```

在 FilterUtils 的 setCorrelationId() 方法中，要向 HTTP 请求首部添加值时，应使用 RequestContext 的 addZuulRequestHeader() 方法。该方法将维护一个单独的 HTTP 首部映射，这个映射是在请求通过 Zuul 服务器流经这些过滤器时添加的。当 Zuul 服务器调用目标服务时，包含在 ZuulRequestHeader 映射中的数据将被合并。

在服务调用中使用关联 ID

既然已经确保每个流经 Zuul 的微服务调用都添加了关联 ID，那么如何确保：
- 正在被调用的微服务可以很容易访问关联 ID；
- 下游服务调用微服务时可能也会将关联 ID 传播到下游调用中。

要实现这一点，需要为每个微服务构建一组 3 个类。这些类将协同工作，从传入的 HTTP 请求中读取关联 ID（以及稍后添加的其他信息），并将它映射到可以由应用程序中的业务逻辑轻松访问和使用的类，然后确保关联 ID 被传播到任何下游服务调用。

图 6-13 展示了如何使用许可证服务来构建这些不同的部分。

我们来看一下图 6-13 中发生了什么。

（1）当通过 Zuul 网关对许可证服务进行调用时，TrackingFilter 会为所有进入 Zuul 的调用在传入的 HTTP 首部中注入一个关联 ID。

（2）UserContextFilter 类是一个自定义的 HTTP servlet 过滤器。它将关联 ID 映射到 UserContext 类。UserContext 存储在本地线程存储中，以便稍后在调用中使用。

（3）许可证服务业务逻辑需要执行对组织服务的调用。

（4）RestTemplate 用于调用组织服务。RestTemplate 将使用自定义的 Spring 拦截器类（UserContextInterceptor）将关联 ID 作为 HTTP 首部注入出站调用。

> **重复代码与共享库对比**
>
> 是否应该在微服务中使用公共库的话题是微服务设计中的一个灰色地带。微服务纯粹主义者会告诉你，不应该在服务中使用自定义框架，因为它会在服务中引入人为的依赖。业务逻辑的更改或 bug 修正可能会对所有服务造成大规模的重构。但是，其他微服务实践者会指出，纯粹主义者的方法是不切实际的，因为会存在这样一些情况（如前面的 UserContextFilter 例子），在这些情况下构建公共库并在服务之间共享它是有意义的。
>
> 我认为这里存在一个中间地带。在处理基础设施风格的任务时，是很适合使用公共库的。但是，如果开始共享面向业务的类，就是在自找麻烦，因为这样是在打破服务之间的界限。

在本章的代码示例中，我似乎违背了自己的建议，因为如果查看本章中的所有服务，读者就会发现它们都有自己的 `UserContextFilter`、`UserContext` 和 `UserContextInterceptor` 类的副本。在这里我之所以采用无共享的方法，是因为我不希望通过创建一个必须发布到第三方 Maven 存储库的共享库来将代码示例复杂化。因此，该服务的 `utils` 包中的所有类都在所有服务之间共享。

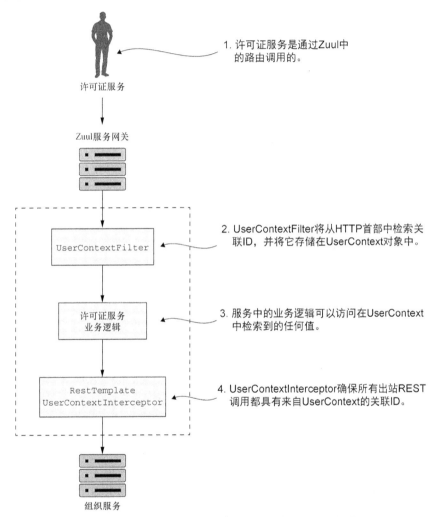

图 6-13　使用一组公共类，以便将关联 ID 传播到下游服务调用

1. UserContextFilter：拦截传入的 HTTP 请求

要构建的第一个类是 `UserContextFilter` 类。这个类是一个 HTTP servlet 过滤器，它将拦截进入服务的所有传入 HTTP 请求，并将关联 ID（和其他一些值）从 HTTP 请求映射到 `UserContext` 类。代码清单 6-8 展示了 `UserContext` 类的代码。这个类的源代码可以在 licensing-service/

src/main/java/com/thoughtmechanix/licenses/utils/UserContextFilter.java 中找到。

代码清单 6-8　将关联 ID 映射到 UserContext 类

```
package com.thoughtmechanix.licenses.utils;

// 为了简洁，省略了 import 语句
@Component
public class UserContextFilter implements Filter {
    private static final Logger logger =
        LoggerFactory.getLogger(UserContextFilter.class);
    @Override
    public void doFilter(ServletRequest servletRequest,
        ServletResponse servletResponse,
        FilterChain filterChain)
        throws IOException, ServletException {
            HttpServletRequest httpServletRequest = (HttpServletRequest)
                servletRequest;

        UserContextHolder
            .getContext()
            .setCorrelationId(httpServletRequest
            .getHeader(UserContext.CORRELATION_ID));
         UserContextHolder.getContext().setUserId(httpServletRequest
            .getHeader(UserContext.USER_ID));
        UserContextHolder
            .getContext()
            .setAuthToken(httpServletRequest.getHeader(UserContext.AUTH_TOKEN));
        UserContextHolder
            .getContext()
            .setOrgId(httpServletRequest.getHeader(UserContext.ORG_ID));

        filterChain.doFilter(httpServletRequest, servletResponse);
    }
    // 没有显示空的初始化方法和销毁方法
}
```

这个过滤器是通过使用 Spring 的@Component 注解和实现一个 javax.servler.Filter 接口来被 Spring 注册与获取的

过滤器从首部中检索关联 ID，并将值设置在 UserContext 类

如果使用在代码的 README 文件中定义的验证服务示例，那么从 HTTP 首部中获得的其他值将发挥作用

最终，UserContextFilter 用于将我们感兴趣的 HTTP 首部的值映射到 Java 类 UserContext 中。

2. UserContext：使服务易于访问 HTTP 首部

UserContext 类用于保存由微服务处理的单个服务客户端请求的 HTTP 首部值。它由 getter 和 setter 方法组成，用于从 java.lang.ThreadLocal 中检索和存储值。代码清单 6-9 展示了 UserContext 类中的代码。这个类的源代码可以在 licensing-service/src/main/java/com/ thoughtmechanix/-licenses/utils/UserContext.java 中找到。

代码清单 6-9　将 HTTP 首部值存储在 `UserContext` 类中

```
@Component
public class UserContext {
    public static final String CORRELATION_ID = "tmx-correlation-id";
    public static final String AUTH_TOKEN     = "tmx-auth-token";
    public static final String USER_ID        = "tmx-user-id";
    public static final String ORG_ID         = "tmx-org-id";
    private String correlationId= new String();
    private String authToken= new String();
    private String userId = new String();
    private String orgId = new String();

    public String getCorrelationId() { return correlationId;}
    public void setCorrelationId(String correlationId) {
        this.correlationId = correlationId;}

    public String getAuthToken() { return authToken;}
    public void setAuthToken(String authToken) { this.authToken = authToken;}

    public String getUserId() { return userId;}
    public void setUserId(String userId) { this.userId = userId;}

    public String getOrgId() { return orgId;}
    public void setOrgId(String orgId) {this.orgId = orgId;}
}
```

现在 UserContext 类只是一个 POJO，它保存从传入的 HTTP 请求中获取的值。使用一个名为 UserContextHolder 的类（在 zuulsvr/src/main/java/com/thoughtmechanix/zuulsvr/filters/UserContextHolder.java 中）将 UserContext 存储在 ThreadLocal 变量中，该变量可以在处理用户请求的线程调用的任何方法中访问。UserContextHolder 的代码如代码清单 6-10 所示。

代码清单 6-10　`UserContextHolder` 类将 `UserContext` 存储在 `ThreadLocal` 中

```
public class UserContextHolder {
    private static final ThreadLocal<UserContext> userContext =
➥       new ThreadLocal<UserContext>();

    public static final UserContext getContext(){
        UserContext context = userContext.get();

        if (context == null) {
            context = createEmptyContext();
            userContext.set(context);
        }

        return userContext.get();
    }

    public static final void setContext(UserContext context) {
        Assert.notNull(context,
```

```
    "Only non-null UserContext instances are permitted");
    userContext.set(context);
}

public static final UserContext createEmptyContext(){
    return new UserContext();
}
}
```

3. 自定义 RestTemplate 和 UserContextInteceptor：确保关联 ID 被传播

我们要看的最后一段代码是 `UserContextInterceptor` 类。这个类用于将关联 ID 注入基于 HTTP 的传出服务请求中，这些服务请求由 `RestTemplate` 实例执行。这样做是为了确保可以建立服务调用之间的联系。

要做到这一点，需要使用一个 Spring 拦截器，它将被注入 `RestTemplate` 类中。让我们看看代码清单 6-11 中的 `UserContextInterceptor`。

代码清单 6-11　所有传出的微服务调用都会注入关联 ID

```
package com.thoughtmechanix.licenses.utils;

// 为了简洁，省略了 import 语句
public class UserContextInterceptor
    implements ClientHttpRequestInterceptor {        UserContextIntercept 实现了 Spring 框
                                                     架的 ClientHttpRequestInterceptor
    @Override
    public ClientHttpResponse intercept(            intercept()方法在 RestTemplate 发生
        HttpRequest request, byte[] body,           实际的 HTTP 服务调用之前被调用
        ClientHttpRequestExecution execution)
        throws IOException {

        HttpHeaders headers = request.getHeaders();
        headers.add(
            UserContext.CORRELATION_ID,
            UserContextHolder
                .getContext()
                .getCorrelationId());
        headers.add(                                为传出服务调用准备 HTTP 请求首部，
            UserContext.AUTH_TOKEN,                 并添加存储在 UserContext 中的关联 ID
            UserContextHolder
                .getContext()
                .getAuthToken());

        return execution.execute(request, body);
    }
}
```

为了使用 `UserContextInterceptor`，我们需要定义一个 `RestTemplate` bean，然后将 `UserContextInterceptor` 添加进去。为此，我们需要将自己的 `RestTemplate` bean 定义添加到 licensing-service/src/main/java/com/thoughtmechanix/licenses/Application.java 中的 Application

类中。代码清单 6-12 展示了添加到这个类中的方法。

代码清单 6-12 将 `UserContextInterceptor` 添加到 `RestTemplate` 类

```
@LoadBalanced
@Bean
public RestTemplate getRestTemplate(){
    RestTemplate template = new RestTemplate();
    List interceptors = template.getInterceptors();
    if (interceptors==null){
        template.setInterceptors(
            Collections.singletonList(
                new UserContextInterceptor()));
    }
    else{
        interceptors.add(new UserContextInterceptor());
        template.setInterceptors(interceptors);
    }

    return template;
}
```

@LoadBalanced 注解表明这个 RestTemplate 将要使用 Ribbon

将 UserContextInterceptor 添加到已创建的 RestTemplate 实例中

有了这个 bean 定义，每当使用@Autowired 注解将 RestTemplate 注入一个类，就会使用代码清单 6-12 中创建的 RestTemplate，它附带了 UserContextInterceptor。

日志聚合和验证等

　　既然已经将关联 ID 传递给每个服务，那么就可以跟踪事务了，因为关联 ID 流经所有涉及调用的服务。要做到这一点，需要确保每个服务都记录到一个中央日志聚合点，该聚合点将从所有服务中捕获日志条目到一个点。在日志聚合服务中捕获的每个日志条目将具有与每个条目关联的关联 ID。实施日志聚合解决方案超出了本章的讨论范围，在第 9 章中，我们将了解如何使用 Spring Cloud Sleuth。Spring Cloud Sleuth 不会使用本章构建的 TrackingFilter，但它将使用相同的概念——跟踪关联 ID，并确保在每次调用中注入它。

6.6 构建接收关联 ID 的后置过滤器

　　记住，Zuul 代表服务客户端执行实际的 HTTP 调用。Zuul 有机会从目标服务调用中检查响应，然后修改响应或以额外的信息装饰它。当与以前置过滤器捕获数据相结合时，Zuul 后置过滤器是收集指标并完成与用户事务相关联的日志记录的理想场所。我们将利用这一点，通过将已经传递给微服务的关联 ID 注入回用户。

　　我们将使用 Zuul 后置过滤器将关联 ID 注入 HTTP 响应首部中，该 HTTP 响应首部传回给服务调用者。这样，就可以将关联 ID 传回给调用者，而无须接触消息体。代码清单 6-13 展示了构建后置过滤器的代码。这段代码可以在 zuulsvr/src/main/java/com/thoughtmechanix/zuulsvr/filters/ResponseFilter.java 中找到。

代码清单 6-13　将关联 ID 注入 HTTP 响应中

```
package com.thoughtmechanix.zuulsvr.filters;

// 为了简洁，省略了 import 语句

@Component
public class ResponseFilter extends ZuulFilter {
    private static final int FILTER_ORDER = 1;
    private static final boolean SHOULD_FILTER = true;
    private static final Logger logger =
        LoggerFactory.getLogger(ResponseFilter.class);

    @Autowired
    FilterUtils filterUtils;

    @Override
    public String filterType() {
        return FilterUtils.POST_FILTER_TYPE;      ←──── 要构建一个后置过滤器，需要设置过
    }                                                    滤器的类型为 POST_FILTER_TYPE

    @Override
    public int filterOrder() {
        return FILTER_ORDER;
    }

    @Override
    public boolean shouldFilter() {
        return SHOULD_FILTER;
    }

    @Override
    public Object run() {
        RequestContext ctx = RequestContext.getCurrentContext();

        logger.debug("Adding the correlation id to the outbound headers. {}",
            filterUtils.getCorrelationId());

        ctx.getResponse().addHeader(            ←──── 获取原始 HTTP 请求中传入的关
            FilterUtils.CORRELATION_ID,                联 ID，并将它注入响应中
            filterUtils.getCorrelationId());

        logger.debug("Completing outgoing request for {}.",       ←────
            ctx.getRequest().getRequestURI());             记录传出的请求 URI，这样就有了
                                                           "书挡"，它将显示进入 Zuul 的用户
        return null;                                       请求的传入和传出条目
    }
}
```

实现完 ResponseFilter 之后，就可以启动 Zuul 服务，并通过它调用 EagleEye 许可证服务。服务完成后，就可以在调用的 HTTP 响应首部上看到一个 tmx-correlation-id。图 6-14

展示了从调用中发回的 `tmx-correlation-id`。

| GET ∨ | http://localhost:5555/api/organization/v1/organizations/e254f8c-c442-4ebe-a82a-e2fc1d1ff78a | Params | Send ∨ |

Authorization   Headers (1)   Pre-request Script   Tests

Type   No Auth ∨

Body   Cookies   **Headers (5)**   Tests   Status: 200 OK   Time: 7422 ms

Content-Type → application/json;charset=UTF-8

Date → Sun, 05 Mar 2017 15:50:28 GMT

Transfer-Encoding → chunked

X-Application-Context → zuulservice:default:5555

tmx-correlation-id → 446a0cf348da612b

在HTTP响应中返回的关联ID。

图 6-14   tmx-correlation-id 已被添加到发送回服务客户端的响应首部中

到目前为止,我们所有的过滤器示例都是在路由到目的地之前或之后对服务客户端调用进行操作。对于最后一个过滤器示例,让我们看看如何动态地更改用户要到达的目标路径。

6.7   构建动态路由过滤器

本章要介绍的最后一个 Zuul 过滤器是 Zuul 路由过滤器。如果没有自定义的路由过滤器,Zuul 将根据本章前面的映射定义来完成所有路由。通过构建 Zuul 路由过滤器,可以为服务客户端的调用添加智能路由。

在本节中,我们将通过构建一个路由过滤器来学习 Zuul 的路由过滤器,从而允许对新版本的服务进行 A/B 测试。A/B 测试是推出新功能的地方,在这里有一定比例的用户能够使用新功能,而其余的用户仍然使用旧服务。在本例中,我们将模拟出一个新的组织服务版本,并希望 50% 的用户使用旧服务,另外 50% 的用户使用新服务。

为此,需要构建一个名为 SpecialRoutesFilter 的路由过滤器。该过滤器将接收由 Zuul 调用的服务的 Eureka 服务 ID,并调用另一个名为 SpecialRoutes 的微服务。SpecialRoutes 服务将检查内部数据库以查看服务名称是否存在。如果目标服务名称存在,它将返回服务的权重以及替代位置的目的地。SpecialRoutesFilter 将接收返回的权重,并根据权重随机生成一个值,用于确定用户的调用是否将被路由到替代组织服务或 Zuul 路由映射中定义的组织服务。图 6-15 展示了使用 SpecialRoutesFilter 时所发生的流程。

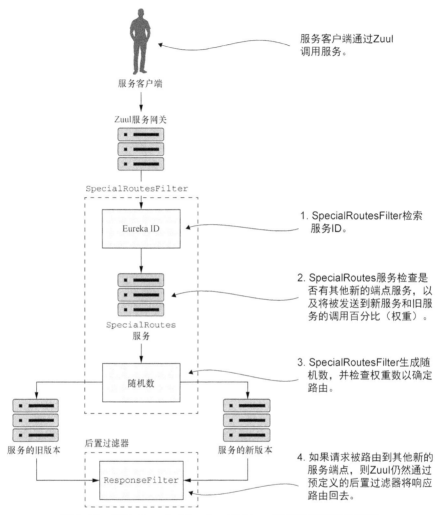

图 6-15   通过 **SpecialRoutesFilter** 调用组织服务的流程

在图 6-15 中，在服务客户端调用 Zuul 背后的服务时，SpecialRoutesFilter 会执行以下操作。

（1）SpecialRoutesFilter 检索被调用服务的服务 ID。

（2）SpecialRoutesFilter 调用 SpecialRoutes 服务。SpecialRoutes 服务将查询是否有针对目标端点定义的替代端点。如果找到一条记录，那么这条记录将包含一个权重，它将告诉 Zuul 应该发送到旧服务和新服务的服务调用的百分比。

（3）然后 SpecialRoutesFilter 生成一个随机数，并将它与 SpecialRoutes 服务返回的权重进行比较。如果随机生成的数字大于替代端点权重的值，那么 SpecialRoutesFilter

会将请求发送到服务的新版本。

（4）如果 SpecialRoutesFilter 将请求发送到服务的新版本，Zuul 会维持最初的预定义管道，并通过已定义的后置过滤器将响应从替代服务端点发送回来。

6.7.1　构建路由过滤器的骨架

本节将介绍用于构建 SpecialRoutesFilter 的代码。在迄今为止所看到的所有过滤器中，实现 Zuul 路由过滤器所需进行的编码工作最多，因为通过路由过滤器，开发人员将接管 Zuul 功能的核心部分——路由，并使用自己的功能替换掉它。本节不会详细介绍整个类，而会讨论相关的细节。

SpecialRoutesFilter 遵循与其他 Zuul 过滤器相同的基本模式。它扩展 ZuulFilter 类，并设置了 filterType() 方法来返回"route"的值。本节不会再进一步解释 filterOrder() 和 shouldFilter() 方法，因为它们与本章前面讨论过的过滤器没有任何区别。代码清单 6-14 展示了路由过滤器的骨架。

代码清单 6-14　路由过滤器的骨架

```
package com.thoughtmechanix.zuulsvr.filters;

@Component
public class SpecialRoutesFilter extends ZuulFilter {
    @Override
    public String filterType() {
        return filterUtils.ROUTE_FILTER_TYPE;
    }

    @Override
    public int filterOrder() {}

    @Override
    public boolean shouldFilter() {}

    @Override
    public Object run() {}
}
```

6.7.2　实现 run() 方法

SpecialRoutesFilter 的实际工作从代码的 run() 方法开始。代码清单 6-15 展示了此方法的代码。

代码清单 6-15 `SpecialRoutesFilter` 的 `run()` 方法是工作开始的地方

```
public Object run() {
    RequestContext ctx = RequestContext.getCurrentContext();

    AbTestingRoute abTestRoute =
        getAbRoutingInfo( filterUtils.getServiceId() );

    if (abTestRoute!=null &&useSpecialRoute(abTestRoute)) {
        String route =
            buildRouteString(
                ctx.getRequest().getRequestURI(),
                abTestRoute.getEndpoint(),
                ctx.get("serviceId").toString());
        forwardToSpecialRoute(route);
    }

    return null;
}
```

执行对 SpecialRoutes 服务的调用,以确定该服务 ID 是否有路由记录

useSpecialRoute() 方法将会接受路径的权重,生成一个随机数,并确定是否将请求转发到替代服务

如果有路由记录,则将完整的 URL(包含路径)构建到由 specialroutes 服务指定的服务位置

forwardToSpecialRoute()方法完成转发到其他服务的工作

代码清单 6-15 中代码的一般流程是,当路由请求触发 `SpecialRoutesFilter` 中的 `run()` 方法时,它将对 `SpecialRoutes` 服务执行 REST 调用。该服务将执行查找,并确定是否存在针对被调用的目标服务的 Eureka 服务 ID 的路由记录。对 `SpecialRoutes` 服务的调用是在 `getAbRoutingInfo()` 方法中完成的。`getAbRoutingInfo()` 方法如代码清单 6-16 所示。

代码清单 6-16 调用 `SpecialRouteservice` 以查看路由记录是否存在

```
private AbTestingRoute getAbRoutingInfo(String serviceName){
    ResponseEntity<AbTestingRoute> restExchange = null;
    try {
        restExchange = restTemplate.exchange(
            "http://specialroutesservice/v1/route/abtesting/{serviceName}",
            HttpMethod.GET,null, AbTestingRoute.class, serviceName);
    }
    catch(HttpClientErrorException ex){
        if (ex.getStatusCode() == HttpStatus.NOT_FOUND){
            return null;
            throw ex;
        }
    }
    return restExchange.getBody();
}
```

调用SpecialRoutesService端点

如果路由服务没有找到记录(它将返回 HTTP 状态码 404),该方法将返回空值

一旦确定目标服务的路由记录存在,就需要确定是否应该将目标服务请求路由到替代服务位置,或者路由到由 Zuul 路由映射静态管理的默认服务位置。为了做出这个决定,需要调用 `useSpecialRoute()` 方法。代码清单 6-17 展示了这个方法。

代码清单 6-17　决定是否使用替代服务路由

```
public boolean useSpecialRoute(AbTestingRoute testRoute){
    Random random = new Random();

    if (testRoute.getActive().equals("N"))        ← 检查路由是否为活跃状态
        return false;

    int value = random.nextInt((10 - 1) + 1) + 1;  ← 确定是否应该使用替代服务路由

    if (testRoute.getWeight()<value)
        return true;

    return false;
}
```

这个方法做了两件事。首先，该方法检查从 SpecialRoutes 服务返回的 AbTestingRoute 记录中的 active 字段。如果该记录设置为"N"，则 useSpecialRoute() 方法不应该执行任何操作，因为现在不希望进行任何路由。其次，该方法生成 1 到 10 之间的随机数。然后，该方法将检查返回路由的权重是否小于随机生成的数。如果条件为 true，则 useSpecialRoute() 方法将返回 true，表示确实希望使用该路由。

一旦确定要路由进入 SpecialRoutesFilter 的服务请求，就需要将请求转发到目标服务。

6.7.3　转发路由

SpecialRoutesFilter 中出现的大部分工作是到下游服务的路由的实际转发。虽然 Zuul 确实提供了辅助方法来使这项任务更容易，但开发人员仍然需要负责大部分工作。forwardToSpecialRoute() 方法负责转发工作。该方法中的代码大量借鉴了 Spring Cloud 的 SimpleHostRoutingFilter 类的源代码。虽然本章不会介绍 forwardToSpecialRoute() 方法中调用的所有辅助方法，但是会介绍该方法中的代码，如代码清单 6-18 所示。

代码清单 6-18　forwardToSpecialRoute 调用替代服务

```
private ProxyRequestHelper helper =          ← helper 变量是类 ProxyRequestHelper
➥   new ProxyRequestHelper ();                 类型的一个实例变量。这是 Spring
                                                Cloud 提供的类，带有用于代理服务
private void forwardToSpecialRoute(String route) {  请求的辅助方法
    RequestContext context =
➥       RequestContext.getCurrentContext();
    HttpServletRequest request = context.getRequest();

    MultiValueMap<String, String>headers =
➥       helper.buildZuulRequestHeaders(request);   ← 创建将发送到服务的所有
                                                      HTTP 请求首部的副本
    MultiValueMap<String, String> params =
➥       helper.buildZuulRequestQueryParams(request); ← 创建所有 HTTP 请求参数的副本
```

```
String verb = getVerb(request);
InputStream requestEntity = getRequestBody(request);    ◁─── 创建将被转发到替代服
if (request.getContentLength() < 0)                            务的 HTTP 主体的副本
    context.setChunkedRequestBody();

this.helper.addIgnoredHeaders();
CloseableHttpClient httpClient = null;
HttpResponse response = null;s

try {
    httpClient = HttpClients.createDefault();
    response = forward(                    ◁─── 使用 forward()辅助方法
    ➥    httpClient,                            （未显示）调用替代服务
    ➥    verb,
    ➥    route,
    ➥    request,
    ➥    headers,
    ➥    params,
    ➥    requestEntity);
    setResponse(response);
}                                          ◁─── 通过 setResponse()辅助方
catch (Exception ex ) {// 为了简洁，省略了其余的代码}       法将服务调用的结果保存
                                                回 Zuul 服务器
}
```

代码清单 6-18 中的关键要点是，我们将传入的 HTTP 请求（首部参数、HTTP 动词和主体）中的所有值复制到将在目标服务上调用的新请求。然后 forwardToSpecialRoute()方法从目标服务返回响应，并将响应设置在 Zuul 使用的 HTTP 请求上下文中。上述过程通过 setResponse()辅助方法（未显示）完成。Zuul 使用 HTTP 请求上下文从调用服务客户端返回响应。

6.7.4   整合

既然已经实现了 SpecialRoutesFilter，我们就可以通过调用许可证服务来查看它的动作。读者可能还记得，在前面的几章中，许可证服务调用组织服务来检索组织的联系人数据。

在代码示例中，specialroutesservice 具有用于组织服务的数据库记录，该数据库记录指示有 50%的概率把对组织服务的请求路由到现有的组织服务（Zuul 中映射的那个），50%的概率路由到替代组织服务。从 SpecialRoutes 服务返回的替代组织服务路径是 http://orgservice-new，并且不能直接从 Zuul 访问。为了区分这两个服务，我修改了组织服务，将文本 "OLD::" 和 "NEW::" 添加到组织服务返回的联系人姓名的前面。

如果现在通过 Zuul 访问许可证服务端点，应该看到从许可证服务调用返回的 contactName 在 OLD::和 NEW::值之间变化。

```
http://localhost:5555/api/licensing/v1/organizations/e254f8c-c442-4ebe-a82a-
➥    e2fc1d1ff78a/licenses/f3831f8c-c338-4ebe-a82a-e2fc1d1ff78a
```

图 6-16 展示了这一点。

图 6-16　当访问替代组织服务时，将会看到 NEW 被添加到 `contactName` 前面

　　实现 Zuul 路由过滤器确实比实现前置过滤器或后置过滤器需要更多的工作，但它也是 Zuul 最强大的部分之一，因为开发人员可以轻松地让服务路由方式变得智能。

6.8 小结

- Spring Cloud 使构建服务网关变得十分简单。
- Zuul 服务网关与 Netflix 的 Eureka 服务器集成，可以自动将通过 Eureka 注册的服务映射到 Zuul 路由。
- Zuul 可以对所有正在管理的路由添加前缀，因此可以轻松地给路由添加 `/api` 之类的前缀。
- 可以使用 Zuul 手动定义路由映射。这些路由映射是在应用程序配置文件中手动定义的。
- 通过使用 Spring Cloud Config 服务器，可以动态地重新加载路由映射，而无须重新启动 Zuul 服务器。
- 可以在全局和个体服务水平上定制 Zuul 的 Hystrix 和 Ribbon 的超时。
- Zuul 允许通过 Zuul 过滤器实现自定义业务逻辑。Zuul 有 3 种类型的过滤器，即前置过滤器、后置过滤器和路由过滤器。
- Zuul 前置过滤器可用于生成一个关联 ID，该关联 ID 可以注入流经 Zuul 的每个服务中。
- Zuul 后置过滤器可以将关联 ID 注入服务客户端的每个 HTTP 服务响应中。
- 自定义 Zuul 路由过滤器可以根据 Eureka 服务 ID 执行动态路由，以便在同一服务的不同版本之间进行 A/B 测试。

第 7 章　保护微服务

本章主要内容
- 了解安全在微服务环境中的重要性
- 认识 OAuth2 标准
- 建立和配置基于 Spring 的 OAuth2 服务
- 使用 OAuth2 执行用户验证和授权
- 使用 OAuth2 保护 Spring 微服务
- 在服务之间传播 OAuth2 访问令牌

提到"安全"这个词往往会引起开发人员不由自主地痛苦沉吟。你会听到他们咕哝着低声诅咒："它迟钝，难以理解，甚至是很难调试。"然而，没有任何开发人员（除了那些没有经验的开发人员）会说他们不担心安全问题。

一个安全的应用程序涉及多层保护，包括：

- 确保有正确的用户控制，以便可以确认用户是他们所说的人，并且他们有权执行正在尝试执行的操作；
- 保持运行服务的基础设施是打过补丁且最新的，以让漏洞的风险最低；
- 实现网络访问控制，让少量已授权的服务器能够访问服务，并使服务只能通过定义良好的端口进行访问。

本章只讨论上述列表中的第一个要点：如何验证调用微服务的用户是他们所说的人，并确定他们是否被授权执行他们从微服务中请求的操作。另外两个主题是非常宽泛的安全主题，超出了本书的范围。

要实现验证和授权控制，我们将使用 Spring Cloud Security 和 OAuth2（Open Authentication）标准来保护基于 Spring 的服务。OAuth2 是一个基于令牌的安全框架，允许用户使用第三方验证服务进行验证。如果用户成功进行了验证，则会出示一个令牌，该令牌必须与每个请求一起发送。然后，验证服务可以对令牌进行确认。OAuth2 背后的主要目标是，在调用多个服务来完成用户请求时，用户不需要在处理请求的时候为每个服务都提供自己的凭据信息就能完成验证。Spring

Boot 和 Spring Cloud 都提供了开箱即用的 OAuth2 服务实现，使 OAuth2 安全能够非常容易地集成到服务中。

> **注意**   本章将介绍如何使用 OAuth2 保护微服务。不过，一个成熟的 OAuth2 实现还需要一个前端 Web 应用程序来输入用户凭据。本章不会讨论如何建立前端应用程序，因为这已经超出了本书关于微服务的范围。作为代替，本章将使用 REST 客户端（如 POSTMAN）来模拟凭据的提交。有关如何配置前端应用程序，我建议读者查看以下 Spring 教程：https://spring.io/blog/2015/02/03/sso-with-oauth2-angular-js-and-spring-security-part-v。

OAuth2 背后真正的强大之处在于，它允许应用程序开发人员轻松地与第三方云服务提供商集成，并使用这些服务进行用户验证和授权，而无须不断地将用户的凭据传递给第三方服务。像 Facebook、GitHub 和 Salesforce 这样的云服务提供商都支持将 OAuth2 作为标准。

在讨论使用 OAuth2 保护服务的技术细节之前，让我们先看看 OAuth2 架构。

7.1   OAuth2 简介

OAuth2 是一个基于令牌的安全验证和授权框架，它将安全性分解为以下 4 个组成部分。

（1）受保护资源——这是开发人员想要保护的资源（在我们的例子中是一个微服务），需要确保只有已通过验证并且具有适当授权的用户才能访问它。

（2）资源所有者——资源所有者定义哪些应用程序可以调用其服务，哪些用户可以访问该服务，以及他们可以使用该服务完成哪些事情。资源所有者注册的每个应用程序都将获得一个应用程序名称，该应用程序名称与应用程序密钥一起标识应用程序。应用程序名称和密钥的组合是在验证 OAuth2 令牌时传递的凭据的一部分。

（3）应用程序——这是代表用户调用服务的应用程序。毕竟，用户很少直接调用服务。相反，他们依赖应用程序为他们工作。

（4）OAuth2 验证服务器——OAuth2 验证服务器是应用程序和正在使用的服务之间的中间人。OAuth2 验证服务器允许用户对自己进行验证，而不必将用户凭据传递给由应用程序代表用户调用的每个服务。

这 4 个组成部分互相作用对用户进行验证。用户只需提交他们的凭据。如果他们成功通过验证，则会出示一个验证令牌，该令牌可在服务之间传递，如图 7-1 所示。OAuth2 是一个基于令牌的安全框架。针对 OAuth2 服务器，用户通过提供凭据以及用于访问资源的应用程序来进行验证。如果用户凭据是有效的，那么 OAuth2 服务器就会提供一个令牌，每当用户的应用程序使用的服务试图访问受保护的资源（微服务）时，就可以提交这个令牌。

接下来，受保护资源可以联系 OAuth2 服务器以确定令牌的有效性，并检索用户授予它们的角色。角色用于将相关用户分组在一起，并定义用户组可以访问哪些资源。对于本章来说，我们将使用 OAuth2 和角色来定义用户可以调用哪些服务端点，以及用户可以在端点上调用的 HTTP 动词。

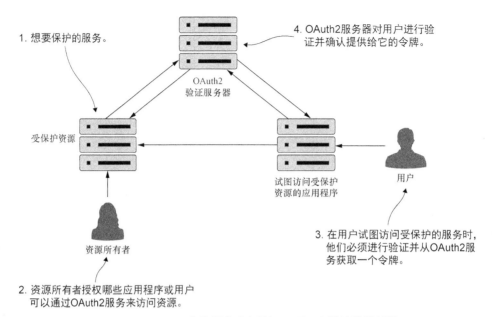

1. 想要保护的服务。

OAuth2
验证服务器

4. OAuth2服务器对用户进行验
证并确认提供给它的令牌。

受保护资源

试图访问受保护
资源的应用程序

用户

资源所有者

3. 在用户试图访问受保护的服务时,
他们必须进行验证并从OAuth2服
务获取一个令牌。

2. 资源所有者授权哪些应用程序或用户
可以通过OAuth2服务来访问资源。

图 7-1　OAuth2 允许用户进行验证,而不必持续提供凭据

　　Web 服务安全是一个极其复杂的主题。开发人员必须了解谁将调用自己的服务(公司网络的内部用户还是外部用户),他们将如何调用这些服务(是在内部基于 Web 客户端、移动设备还是在企业网络之外的 Web 应用程序),以及他们用代码来完成什么操作。OAuth2 允许开发人员使用称为授权(grant)的不同验证方案,在不同的场景中保护基于 REST 的服务。OAuth2 规范具有以下 4 种类型的授权:

- 密码(password);
- 客户端凭据(client credential);
- 授权码(authorization code);
- 隐式(implicit)。

本书不会逐一介绍每种授权类型,或者为每种授权类型提供代码示例。究其原因,仅仅是因为需要包含在一章里的内容太多了。取而代之,本章将会完成以下事情:

- 讨论微服务如何通过一个较简单的 OAuth2 授权类型(密码授权类型)来使用 OAuth2;
- 使用 JSON Web Token 来提供一个更健壮的 OAuth2 解决方案,并在 OAuth2 令牌中建立一套信息编码的标准;
- 介绍在构建微服务时需要考虑的其他安全注意事项。

　　本书在附录 B 中会提供其他 OAuth2 授权类型的概述资料。如果读者有兴趣详细了解 OAuth2 规范以及如何实现所有授权类型,强烈推荐 Justin Richer 和 Antonio Sanso 的著作《OAuth2 in Action》,这是对 OAuth2 的全面解读。

7.2　从小事做起：使用 Spring 和 OAuth2 来保护单个端点

为了了解如何建立 OAuth2 的验证和授权功能，我们将实现 OAuth2 密码授权类型。要实现这一授权，我们将执行以下操作。

- 建立一个基于 Spring Cloud 的 OAuth2 验证服务。
- 注册一个伪 EagleEye UI 应用程序作为一个已授权的应用程序，它可以通过 OAuth2 服务验证和授权用户身份。
- 使用 OAuth2 密码授权来保护 EagleEye 服务。我们不会为 EagleEye 构建 UI，而是使用 POSTMAN 模拟登录的用户对 EagleEye OAuth2 服务进行验证。
- 保护许可证服务和组织服务，使它们只能被已通过验证的用户调用。

7.2.1　建立 EagleEye OAuth2 验证服务

就像本书中所有的例子一样，OAuth2 验证服务将是另一个 Spring Boot 服务。验证服务将验证用户凭据并颁发令牌。每当用户尝试访问由验证服务保护的服务时，验证服务将确认 OAuth2 令牌是否已由其颁发并且尚未过期。这里的验证服务等同于图 7-1 中的验证服务。

开始时，需要完成以下两件事。

（1）添加引导类所需的适当 Maven 构建依赖项。

（2）添加一个将作为服务的入口点的引导类。

读者可以在 authentication-service 目录中找到验证服务的所有代码示例。要建立 OAuth2 验证服务器，需要在 authentication-service/pom.xml 文件中添加以下 Spring Cloud 依赖项：

```
<dependency>
  <groupId>org.springframework.cloud</groupId>
  <artifactId>spring-cloud-security</artifactId>
</dependency>

<dependency>
  <groupId>org.springframework.security.oauth</groupId>
  <artifactId>spring-security-oauth2</artifactId>
</dependency>
```

第一个依赖项 spring-cloud-security 引入了通用 Spring 和 Spring Cloud 安全库。第二个依赖项 spring-security-oauth2 拉取了 Spring OAuth2 库。

既然已经定义完 Maven 依赖项，那么就可以在引导类上进行工作。这个引导类可以在 authentication-service/src/main/java/com/thoughtmechanix/authentication/Application.java 中找到。代码清单 7-1 展示 Application 类的代码。

代码清单 7-1   authentication-service 的引导类

```
// 为了简洁，省略了 import 语句
@SpringBootApplication
@RestController
@EnableResourceServer
@EnableAuthorizationServer          用于告诉 Spring Cloud，该
public class Application {           服务将作为 OAuth2 服务

    @RequestMapping(value = { "/user" }, produces = "application/json")
    public Map<String, Object> user(OAuth2Authentication user) {
        Map<String, Object> userInfo = new HashMap<>();        在本章稍后用于检
        userInfo.put(                                          索有关用户的信息
            "user",
            user.getUserAuthentication().getPrincipal());
        userInfo.put(
            "authorities",
            AuthorityUtils.authorityListToSet(
                user.getUserAuthentication().getAuthorities()));
        return userInfo;
    }

    public static void main(String[] args) {
        SpringApplication.run(Application.class, args);
    }
}
```

在代码清单 7-1 中，要注意的第一样东西是@EnableAuthorizationServer 注解。这个注解告诉 Spring Cloud，该服务将用作 OAuth2 服务，并添加几个基于 REST 的端点，这些端点将在 OAuth2 验证和授权过程中使用。

在代码清单 7-1 中，看到的第二件事是添加了一个名为/user（映射到/auth/user）的端点。当试图访问由 OAuth2 保护的服务时，将会用到这个端点，本章后文会进行介绍。此端点由受保护服务调用，以确认 OAuth2 访问令牌，并检索访问受保护服务的用户所分配的角色。本章稍后会详细讨论这个端点。

7.2.2   使用 OAuth2 服务注册客户端应用程序

此时，我们已经有了一个验证服务，但尚未在验证服务器中定义任何应用程序、用户或角色。我们可以从已通过验证服务注册 EagleEye 应用程序开始。为此，我们将在验证服务中创建一个名为 OAuth2Config 的类（在 authentication-service/src/main/java/com/thoughtmechanix/authentication/security/OAuth2Config.java 中）。

这个类将定义通过 OAuth2 验证服务注册哪些应用程序。需要注意的是，不能只因为应用程序通过 OAuth2 服务中注册过，就认为该服务能够访问任何受保护资源。

验证与授权

我经常发现开发人员混淆术语验证（authentication）和授权（authorization）的含义。验证是用户通过提供凭据来证明他们是谁的行为。授权决定是否允许用户做他们想做的事情。例如，Jim 可以通过提供用户 ID 和密码来证明他的身份，但是他可能没有被授权查看敏感数据，如工资单数据。出于我们讨论的目的，必须在授权发生之前对用户进行验证。

OAuth2Config 类定义了 OAuth2 服务知道的应用程序和用户凭据。在代码清单 7-2 中可以看到 OAuth2Config 类的代码。

代码清单 7-2　OAuth2Config 服务定义哪些应用程序可以使用服务

```
// 为了简洁，省略了 import 语句
@Configuration
public class OAuth2Config extends AuthorizationServerConfigurerAdapter {

    @Autowired
    private AuthenticationManager authenticationManager;
    @Autowired
    private UserDetailsService userDetailsService;

    @Override
    public void configure(ClientDetailsServiceConfigurer clients) throws
        Exception {
        clients.inMemory()
            .withClient("eagleeye")
            .secret("thisissecret")
            .authorizedGrantTypes(
                "refresh_token",
                "password",
                "client_credentials")
            .scopes("webclient","mobileclient");
    }

    @Override
    public void configure(AuthorizationServerEndpointsConfigurer endpoints)
        throws Exception {
        endpoints
            .authenticationManager(authenticationManager)
            .userDetailsService(userDetailsService);
    }
}
```

继承 AuthorizationServer-ConfigurerAdapter 类，并使用@Configuration 注解标注这个类

覆盖 configure()方法。这定义了哪些客户端将注册到服务

该方法定义了 AuthenticationServerConfigurer 中使用的不同组件。这段代码告诉 Spring 使用 Spring 提供的默认验证管理器和用户详细信息服务

在代码清单 7-2 所示的代码中，要注意的第一件事是，这个类扩展了 Spring 的 AuthenticationServerConfigurerAdapter 类，然后使用@Configuration 注解对这个类进行了标记。AuthenticationServerConfigurerAdapter 类是 Spring Security 的核心部分，它提供了执行关键验证和授权功能的基本机制。对于 OAuth2Config 类，我们将要覆盖两个方法。第一个方

法是 configure()，它用于定义通过验证服务注册了哪些客户端应用程序。configure()方
法接受一个名为 clients 的 ClientDetailsServiceConfigurer 类型的参数。让我们来
更详细地了解一下configure()方法中的代码。在这个方法中做的第一件事是注册哪些客户端
应用程序允许访问由 OAuth2 服务保护的服务。这里使用了最广泛的术语"访问"（access），因
为我们通过检查调用服务的用户是否有权采取他们正在尝试的操作，控制了客户端应用程序的用
户以后可以做什么。

```
clients.inMemory()
    .withClient("eagleeye")
    .secret("thisissecret")
    .authorizedGrantTypes("password","client_credentials")
    .scopes("webclient","mobileclient");
```

对于应用程序的信息，ClientDetailsServiceConfigurer 类支持两种不同类型的存
储：内存存储和 JDBC 存储。对本例来说，我们将使用 clients.inMemory()存储。

withClient()和 secret()这两个方法提供了注册的应用程序的名称（eagleeye）以及
密钥（一个密码，thisissecret），该密钥在 EagleEye 应用程序调用 OAuth2 服务器以接收
OAuth2 访问令牌时提供。

下一个方法是 authorizedGrantTypes()，它被传入一个以逗号分隔的授权类型列表，
这些授权类型将由 OAuth2 服务支持。在这个服务中，我们将支持密码授权类型和客户端凭据授
权类型。

scopes()方法用于定义调用应用程序在请求 OAuth2 服务器获取访问令牌时可以操作的范
围。例如，ThoughtMechanix 可能提供同一应用程序的两个不同版本：基于 Web 的应用程序和基
于手机的应用程序。在这些应用程序中都可以使用相同的客户端名称和密钥来请求对 OAuth2 服
务器保护的资源的访问。然而，当应用程序请求一个密钥时，它们需要定义它们所操作的特定作
用域。通过定义作用域，可以编写特定于客户端应用程序所工作的作用域的授权规则。

例如，可能有一个用户使用基于 Web 的客户端和手机应用程序来访问 EagleEye 应用程序。
EagleEye 应用程序的每个版本都：

（1）提供相同的功能；

（2）是一个"受信任的应用程序"，ThoughtMechanix 既拥有前端应用程序，也拥有终端用户
服务。

因此，我们将使用相同的应用程序名称和密钥来注册 EagleEye 应用程序，但是 Web 应用程
序只使用"webclient"作用域，而手机版本的应用程序则使用"mobileclient"作用域。通过使用
作用域，可以在受保护的服务中定义授权规则，该规则可以根据登录的应用程序限制客户端应用
程序可以执行的操作。这与用户拥有的权限无关。例如，我们可能希望根据用户是使用公司网络
中的浏览器，还是使用移动设备上的应用程序进行浏览，来限制用户可以看到哪些数据。在处理
敏感客户信息（如健康记录或税务信息）时，基于数据访问机制限制数据的做法是很常见的。

到目前为止，我们已经使用 OAuth2 服务器注册了一个应用程序 EagleEye。然而，因为使用

的是密码授权，所以需要在开始之前为这些用户创建用户账户和密码。

7.2.3　配置 EagleEye 用户

我们已经定义并存储了应用程序级的密钥名和密钥。现在要创建个人用户凭据及其所属的角色。用户角色将用于定义一组用户可以对服务执行的操作。

Spring 可以从内存数据存储、支持 JDBC 的关系数据库或 LDAP 服务器中存储和检索用户信息（个人用户的凭据和分配给用户的角色）。

> **注意**　我希望在定义上谨慎一些。Spring 的 OAuth2 应用程序信息可以存储在内存或关系数据库中。Spring 用户凭据和安全角色可以存储在内存数据库、关系数据库或 LDAP（活动目录）服务器中。因为我们的主要目的是学习 OAuth2，为了保持简单，我们将使用内存数据存储。

对于本章中的代码示例，我们将使用内存数据存储来定义用户角色。我们将定义两个用户账户，即 `john.carnell` 和 `william.woodward`。`john.carnell` 账户将拥有 USER 角色，而 `william.woodward` 账户将拥有 ADMIN 角色。

要配置 OAuth2 服务器以验证用户 ID，必须创建一个新类 WebSecurityConfigurer（在 authentication-service/src/main/com/thoughtmechanix/authentication/security/WebSecurityConfigurer.java 中）。代码清单 7-3 展示了这个类的代码。

代码清单 7-3　为应用程序定义用户 ID、密码和角色

```
package com.thoughtmechanix.authentication.security;

// 为了简洁，省略了 import 语句

@Configuration
public class WebSecurityConfigurer
extends WebSecurityConfigurerAdapter {          ← 扩展核心 Spring Security 的
                                                   WebSecurityConfigurerAdapter
    @Override
    @Bean                                       ← AuthenticationManagerBean
    public AuthenticationManager authenticationManagerBean()   被 Spring Security 用来处理
    ➥   throws Exception{                          验证
        return super.authenticationManagerBean();
    }

    @Override
    @Bean
    public UserDetailsService userDetailsServiceBean() throws Exception {   ←
        return super.userDetailsServiceBean();  Spring Security 使用 UserDetailsService
    }                                           处理返回的用户信息，这些用户信息将
                                                由 Spring Security 返回
    @Override
    protected void configure(AuthenticationManagerBuilder auth)
    ➥   throws Exception {
```

```
auth.inMemoryAuthentication()
    .withUser("john.carnell")
    .password("password1")
    .roles("USER")
    .and()
    .withUser("william.woodward")
    .password("password2")
    .roles("USER", "ADMIN");
    }
}
```

← configure()方法是定义用户、密码和角色的地方

像 Spring Security 框架的其他部分一样，要创建用户（及其角色），要从扩展 WebSecurityConfigurerAdapter 类并使用@Configuration 注解标记它开始。Spring Security 的实现方式类似于将乐高积木搭在一起来制造玩具车或模型。因此，我们需要为 OAuth2 服务器提供一种验证用户的机制，并返回正在验证的用户的用户信息。这通过在 Spring WebSecurityConfigurerAdapter 实现中定义 authenticationManagerBean() 和 userDetailsServiceBean()两个 bean 来完成。这两个 bean 通过使用父类 WebSecurity-ConfigurerAdapter 中的默认验证 authenticationManagerBean()和 userDetails-ServiceBean()方法来公开。

从代码清单 7-2 中可以看出，这些 bean 被注入 OAuth2Config 类中的 configure(AuthorizationServerEndpointsConfigurer endpoints)方法中。

```
public void configure(AuthorizationServerEndpointsConfigurer endpoints)
    throws Exception {
    endpoints
        .authenticationManager(authenticationManager)
        .userDetailsService(userDetailsService);
}
```

我们将在稍后的实战中看到，这两个 bean 用于配置/auth/oauth/token 和/auth/user 端点。

7.2.4　验证用户

此时，我们已经拥有足够多的基本 OAuth2 服务器功能来执行应用程序，并且能够执行密码授权流程的用户验证。我们现在将通过使用 POSTMAN 发送 POST 请求到 http://localhost:8901/auth/oauth/token 端点并提供应用程序名称、密钥、用户 ID 和密码来模拟用户获取 OAuth2 令牌。

首先，需要使用应用程序名称和密钥设置 POSTMAN。我们将使用基本验证将这些元素传递到 OAuth2 服务器端点。图 7-2 展示了如何设置 POSTMAN 来执行基本验证调用。

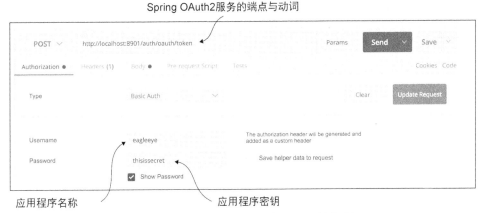

图 7-2　使用应用程序名称和密钥设置基本验证

但是，我们还没有准备好执行调用来获取令牌。一旦配置了应用程序名称和密钥，就需要在服务中传递以下信息作为 HTTP 表单参数。

- grant_type——正在执行的 OAuth2 授权类型。在本例中，将使用密码（password）授权。
- scope——应用程序作用域。因为我们在注册应用程序时只定义了两个合法作用域（webclient 和 mobileclient），因此传入的值必须是这两个作用域之一。
- username——用户登录的名称。
- password——用户登录的密码。

与本书中的其他 REST 调用不同，这个列表中的参数不会作为 JSON 体传递。OAuth2 标准期望传递给令牌生成端点的所有参数都是 HTTP 表单参数。图 7-3 展示了如何为 OAuth2 调用配置 HTTP 表单参数。

图 7-4 展示了从/auth/oauth/token 调用返回的 JSON 净荷。

返回的净荷包含以下 5 个属性。

- access_token——OAuth2 令牌，它将随用户对受保护资源的每个服务调用一起出示。
- token_type——令牌的类型。OAuth2 规范允许定义多个令牌类型，最常用的令牌类型是不记名令牌（bearer token）。本章不涉及任何其他令牌类型。
- refresh_token——包含一个可以提交回 OAuth2 服务器的令牌，以便在访问令牌过期后重新颁发一个访问令牌。
- expires_in——这是 OAuth2 访问令牌过期前的秒数。在 Spring 中，授权令牌过期的默认值是 12 h。
- scope——此 OAuth2 令牌的有效作用域。

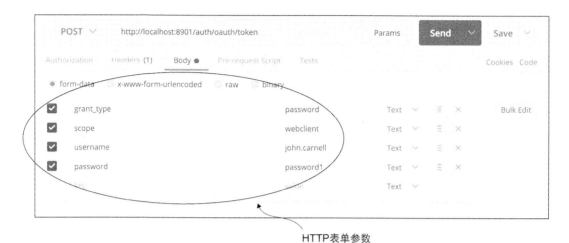

HTTP表单参数

图 7-3   在请求 OAuth2 令牌时，用户的凭据作为 HTTP 表单
参数传入`/auth/oauth/token`端点

生成的OAuth2访
问令牌的类型。

访问令牌过期前
的秒数。

这是关键的字段。
access_token是
每一个调用都需
要提供的验证令
牌。

令牌有效的定义作用域。   当OAuth2访问令牌过期且需要刷新时需要提供的令牌。

图 7-4   客户端凭据成功确认后返回的净荷

有了有效的 OAuth2 访问令牌，就可以使用验证服务中创建的`/auth/user`端点来检索与令牌相关联的用户的信息了。在本章的后面，所有受保护资源都将调用验证服务的`/auth/user`端点来确认令牌并检索用户信息。

图 7-5 展示了调用`/auth/user`端点的结果。如图 7-5 所示，注意 OAuth2 访问令牌是如何作为 HTTP 首部传入的。

在图 7-5 中，我们对`/auth/user`端点发出 HTTP GET 请求。在任何时候调用 OAuth2 保护的端点（包括 OAuth2 的`/auth/user`端点），都需要传递 OAuth2 访问令牌。为此，要始终创建一个名为 Authorization 的 HTTP 首部，并附有 Bearer XXXXX 的值。在图 7-5 所示的调用中，这个 HTTP 首部的值是 Bearer e9decabc-165b-4677-9190-2e0bf8341e0b。传入的访问令牌是在图 7-4 中调用`/auth/oauth/token`端点时返回的访问令牌。

如果 OAuth2 访问令牌有效，`/auth/user`端点就会返回关于用户的信息，包括分配给他们的角色。例如，从图 7-5 可以看出，用户 john.carnell 拥有 USER 角色。

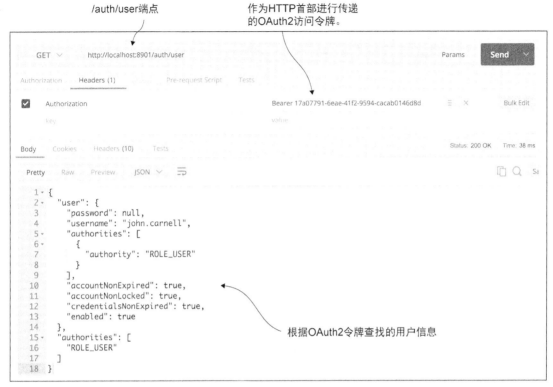

图 7-5   根据发布的 OAuth2 令牌查找用户信息

注意   Spring 将前缀 ROLE_ 分配给用户角色,因此 ROLE_USER 意味着 john.carnell 拥有 USER 角色。

7.3   使用 OAuth2 保护组织服务

一旦通过 OAuth2 验证服务注册了一个应用程序,并且建立了拥有角色的个人用户账户,就可以开始探索如何使用 OAuth2 来保护资源了。虽然创建和管理 OAuth2 访问令牌是 OAuth2 服务器的职责,但在 Spring 中,定义哪些用户角色有权执行哪些操作是在单个服务级别上发生的。

要创建受保护资源,需要执行以下操作:

- 将相应的 Spring Security 和 OAuth2 jar 添加到要保护的服务中;
- 配置服务以指向 OAuth2 验证服务;
- 定义谁可以访问服务。

让我们从一个最简单的例子开始,将组织服务创建为受保护资源,并确保它只能由已通过验证的用户来调用。

7.3.1　将 Spring Security 和 OAuth2 jar 添加到各个服务

与通常的 Spring 微服务一样，我们必须要向组织服务的 Maven organization-service/pom.xml 文件添加几个依赖项。在这里，需要添加两个依赖项：Spring Cloud Security 和 Spring Security OAuth2。Spring Cloud Security jar 是核心的安全 jar，它包含框架代码、注解定义和用于在 Spring Cloud 中实现安全性的接口。Spring Security OAuth2 依赖项包含实现 OAuth2 验证服务所需的所有类。这两个依赖项的 Maven 条目是：

```
<dependency>
  <groupId>org.springframework.cloud</groupId>
  <artifactId>spring-cloud-security</artifactId>
</dependency>
<dependency>
  <groupId>org.springframework.security.oauth</groupId>
  <artifactId>spring-security-oauth2</artifactId>
</dependency>
```

7.3.2　配置服务以指向 OAuth2 验证服务

记住，一旦将组织服务创建为受保护资源，每次调用服务时，调用者必须将包含 OAuth2 访问令牌的 Authentication HTTP 首部包含到服务中。然后，受保护资源必须调用该 OAuth2 服务来查看令牌是否有效。

在组织服务的 application.yml 文件中以 security.oauth2.resource.userInfoUri 属性定义回调 URL。下面是组织服务的 application.yml 文件中使用的回调配置：

```
security:
  oauth2:
    resource:
      userInfoUri: http://localhost:8901/auth/user
```

正如从 security.oauth2.resource.userInfoUri 属性看到的，回调 URL 是 /auth/ user 端点。这个端点在 7.2.4 节中讨论过。

最后，还需要告知组织服务它是受保护资源。同样，这一点可以通过向组织服务的引导类添加一个 Spring Cloud 注解来实现。组织服务的引导类代码如代码清单 7-4 所示，它可以在 organization-service/src/main/java/com/thoughtmechanix/organization/ Application.java 中找到。

代码清单 7-4　将引导类配置为受保护资源

```
package com.thoughtmechanix.organization;

// 为了简洁，省略了 import 语句
import org.springframework.security.oauth2.
➥   config.annotation.web.configuration.EnableResourceServer;
```

```
@SpringBootApplication
@EnableEurekaClient
@EnableCircuitBreaker
@EnableResourceServer
public class Application {
    @Bean
    public Filter userContextFilter() {
        UserContextFilter userContextFilter = new UserContextFilter();
        return userContextFilter;
    }

    public static void main(String[] args) {
        SpringApplication.run(Application.class, args);
    }
}
```

@EnableResourceServer 注解用于告诉微服务，它是一个受保护资源

@EnableResourceServer 注解告诉 Spring Cloud 和 Spring Security，该服务是受保护资源。@EnableResourceServer 强制执行一个过滤器，该过滤器会拦截对该服务的所有传入调用，检查传入调用的 HTTP 首部中是否存在 OAuth2 访问令牌，然后调用 `security.oauth2.resource.userInfoUri` 中定义的回调 URL 来查看令牌是否有效。一旦获悉令牌是有效的，@EnableResourceServer 注解也会应用任何访问控制规则，以控制什么人可以访问服务。

7.3.3 定义谁可以访问服务

我们现在已经准备好开始围绕服务定义访问控制规则了。要定义访问控制规则，需要扩展 `ResourceServerConfigurerAdapter` 类并覆盖 `configure()` 方法。在组织服务中，`ResourceServerConfiguration` 类位于 organization service/src/main/java/com/thoughtmechanix/organization/security/ResourceServerConfiguration.java。访问规则的范围可以从极其粗粒度（任何已通过验证的用户都可以访问整个服务）到非常细粒度（只有具有此角色的应用程序，才允许通过 DELETE 方法访问此 URL）。

我们不会讨论 Spring Security 访问控制规则的各种组合，只是看一些更常见的例子。这些例子包括保护资源以便：

- 只有已通过验证的用户才能访问服务 URL；
- 只有具有特定角色的用户才能访问服务 URL。

1. 通过验证用户保护服务

接下来要做的第一件事就是保护组织服务，使它只能由已通过验证的用户访问。代码清单 7-5 展示了如何将此规则构建到 `ResourceServerConfiguration` 类中。

代码清单 7-5　限制只有已通过验证的用户可以访问

```
package com.thoughtmechanix.organization.security;

// 为了简洁，省略了 import 语句
@Configuration
public class ResourceServerConfiguration extends
    ResourceServerConfigurerAdapter {
    @Override
    public void configure(HttpSecurity http) throws Exception{
        http.authorizeRequests().anyRequest().authenticated();
    }
}
```

这个类必须使用@Configuration
注解进行标记

ResourceServiceConfiguration 类需要
扩展 ResourceServerConfigurerAdapter

所有访问规则
都是在覆盖的
configure()方法
中定义的

所有访问规则都是通过传入方法
的 HttpSecurity 对象配置的

　　所有的访问规则都将在 `configure()` 方法中定义。我们将使用由 Spring 传入的 `HttpSecurity` 类来定义规则。在本例中，我们将限制对组织服务中所有 URL 的访问，仅限已通过身份验证的用户才能访问。

　　如果在访问组织服务时没有在 HTTP 首部中提供 OAuth2 访问令牌，将会收到 HTTP 响应码 401 以及一条指示需要对服务进行完整验证的消息。

　　图 7-6 展示了在没有 OAuth2 HTTP 首部的情况下，对组织服务进行调用的输出结果。

JSON指示错误，并包含更详细的说明。

返回HTTP状态码401。

图 7-6　尝试调用组织服务将导致调用失败

　　接下来，我们将使用 OAuth2 访问令牌调用组织服务。要获取访问令牌，需要阅读 7.2.4 节，了解如何生成 OAuth2 令牌。我们需要将 `access_token` 字段的值从对`/auth/oauth/token` 端点调用所返回的 JSON 调用结果中剪切出来，并在对组织服务的调用中粘贴使用它。记住，在调用组织服务时，需要添加一个名为 `Authorization` 的 HTTP 首部，其值为 `Bearer access_token`。

　　图 7-7 展示了对组织服务的调用，但是这次使用了传递给它的 OAuth2 访问令牌。

在首部中传入OAuth2访问令牌。

图 7-7 在对组织服务的调用中传入 OAuth2 访问令牌

这可能是使用 OAuth2 保护端点的最简单的用例之一。接下来，我们将在此基础上进行构建，并将对特定端点的访问限制在特定角色。

2. 通过特定角色保护服务

在接下来的示例中，我们将锁定组织服务的 DELETE 调用，仅限那些具有 ADMIN 访问权限的用户。正如 7.2.3 节中介绍过的，我们创建了两个可以访问 EagleEye 服务的用户账户，即 john.carnell 和 william.woodward。john.carnell 账户拥有 USER 角色，而 william. woodward 账户拥有 USER 和 ADMIN 角色。

代码清单 7-6 展示了如何创建 configure() 方法来限制对 DELETE 端点的访问，使得只有那些已通过验证并具有 ADMIN 角色的用户才能访问。

代码清单 7-6 限制只有 ADMIN 角色可以进行删除

```
package com.thoughtmechanix.organization.security;

// 为了简洁，省略了 import 语句
@Configuration
public class ResourceServerConfiguration extends
    ResourceServerConfigurerAdapter {
    @Override
    public void configure(HttpSecurity http) throws Exception{
        http
            .authorizeRequests()
            .antMatchers(HttpMethod.DELETE, "/v1/organizations/**")
            .hasRole("ADMIN")
            .anyRequest()
            .authenticated();
    }
}
```

antMatchers()允许开发人员限制对受保护的 URL 和 HTTP DELETE 动词的调用

hasRole()方法是一个允许访问的角色列表，该列表由逗号分隔

在代码清单 7-6 中,我们将服务中以 /v1/organizations 开头的端点的 DELETE 调用限制为 ADMIN 角色:

```
.authorizeRequests()
.antMatchers(HttpMethod.DELETE, "/v1/organizations/**")
.hasRole("ADMIN")
```

antMatcher() 方法可以使用一个以逗号分隔的端点列表。这些端点可以使用通配符风格的符号来定义想要访问的端点。例如,如果要限制 DELETE 调用,而不管 URL 名称中的版本如何,那么可以使用 * 来代替 URL 定义中的版本号:

```
.authorizeRequests()
.antMatchers(HttpMethod.DELETE, "/*/organizations/**")
.hasRole("ADMIN")
```

授权规则定义的最后一部分仍然定义了服务中的其他端点都需要由已通过验证的用户来访问:

```
.anyRequest()
.authenticated();
```

现在,如果要为用户 john.carnell(密码为 password1)获取一个 OAuth2 令牌,并试图调用组织服务的 DELETE 端点(http://-localhost:8085/v1/organizations/e254f8c-c442-4ebe-a82a-e2fc1d1ff78a),那么将会收到 HTTP 状态码 401,以及一条指示访问被拒绝的错误消息。由调用返回的 JSON 文本将是:

```
{
    "error": "access_denied",
    "error_description": "Access is denied"
}
```

如果使用 william.woodward 用户账户(密码:password2)及其 OAuth2 令牌尝试完全相同的调用,会看到返回一个成功的调用(HTTP 状态码 204 —— Not Content),并且该组织将被组织服务删除。

到目前为止,我们已经研究了两个简单示例,它们使用 OAuth2 调用和保护单个服务(组织服务)。然而,通常在微服务环境中,将会有多个服务调用用来执行一个事务。在这些类型的情况下,需要确保 OAuth2 访问令牌在服务调用之间传播。

7.3.4　传播 OAuth2 访问令牌

为了演示在服务之间传播 OAuth2 令牌,我们现在来看一下如何使用 OAuth2 保护许可证服务。记住,许可证服务调用组织服务查找信息。问题在于,如何将 OAuth2 令牌从一个服务传播到另一个服务?

我们将创建一个简单的示例,使用许可证服务调用组织服务。这个示例以第 6 章中的例子为基础,两个服务都在 Zuul 网关后面运行。

图 7-8 展示了一个已通过验证的用户的 OAuth2 令牌如何流经 Zuul 网关、许可证服务然后到达组织服务的基本流程。

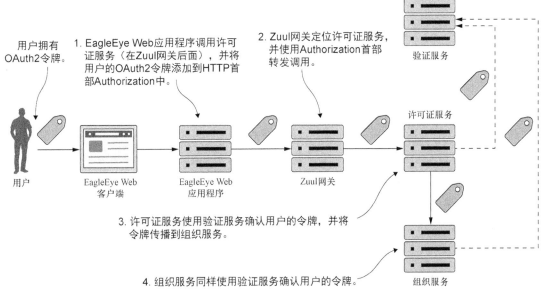

图 7-8　必须在整个调用链中携带 OAuth2 令牌

在图 7-8 中发生了以下活动。

（1）用户已经向 OAuth2 服务器进行了验证，并向 EagleEye Web 应用程序发出调用。用户的 OAuth2 访问令牌存储在用户的会话中。EagleEye Web 应用程序需要检索一些许可数据，并对许可证服务的 REST 端点进行调用。作为许可证服务的 REST 端点的一部分，EagleEye Web 应用程序将通过 HTTP 首部 Authorization 添加 OAuth2 访问令牌。许可证服务只能在 Zuul 服务网关后面访问。

（2）Zuul 将查找许可证服务端点，然后将调用转发到其中一个许可证服务的服务器。服务网关需要从传入的调用中复制 HTTP 首部 Authorization，并确保 HTTP 首部 Authorization 被转发到新端点。

（3）许可证服务将接收传入的调用。由于许可证服务是受保护资源，它将使用 EagleEye 的 OAuth2 服务来确认令牌，然后检查用户的角色是否具有适当的权限。作为其工作的一部分，许可证服务会调用组织服务。在执行这个调用时，许可证服务需要将用户的 OAuth2 访问令牌传播到组织服务。

（4）当组织服务接到该调用时，它将再次使用 HTTP 首部 Authorization 的令牌，并使用 EagleEye OAuth2 服务器来确认令牌。

实现这些流程需要做两件事。第一件事是需要修改 Zuul 服务网关，以将 OAuth2 令牌传播到许可证服务。在默认情况下，Zuul 不会将敏感的 HTTP 首部（如 Cookie、Set-Cookie 和

Authorization）转发到下游服务。要让 Zuul 传播 HTTP 首部 Authorization，需要在 Zuul 服务网关的 application.yml 或 Spring Cloud Config 数据存储中设置以下配置：

```
zuul.sensitiveHeaders: Cookie,Set-Cookie
```

这一配置是黑名单，它包含 Zuul 不会传播到下游服务的敏感首部。在上述黑名单中没有 Authorization 值就意味着 Zuul 将允许它通过。如果根本没有设置 zuul.sensitive-Headers 属性，Zuul 将自动阻止 3 个值（Cookie、Set-Cookie 和 Authorization）被传播。

> **Zuul 的其他 OAuth2 功能呢？**
>
> Zuul 可以自动传播下游的 OAuth2 访问令牌，并通过使用@EnableOAuth2Sso 注解来针对 OAuth2 服务的传入请求进行授权。我特意没有使用这种方法，因为我在本章的目标是，在不增加其他复杂性（或调试）的情况下，展示 OAuth2 如何工作的基础知识。虽然 Zuul 服务网关的配置并不复杂，但它会在本已经拥有许多内容的章节中添加更多内容。如果读者有兴趣让 Zuul 服务网关参与单点登录(Single Sign On, SSO)，Spring Cloud Security 文档中有一个简短而全面的教程，它涵盖了 Spring 服务器的建立。

需要做的第二件事就是将许可证服务配置为 OAuth2 资源服务，并建立所需的服务授权规则。本节不会详细讨论许可证服务的配置，因为在 7.3.3 节中已经讨论过授权规则。

最后，需要做的就是修改许可证服务中调用组织服务的代码。我们需要确保将 HTTP 首部 Authorization 注入应用程序对组织服务的调用中。如果没有 Spring Security，那么开发人员必须编写一个 servlet 过滤器以从传入的许可证服务调用中获取 HTTP 首部，然后手动将它添加到许可证服务中的每个出站服务调用中。Spring OAuth2 提供了一个支持 OAuth2 调用的新 REST 模板类 OAuth2RestTemplate。要使用 OAuth2RestTemplate 类，需要先将它公开为一个可以被自动装配到调用另一个受 OAuth2 保护的服务的服务的 bean。我们可以在 licensing-service/src/main/java/com/thoughtmechanix/licenses/Application.java 中执行上述操作：

```
@Bean
public OAuth2RestTemplate oauth2RestTemplate(
    OAuth2ClientContext oauth2ClientContext,
    OAuth2ProtectedResourceDetails details) {
    return new OAuth2RestTemplate(details, oauth2ClientContext);
}
```

要实际查看 OAuth2RestTemplate 类，可以查看 licensing-service/src/main/java/com/thoughtmechanix/licenses/clients/OrganizationRestTemplate.java 中的 OranizationRestTemplateClient 类。代码清单 7-7 展示了 OAuth2RestTemplate 是如何自动装配到这个类中的。

代码清单 7-7 使用 OAuth2RestTemplate 来传播 OAuth2 访问令牌

```
package com.thoughtmechanix.organization.security;

// 为了简洁，省略了import 语句

@Component
public class OrganizationRestTemplateClient {
    @Autowired
    OAuth2RestTemplate restTemplate;

    private static final Logger logger =
        LoggerFactory.getLogger(OrganizationRestTemplateClient.class);


    public Organization getOrganization(String organizationId){
        logger.debug("In Licensing Service.getOrganization: {}",
            UserContext.getCorrelationId());

        ResponseEntity<Organization> restExchange =
            restTemplate.exchange(
                "http://zuulserver:5555/api/organization
                /v1/organizations/{organizationId}",
                HttpMethod.GET,
                null, Organization.class, organizationId);

        return restExchange.getBody();
    }
}
```

OAuth2RestTemplate 是标准 RestTemplate 的增强式替代品，可处理 OAuth2 访问令牌的传播

调用组织服务的方式与标准的 RestTemplate 完全相同

7.4 JSON Web Token 与 OAuth2

OAuth2 是一个基于令牌的验证框架，但具有讽刺意味的是，它并没有为如何定义其规范中的令牌提供任何标准。为了矫正 OAuth2 令牌标准的缺陷，一个名为 JSON Web Token（JWT）的新标准脱颖而出。JWT 是因特网工程任务组（Internet Engineering Task Force，IETF）提出的开放标准（RFC-7519），旨在为 OAuth2 令牌提供标准结构。JWT 令牌具有如下特点。

- 小巧——JWT 令牌编码为 Base64，可以通过 URL、HTTP 首部或 HTTP POST 参数轻松传递。
- 密码签名——JWT 令牌由颁发它的验证服务器签名。这意味着可以保证令牌没有被篡改。
- 自包含——由于 JWT 令牌是密码签名的，接收该服务的微服务可以保证令牌的内容是有效的，因此，不需要调用验证服务来确认令牌的内容，因为令牌的签名可以被接收微服务确认，并且内容（如令牌和用户信息的过期时间）可以被接收微服务检查。
- 可扩展——当验证服务生成一个令牌时，它可以在令牌被密封之前在令牌中放置额外的信息。接收服务可以解密令牌净荷，并从它里面检索额外的上下文。

Spring Cloud Security 为 JWT 提供了开箱即用的支持。但是，要使用和消费 JWT 令牌，OAuth2
验证服务和受验证服务保护的服务必须以不同的方式配置。这个配置并不困难，接下来让我们来
看一下不一样的地方。

> **注意**　我选择将 JWT 配置保存在本章的 GitHub 存储库的一个单独分支中（名为 JWT_Example）。
> 这是因为标准的 Spring Cloud Security OAuth2 配置和基于 JWT 的 OAuth2 配置需要不同的配置类。

7.4.1　修改验证服务以颁发 JWT 令牌

对于要受 OAuth2 保护的验证服务和两个微服务（许可证服务和组织服务），需要在它们的
Maven pom.xml 文件中添加一个新的 Spring Security 依赖项，以包含 JWT OAuth2 库。这个新的
依赖项是：

```
<dependency>
  <groupId>org.springframework.security</groupId>
  <artifactId>spring-security-jwt</artifactId>
</dependency>
```

添加完 Maven 依赖项之后，需要先告诉验证服务如何生成和翻译 JWT 令牌。为此，将要在
验证服务中创建一个名为 JWTTokenStoreConfig 的新配置类（在 authentication-service/src/
java/com/thoughtmechanix/authentication/security/JWTTokenStoreConfig.java 中）。代码清单 7-8 展
示了这个类的代码。

代码清单 7-8　创建 JWT 令牌存储

```
@Configuration
public class JWTTokenStoreConfig {

    @Autowired
    private ServiceConfig serviceConfig;

    @Bean
    public TokenStore tokenStore() {
        return new JwtTokenStore(jwtAccessTokenConverter());
    }

    @Bean
    @Primary
```

> @Primary 注解用于告诉 Spring，如果有多个特定类型
> 的 bean（在本例中是 DefaultTokenService），那么就使
> 用被@Primary 标注的 bean 类型进行自动注入

```
    public DefaultTokenServices tokenServices() {
        DefaultTokenServices defaultTokenServices
    ➡   = new DefaultTokenServices();
        defaultTokenServices.setTokenStore(tokenStore());
        defaultTokenServices.setSupportRefreshToken(true);
        return defaultTokenServices;
    }
```

> 用于从出示给服务
> 的令牌中读取数据

在 JWT 和 OAuth2 服务器之间充当翻译

```
@Bean
public JwtAccessTokenConverter jwtAccessTokenConverter() {
    JwtAccessTokenConverter converter = new JwtAccessTokenConverter();
    converter.setSigningKey(serviceConfig.getJwtSigningKey());
    return converter;
}

@Bean
public TokenEnhancer jwtTokenEnhancer() {
    return new JWTTokenEnhancer();
}
}
```

定义将用于签署令牌的签名密钥

JWTTokenStoreConfig 类用于定义 Spring 将如何管理 JWT 令牌的创建、签名和翻译。因为 tokenServices() 将使用 Spring Security 的默认令牌服务实现，所以这里的工作是固定的。我们要关注的是 jwtAccessTokenConverter() 方法，它定义了令牌将如何被翻译。关于这个方法，需要注意的最重要的一点是，我们正在设置将要用于签署令牌的签名密钥。

对于本例，我们将使用一个对称密钥，这意味着验证服务和受验证服务保护的服务必须要在所有服务之间共享相同的密钥。该密钥只不过是存储在验证服务 Spring Cloud Config 条目（https://github.com/carnellj/config-repo/blob/master/authenticationservice/authenticationservice.yml）中的随机字符串值。这个签名密钥的实际值是

```
signing.key: "345345fsdgsf5345"
```

注意 Spring Cloud Security 支持对称密钥加密和使用公钥/私钥的不对称加密。本书不打算使用公钥/私钥创建 JWT。遗憾的是，关于 JWT、Spring Security 和公私钥的文档很少。如果读者对实现上面讨论的内容感兴趣，我强烈建议读者查看 Baeldung.com，它非常好地解释了 JWT 和公钥/私钥如何创建。

在代码清单 7-8 的 JWTTokenStoreConfig 中，我们定义了如何创建和签名 JWT 令牌。现在，我们需要将它挂钩到整个 OAuth2 服务中。在代码清单 7-2 中，我们使用 OAuth2Config 类来定义 OAuth2 服务的配置，我们创建了用于服务的验证管理器，以及应用程序名称和密钥。接下来，我们将使用一个名为 JWTOAuth2Config 的新类（在 authentication-service/src/main/java/com/thoughtmechanix/authentication/security/JWTOAuth2Config.java 中）替换 OAuth2Config 类。

代码清单 7-9 展示了 JWTOAuth2Config 类的代码。

代码清单 7-9 通过 JWTOAuth2Config 类将 JWT 挂钩到验证服务中

```
package com.thoughtmechanix.authentication.security;

// 为了简洁，省略了 import 语句
@Configuration
public class JWTOAuth2Config extends AuthorizationServerConfigurerAdapter {
```

```
@Autowired
private AuthenticationManager authenticationManager;

@Autowired
private UserDetailsService userDetailsService;

@Autowired
private TokenStore tokenStore;

@Autowired
private DefaultTokenServices tokenServices;

@Autowired
private JwtAccessTokenConverter jwtAccessTokenConverter;

@Override
public void configure(AuthorizationServerEndpointsConfigurer endpoints)
    throws Exception {

    TokenEnhancerChain tokenEnhancerChain = new TokenEnhancerChain();
    tokenEnhancerChain.setTokenEnhancers(Arrays.asList(jwtTokenEnhancer,
        jwtAccessTokenConverter));

    endpoints
        .tokenStore(tokenStore)
        .accessTokenConverter(jwtAccessTokenConverter)
        .authenticationManager(authenticationManager)
        .userDetailsService(userDetailsService);
}
```

代码清单 7-8 中定义的令牌存储将在这里注入

这是钩子，用于告诉 Spring Security OAuth2 代码使用 JWT

```
// 为了简洁，省略了类的其余部分
}
```

现在，如果重新构建验证服务并重新启动它，应该会返回一个基于 JWT 的令牌。图 7-9 展示了调用验证服务的结果，现在它使用 JWT。

实际的令牌本身并不是直接作为 JSON 返回的。相反，JSON 体使用 Base64 进行了编码。如果读者对 JWT 令牌的内容感兴趣，可以使用在线工具来解码令牌。我喜欢使用一个叫 Stormpath 的公司的在线工具，这个工具是一个在线的 JWT 解码器。图 7-10 展示了解码令牌的输出结果。

> **注意** 了解 JWT 令牌已签名但未加密非常重要。任何在线 JWT 工具都可以解码 JWT 令牌并公开其内容。我之所以提到这一点，是因为 JWT 规范允许开发人员扩展令牌，并向令牌添加额外的信息。不要在 JWT 令牌中暴露敏感信息或个人身份信息（Personally Identifiable Information，PII）。

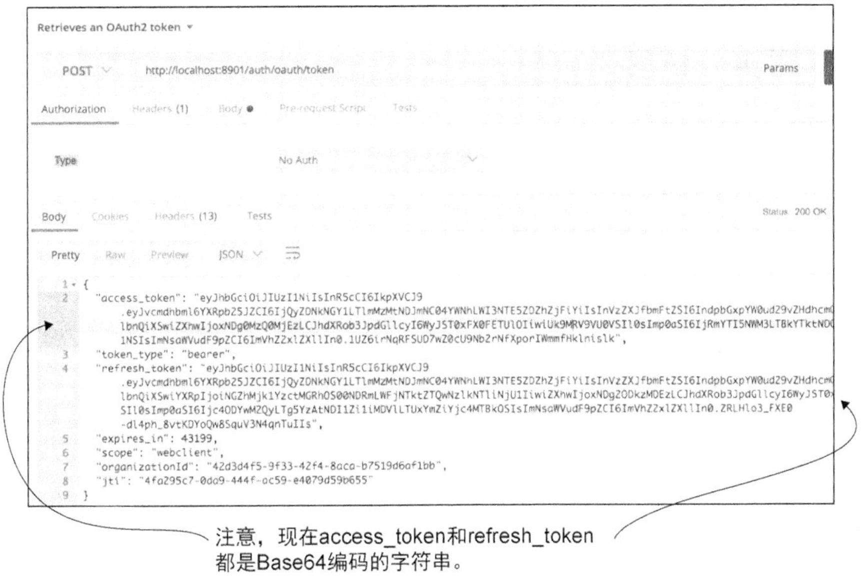

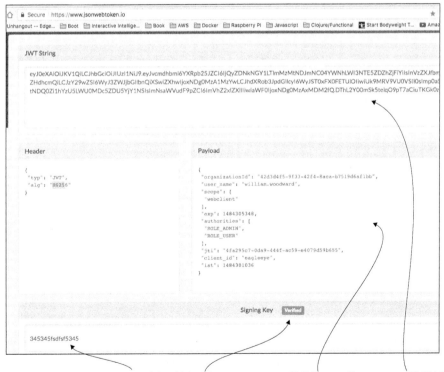

图 7-9 来自验证调用的访问和刷新令牌现在是 JWT 令牌

注意，现在access_token和refresh_token
都是Base64编码的字符串。

图 7-10 使用 http://jswebtoken.io 可以解码内容

用于签署消息的签名密钥　　解码的JSON体　　JWT访问令牌

7.4.2   在微服务中使用 JWT

到目前为止，我们已经拥有了创建 JWT 令牌的 OAuth2 验证服务。下一步就是配置许可证服务和组织服务以使用 JWT。这很简单，只需要做两件事。

（1）将 `spring-security-jwt` 依赖项添加到许可证服务和组织服务的 pom.xml 文件（参见 7.4.1 节，以获取需要添加的确切的 Maven 依赖项）。

（2）在许可证服务和组织服务中创建 `JWTTokenStoreConfig` 类。这个类几乎与验证服务使用的类相同（参见代码清单 7-8）。本书不会重复讲解相同的东西，读者可以在 licensing-service/src/main/com/thoughtmechanix/licensing-service/security/JWTTokenStoreConfig.java 和 organization-service/src/main/com/thoughtmechanix/organization-service/security/JWTTokenStoreConfig.java 中看到 `JWTTokenStoreConfig` 类的例子。

我们需要做最后一项工作。因为许可证服务调用组织服务，所以需要确保 OAuth2 令牌被传播。这项工作通常是通过 `OAuth2RestTemplate` 类完成的，但是 `OAuth2RestTemplate` 类并不传播基于 JWT 的令牌。为了确保许可证服务能够做到这一点，需要添加一个自定义的 `RestTemplate` bean 来完成这个注入。这个自定义的 `RestTemplate` 可以在 licensingservice/src/main/java/com/thoughtmechanix/licenses/Application.java 中找到。代码清单 7-10 展示了这个自定义 bean 的定义。

代码清单 7-10   创建自定义的 `RestTemplate` 类以注入 JWT 令牌

```
public class Application {
    // 为了简洁，省略了其他代码
    @Primary
    @Bean
    public RestTemplate getCustomRestTemplate() {
        RestTemplate template = new RestTemplate();
        List interceptors = template.getInterceptors();
        if (interceptors == null) {
            template.setInterceptors(Collections.singletonList(
                new UserContextInterceptor()));
        } else {
            interceptors.add(new UserContextInterceptor());
            template.setInterceptors(interceptors);
        }
        return template;
    }
}
```

UserContextInterceptor 会将 Authorization 首部注入每个 REST 调用

在前面的代码中，我们定义了一个使用 `ClientHttpRequestInterceptor` 的自定义 `RestTemplate` bean。回想一下第 6 章，`ClientHttpRequestInterceptor` 是一个 Spring 类，它允许在基于 REST 的调用之前挂钩要执行的功能。这个拦截器类是第 6 章中定义的 `UserContextInterceptor` 类的变体。这个类在 licensing-service/src/main/java/com/thoughtmechanix/

licenses/utils/UserContextInterceptor.java 中。代码清单 7-11 展示了这个类。

代码清单 7-11   `UserContextInterceptor` 将注入 JWT 令牌到 REST 调用

```
public class UserContextInterceptor implements ClientHttpRequestInterceptor {
    @Override
    public ClientHttpResponse intercept(HttpRequest request, byte[] body,
➥       ClientHttpRequestExecution execution)
➥       throws IOException {

        headers.add(UserContext.CORRELATION_ID,
➥           UserContextHolder.getContext().getCorrelationId());
➥       headers.add(UserContext.AUTH_TOKEN,
➥           UserContextHolder.getContext().getAuthToken());        ◁
        return execution.execute(request, body);
    }
}
```

将授权令牌添加到
HTTP 首部

`UserContextInterceptor` 使用了第 6 章中的几个实用工具类。记住，每个服务都使用一个自定义 servlet 过滤器（名为 UserContextFilter）来从 HTTP 首部解析出验证令牌和关联 ID。在代码清单 7-11 中，我们使用已解析的 `UserContext.AUTH_TOKEN` 值来填入传出的 HTTP 调用。

就是这样。有了这些功能部件，现在就可以调用许可证服务（或组织服务），并将 Base64 编码的 JWT 添加到 HTTP `Authorization` 首部中，其值为 `Bearer <<JWT-Token>>`，服务将正确地读取和确认 JWT 令牌。

7.4.3   扩展 JWT 令牌

如果读者仔细观察图 7-10 中的 JWT 令牌，那么就会注意到 EagleEye 的 `organizationId` 字段（图 7-11 展示了图 7-10 中展示的 JWT 令牌的放大图）。这不是标准的 JWT 令牌字段，而是额外的字段，是在创建 JWT 令牌时通过注入新字段添加的。

这不是标准的JWT字段。

图 7-11   使用 `organizationId` 扩展 JWT 令牌的示例

通过向验证服务添加一个 Spring OAuth2 令牌增强器类，可以很容易地扩展 JWT 令牌。这个类是 JWTTokenEnhancer，其源代码可以在 authentication-service/src/main/java/com/thoughtmechanix/ authentication/security/JWTTokenEnhancer.java 中找到。代码清单 7-12 展示了这段代码。

代码清单 7-12　使用 JWT 令牌增强器类添加自定义字段

```
package com.thoughtmechanix.authentication.security;

// 为了简洁，省略了其他 import 语句
import org.springframework.security.oauth2.provider.token.TokenEnhancer;

public class JWTTokenEnhancer implements TokenEnhancer {          ← 需要扩展 TokenEnhancer 类
    @Autowired
    private OrgUserRepository orgUserRepo;

    private String getOrgId(String userName){          ← getOrgId()方法基于用户名
        UserOrganization orgUser =                        查找用户的组织 ID
    ➥    orgUserRepo.findByUserName( userName );
        return orgUser.getOrganizationId();
    }

    @Override
    public OAuth2AccessToken enhance(          ← 要进行这种增强，需要覆盖
    ➥    OAuth2AccessToken accessToken,          enhance()方法
    ➥    OAuth2Authentication authentication) {
        Map<String, Object> additionalInfo = new HashMap<>();
        String orgId = getOrgId(authentication.getName());

        additionalInfo.put("organizationId", orgId);

        ((DefaultOAuth2AccessToken) accessToken)          ← 所有附加的属性都放在 HashMap 中，并
            .setAdditionalInformation(additionalInfo);       设置在传入该方法的 accessToken 变量上
        return accessToken;
    }
}
```

需要做的最后一件事是告诉 OAuth2 服务使用 JWTTokenEnhancer 类。首先，需要为 JWTTokenEnhancer 类公开一个 Spring bean。通过在代码清单 7-8 中定义的 JWTTokenStoreConfig 类中添加一个 bean 定义来实现这一点：

```
package com.thoughtmechanix.authentication.security;

@Configuration
public class JWTTokenStoreConfig {
    // 为了简洁，省略了类的其余部分
    @Bean
    public TokenEnhancer jwtTokenEnhancer() {
        return new JWTTokenEnhancer();
    }
}
```

一旦将 JWTTokenEnhancer 作为 bean 公开，那么就可以将它挂钩到代码清单 7-9 所示的

JWTOAuth2Config 类中。这一点在 JWTOAuth2Config 类的 configure()方法中完成。代码清单 7-13 展示了对 JWTOAuth2Config 类的 configure()方法的修改。

代码清单 7-13 挂钩 TokenEnhancer

```
package com.thoughtmechanix.authentication.security;
@Configuration
public class JWTOAuth2Config extends AuthorizationServerConfigurerAdapter {
    // 为了简洁，省略了其余代码
    @Autowired                                          自动装配在 TokenEnhancer 类中
    private TokenEnhancer jwtTokenEnhancer;

    @Override
    public void configure(                              Spring OAuth 允许开发人
        AuthorizationServerEndpointsConfigurer endpoints)  员挂钩多个令牌增强器，
        throws Exception {                              因此将令牌增强器添加到
        TokenEnhancerChain tokenEnhancerChain =         TokenEnhancerChain 类中
            new TokenEnhancerChain();
        tokenEnhancerChain.setTokenEnhancers(
            Arrays.asList(jwtTokenEnhancer, jwtAccessTokenConverter));

        endpoints.tokenStore(tokenStore)
            .accessTokenConverter(jwtAccessTokenConverter)
            .tokenEnhancer(tokenEnhancerChain)
            .authenticationManager(authenticationManager)
            .userDetailsService(userDetailsService);
    }                                                   将令牌增强器挂钩到传入 configure()
}                                                       方法的 endpoints 参数
```

到目前为止，我们已将自定义字段添加到 JWT 令牌中。接下来的问题是，如何从 JWT 令牌中解析自定义字段?

7.4.4 从 JWT 令牌中解析自定义字段

本节将转到 Zuul 网关，以说明如何解析 JWT 令牌中的自定义字段。具体来说，我们将修改第 6 章中介绍的 TrackingFilter 类，以从流经网关的 JWT 令牌中解码 organizationId 字段。

要完成这一点，我们将要引入一个 JWT 解析器库，并添加到 Zuul 服务器的 pom.xml 文件中。有多个令牌解析器可供使用，这里选择 JJWT 库来进行解析。这个库的 Maven 依赖项是

```
<dependency>
  <groupId>io.jsonwebtoken</groupId>
  <artifactId>jjwt</artifactId>
  <version>0.7.0</version>
</dependency>
```

添加完 JJWT 库后，可以向 TrackingFiler 类（在 zuulsvr/src/main/java/com/thoughtmechanix/zuulsvr/filters/TrackingFilter.java 中）添加一个名为 getOrganizationId()的新方法。代码清单 7-14 展示了这个新方法。

代码清单 7-14　从 JWT 令牌中解析出 `organizationId`

```
private String getOrganizationId(){
    String result="";
    if (filterUtils.getAuthToken()!=null){
        String authToken = filterUtils
                        .getAuthToken()
                        .replace("Bearer ","");
        try {
            Claims claims =
                Jwts.parser()
                    .setSigningKey(serviceConfig
                        .getJwtSigningKey()
                        .getBytes("UTF-8"))
                    .parseClaimsJws(authToken)
                    .getBody();
            result = (String) claims.get("organizationId");
        }
        catch (Exception e){
            e.printStackTrace();
        }
    }
    return result;
}
```

从 HTTP 首部 Authorization 解析出令牌

传入用于签署令牌的签名密钥，使用 JWTS 类解析令牌

从令牌中提取出 organizationId

实现了 `getOrganizationId()` 方法之后，我们就将 `System.out.println` 添加到 `TrackingFilter` 的 `run()` 方法中，以打印从流经 Zuul 网关的 JWT 令牌中解析出来的 `organizationId`。接下来，我们就来调用任何启用网关的 REST 端点。我使用 GET 方法调用 `http://localhost:5555/api/licensing/v1/organizations/e254f8c-c442-4ebe-a82a-e2fc1d1ff78a/licenses/f3831f8c-c338-4ebe-a82a-e2fc1d1ff78a`。记住，在进行这个调用时，仍然需要创建所有 HTTP 表单参数和 HTTP 授权首部，来包含 `Authorization` 首部和 JWT 令牌。

图 7-12 展示了已解析的 `organizationId` 在命令行控制台的输出。

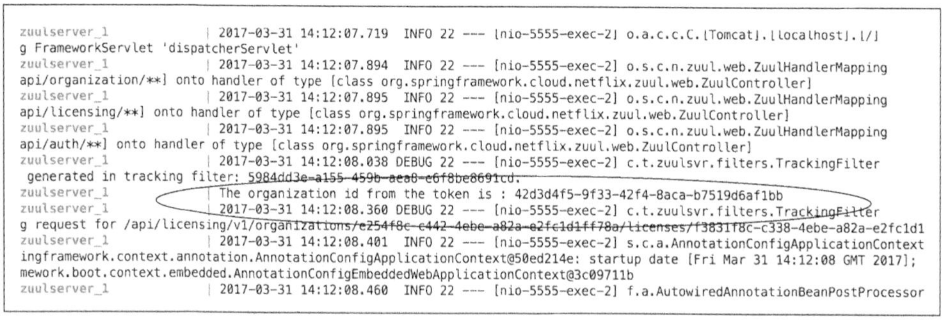

图 7-12　Zuul 服务从流经的 JWT 令牌中解析出组织 ID

7.5 关于微服务安全的总结

虽然本章介绍了 OAuth2 规范，以及如何使用 Spring Cloud Security 实现 OAuth2 验证服务，但 OAuth2 只是微服务安全难题的一部分。在构建用于生产级别的微服务时，应该围绕以下实践构建微服务安全。

（1）对所有服务通信使用 HTTPS/安全套接字层（Secure Sockets Layer，SSL）。

（2）所有服务调用都应通过 API 网关。

（3）将服务划分到公共 API 和私有 API。

（4）通过封锁不需要的网络端口来限制微服务的攻击面。

图 7-13 展示了这些不同的实践如何配合起来工作。上述列表中的每个编号项都与图 7-13 中的数字对应。

让我们更详细地审查前面列表和图 7-13 中列出的每个主题领域。

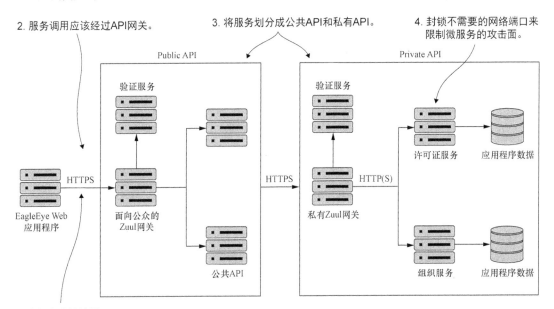

图 7-13　微服务安全架构不只是实现 OAuth2

1．为所有业务通信使用 HTTPS/安全套接字层（SSL）

在本书的所有代码示例中，我们一直使用 HTTP，这是因为 HTTP 是一个简单的协议，并且不需要在每个服务上进行安装就能开始使用该服务。

在生产环境中，微服务应该只通过 HTTPS 和 SSL 提供的加密通道进行通信。HTTPS 的配置和安装可以通过 DevOps 脚本自动完成。

> **注意**　如果应用程序需要满足信用卡支付的支付卡行业（Payment Card Industry，PCI）的合规性要
> 求，那么就需要为所有的服务通信实现 HTTPS。在构建服务时，要尽早就使用 HTTPS，这要比将
> 应用程序和微服务部署到生产环境之后再进行项目迁移容易得多。

2. 使用服务网关访问微服务

客户端永远不应该直接访问运行服务的各个服务器、服务端点和端口。相反，应该使用服务网关作为服务调用的入口点和守门人。在微服务运行的操作系统或容器上配置网络层，以便仅接受来自服务网关的流量。

记住，服务网关可以作为一个针对所有服务执行的策略执行点（PEP）。通过像 Zuul 这样的服务网关来进行服务调用，让开发人员可以在保护和审计服务方面保持一致。服务网关还允许开发人员锁定要向外界公开的端口和端点。

3. 将服务划分到公共 API 和私有 API

一般来说，安全是关于构建访问和执行最小权限概念的层。最小权限是用户应该拥有最少的网络访问权限和特权来完成他们的日常工作。为此，开发人员应该通过将服务分离到两个不同的区域（即公共区域和私有区域）来实现最小权限。

公共区域包含由客户端使用的公共 API（EagleEye 应用程序）。公共 API 微服务应该执行面向工作流的小任务。公共 API 微服务通常是服务聚合器，在多个服务中提取数据并执行任务。

公共微服务应该位于它们自己的服务网关后面，并拥有自己的验证服务来执行 OAuth2 验证。客户端应用程序应该通过受服务网关保护的单一路由访问公共服务。此外，公共区域应该有自己的验证服务。

私有区域充当保护核心应用程序功能和数据的壁垒，它应该只通过一个众所周知的端口访问，并且应该被封锁，只接受来自运行私有服务的网络子网的网络流量。除此之外，私有区域应该拥有自己的服务网关和验证服务。公共 API 服务应该对私有区域验证服务进行验证。所有的应用程序数据至少应该在私有区域的网络子网中，并且只能通过驻留在私有区域的微服务访问。

私有 API 网络区域应该要被封锁到什么程度

许多组织采取的方法是，他们的安全模型应该有一个坚硬的外在中心，但拥有一个更柔软的内表面。这意味着，一旦流量进入私有 API 区域，私有区域中的服务之间的通信就可以不加密（不需要HTTPS），也不需要验证机制。大多数时候，这都是为了方便和加快开发。拥有的安全性越高，调试问题的难度就越大，从而增加管理应用程序的整体复杂性。

我倾向于对这个世界抱有一种偏执的看法。（我在金融服务行业工作了 8 年，因此自然而然地变得多疑。）我宁愿牺牲额外的复杂性（可以通过 DevOps 脚本来减轻这种复杂性），强制在私有 API 区域中运行的所有服务都使用 SSL，并通过私有区域中运行的验证服务进行验证。读者需要问自己的问题是，是否愿意看到自己的组织因为遭受网络入侵而登上当地报纸的头版？

4. 通过封锁不需要的网络端口来限制微服务的攻击面

许多开发人员并没有重视为了使服务正常运行而需要打开的端口的最少数量。请配置运行服务的操作系统,只允许打开入站和出站访问服务所需的端口,或者服务所需的一部分基础设施(监视、日志聚合)。

不要只关注入站访问端口。许多开发人员忘记了封锁他们的出站端口。封锁出站端口可以防止数据在服务本身被攻击者破坏的情况下从服务中泄露。另外,要确保查看公共 API 区域和私有 API 区域中的网络端口访问。

7.6 小结

- OAuth2 是一个基于令牌的验证框架,用于对用户进行验证。
- OAuth2 确保每个执行用户请求的微服务不需要在每次调用时都出示用户凭据。
- OAuth2 为保护 Web 服务调用提供了不同的机制,这些机制称为授权(grant)。
- 要在 Spring 中使用 OAuth2,需要建立一个基于 OAuth2 的验证服务。
- 想要调用服务的每个应用程序都需要通过 OAuth2 验证服务注册。
- 每个应用程序都有自己的应用程序名称和密钥。
- 用户凭据和角色存储在内存或数据存储中,并通过 Spring Security 访问。
- 每个服务必须定义角色可以采取的动作。
- Spring Cloud Security 支持 JSON Web Token(JWT)规范。
- JWT 定义了一个签名的 JSON 标准,用于生成 OAuth2 令牌。
- 使用 JWT 可以将自定义字段注入规范中。
- 保护微服务涉及的不仅仅是使用 OAuth2,还应该使用 HTTPS 加密服务之间的所有调用。
- 使用服务网关来缩小可以到达服务的访问点的数量。
- 通过限制运行服务的操作系统上的入站端口和出站端口数来限制服务的攻击面。

第 8 章 使用 Spring Cloud Stream 的事件驱动架构

本章主要内容

■ 了解事件驱动的架构处理以及它与微服务的相关性

■ 使用 Spring Cloud Stream 简化微服务中的事件处理

■ 配置 Spring Cloud Stream

■ 使用 Spring Cloud Stream 和 Kafka 发布消息

■ 使用 Spring Cloud Stream 和 Kafka 消费消息

■ 使用 Spring Cloud Stream、Kafka 和 Redis 实现分布式缓存

还记得最后一次和别人坐下来聊天是什么时候吗？回想一下你是如何与那个人进行互动的。你完全专注于信息交换（就是在你说完之后，在等待对方完全回复之前什么都没有做）吗？当你说话的时候，你完全专注于谈话，而不让外界的东西分散自己的注意力吗？如果这场谈话中有两位以上的参与者，你重复了你对每位对话参与者所说的话，然后依次等待他们的回应吗？如果你对上述问题的回答都是"是"，那就说明你已经得道开悟，超越了我等凡人，那么你应该停止你正在做的事情，因为你现在可以回答这个古老的问题："一只手鼓掌的声音是什么？"另外，我猜你没有孩子。

事实上，人类总是处于一种运动状态，与周围的环境相互作用，同时发送信息给周围的事物并接收信息。在我家里，一个典型的对话可能是这样的：在和老婆说话的时候我正忙着洗碗，我正在向她描述我的一天，此时，她正玩着她的手机，并聆听着、处理着我说的话，然后偶尔给予回应。当我在洗碗的时候，我听到隔壁房间里有一阵骚动。我停下手头的事情，冲进隔壁房间去看看出了什么问题，然后我就看到我们那只 9 个月大的小狗维德咬住了我 3 岁大的儿子的鞋，像拿着战利品般在客厅里到处跑，而我 3 岁的儿子对此情此景感到不满。我满屋子追狗，直到把鞋子拿回来。然后我回去洗碗，继续和我的老婆聊天。

我跟大家说这件事并不是想告诉大家我生活中普通的一天，而是想要指出我们与世界的互动不是同步的、线性的，不能狭义地定义为一个请求-响应模型。它是消息驱动的，在这里，我们不断地发送和接收消息。当我们收到消息时，我们会对这些消息做出反应，同时经常打断我们正

在处理的主要任务。

本章将介绍如何设计和实现基于 Spring 的微服务，以便与其他使用异步消息的微服务进行通信。使用异步消息在应用程序之间进行通信并不新鲜，新鲜的是使用消息实现事件通信的概念，这些事件代表了状态的变化。这个概念称为事件驱动架构（Event Driven Architecture，EDA），也被称为消息驱动架构（Message Driven Architecture，MDA）。基于 EDA 的方法允许开发人员构建高度解耦的系统，它可以对变更做出反应，而不需要与特定的库或服务紧密耦合。当与微服务结合后，EDA 通过仅让服务监听由应用程序发出的事件流（消息）的方式，允许开发人员迅速地向应用程序中添加新功能。

Spring Cloud 项目通过 Spring Cloud Stream 子项目使构建基于消息传递的解决方案变得轻而易举。Spring Cloud Stream 允许开发人员轻松实现消息发布和消费，同时屏蔽与底层消息传递平台相关的实现细节。

8.1 为什么使用消息传递、EDA 和微服务

为什么消息传递在构建基于微服务的应用程序中很重要？为了回答这个问题，让我们从一个例子开始。本章将使用贯穿全书的两项服务：许可证服务和组织服务。让我们想象一下，将这些服务部署到生产环境之后，我们会发现，从组织服务中查找组织信息时，许可证服务调用花费了非常长的时间。在查看组织数据的使用模式时，我们会发现组织数据很少会更改，并且组织服务中读取的大多数数据都是按照组织记录的主键完成的。如果可以为组织数据缓存读操作从而节省访问数据库的成本，那么就可以极大地改善许可证服务调用的响应时间。

在实施缓存解决方案时，我们会意识到有以下 3 个核心要求。

（1）缓存的数据需要在许可证服务的所有实例之间保持一致——这意味着不能在许可证服务本地中缓存数据，因为要保证无论服务实例如何都能读取相同的组织数据。

（2）不能将组织数据缓存在托管许可证服务的容器的内存中——托管服务的运行时容器通常受到大小限制，并且可以使用不同的访问模式来对数据进行访问。本地缓存可能会带来复杂性，因为必须保证本地缓存与集群中的所有其他服务同步。

（3）在更新或删除一个组织记录时，开发人员希望许可证服务能够识别出组织服务中出现了状态更改——许可证服务应该使该组织的所有缓存数据失效，并将它从缓存中删除。

我们来看看实现这些要求的两种方法。第一种方法将使用同步请求-响应模型来实现上述要求。在组织状态发生变化时，许可证服务和组织服务通过它们的 REST 端点进行通信。第二种方法是组织服务发出异步事件（消息），该事件将通报组织服务数据已经发生了变化。使用第二种方法，组织服务将发布一条组织记录已被更新或删除的消息到队列。许可证服务将监听中介，了解到一个组织事件已发生，并清除其缓存中的组织数据。

8.1.1 使用同步请求-响应方式来传达状态变化

对于组织数据缓存，我们将使用分布式的键值存储数据库 Redis。图 8-1 提供了一个高层次概览，讲述如何使用传统的同步请求-响应编程模型构建高速缓存解决方案。

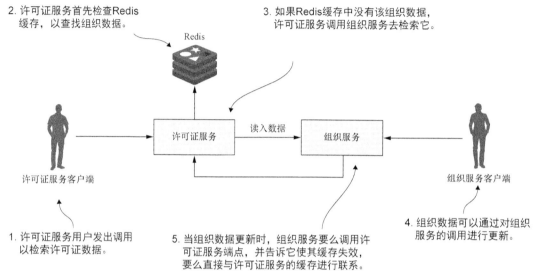

2. 许可证服务首先检查Redis缓存，以查找组织数据。

3. 如果Redis缓存中没有该组织数据，许可证服务调用组织服务去检索它。

1. 许可证服务用户发出调用以检索许可证数据。

5. 当组织数据更新时，组织服务要么调用许可证服务端点，并告诉它使其缓存失效，要么直接与许可证服务的缓存进行联系。

4. 组织数据可以通过对组织服务的调用进行更新。

图 8-1   在同步请求-响应模型中，紧密耦合的服务带来复杂性和脆弱性

在图 8-1 中，当用户调用许可证服务时，许可证服务同样需要查找组织数据。许可证服务首先会检查通过组织 ID 从 Redis 集群中检索的所需的组织数据。如果许可证服务找不到组织数据，它将使用基于 REST 的端点调用组织服务，然后在将组织数据返回给用户之前，将返回的数据存储在 Redis 中。现在，如果有人使用组织服务的 REST 端点来更新或删除组织记录，组织服务将需要调用在许可证服务上公开的端点，以通知许可证服务使它缓存中的组织数据无效。在图 8-1 中，如果查看组织服务调用许可证服务以使 Redis 缓存失效的地方，那么至少可以看到以下 3 个问题。

（1）组织服务和许可证服务紧密耦合。

（2）耦合带来了服务之间的脆弱性。如果用于使缓存无效的许可证服务端点发生了更改，则组织服务必须要进行更改。

（3）这种方法是不灵活的，因为如果想要为组织服务添加新的消费者，我们必须修改组织服务的代码，才能让它知道需要调用其他的服务以通知数据变更。

1. 服务之间的紧密耦合

在图 8-1 中，我们可以看到许可证服务和组织服务之间存在紧密耦合。许可证服务始终依赖

于组织服务来检索数据。然而，通过让组织服务在组织记录被更新或删除时直接与许可证服务进行通信，就已经将耦合从组织服务引入许可证服务了。为了使 Redis 缓存中的数据失效，组织服务需要许可证服务公开的端点，该端点可以被调用以使许可证服务的 Redis 缓存无效，或者组织服务必须直接与许可证服务所拥有的 Redis 服务器进行通信以清除其中的数据。

让组织服务与 Redis 进行通信有其自身的问题，因为开发人员正直接与另一个服务拥有的数据存储进行通信。在微服务环境中，这是一个很大的禁忌。虽然可以认为组织数据理所当然地属于组织服务，但是许可证服务在特定的上下文中使用这些数据，并且可能潜在地转换数据，或者围绕这些数据构建业务规则。让组织服务直接与 Redis 服务进行通信，可能会意外地破坏拥有许可证服务的团队所实现的规则。

2. 服务之间的脆弱性

许可证服务与组织服务之间的紧密耦合也带来了这两种服务之间的脆弱性。如果许可证服务关闭或运行缓慢，那么组织服务可能会受到影响，因为组织服务正在与许可证服务进行直接通信。同样，如果组织服务直接与许可证服务的 Redis 数据存储进行对话，那么就会在组织服务和 Redis 之间创建一个依赖关系。在这种情况下，共享 Redis 服务器出现任何问题都有可能拖垮这两个服务。

3. 在修改组织服务以增加新的消费者方面是不灵活的

这种架构的最后一个问题是，它是不灵活的。使用图 8-1 中的模型，如果有其他服务对组织数据发生的变化感兴趣，则需要添加另一个从组织服务到该其他服务的调用。这意味着需要更改代码并重新部署组织服务。如果使用同步的请求-响应模型来通知状态更改，则会在应用程序中的核心服务和其他服务之间出现网状的依赖关系模式。这些网络的中心会成为应用程序中的主要故障点。

> **另一种耦合**
>
> 虽然消息传递在服务之间增加了一个间接层，但是使用消息传递仍然会在两个服务之间引入紧密耦合。在本章的后面，读者将在组织服务和许可证服务之间发送消息。这些消息将使用 JSON 作为消息的传输协议，序列化以及反序列化为 Java 对象。如果两个服务不能优雅地处理同一消息类型的不同版本，则在转换为 Java 对象时，对 JSON 消息的结构的变更会造成问题。JSON 本身不支持版本控制，但如果读者需要版本控制，那么可以使用 Apache Avro。Avro 是一个二进制协议，它内置了版本控制。Spring Cloud Stream 支持 Apache Avro 作为消息传递协议。使用 Avro 不在本书的讨论范围之内，但是本书确实希望让读者意识到，如果真的担心消息版本控制的话，Avro 确实会有帮助。

8.1.2 使用消息传递在服务之间传达状态更改

使用消息传递方式将会在许可证服务和组织服务之间注入队列。该队列不会用于从组织服务中读取数据，而是由组织服务用于在组织服务管理的组织数据内发生状态更改时发布消息。

图 8-2 演示了这种方法。

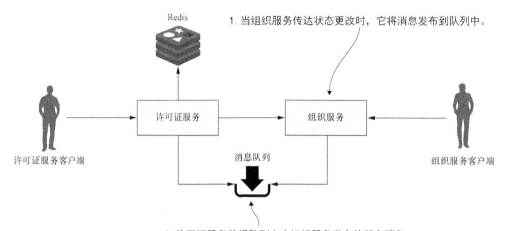

图 8-2   当组织状态更改时，消息将被写入位于两个服务之间的消息队列之中

在图 8-2 所示的模型中，每次组织数据发生变化，组织服务都发布一条消息到队列中。许可证服务正在监视消息队列，并在消息进入时将相应的组织记录从 Redis 缓存中清除。当涉及传达状态时，消息队列充当许可证服务和组织服务之间的中介。这种方法提供了以下 4 个好处：

- 松耦合；
- 耐久性；
- 可伸缩性；
- 灵活性。

1．松耦合

微服务应用程序可以由数十个小型的分布式服务组成，这些服务彼此交互，并对彼此管理的数据感兴趣。正如在前面提到的同步设计中所看到的，同步 HTTP 响应在许可证服务和组织服务之间产生一个强依赖关系。尽管我们不能完全消除这些依赖关系，但是通过仅公开直接管理服务所拥有的数据的端点，我们可以尝试最小化依赖关系。消息传递的方法允许开发人员解耦两个服务，因为在涉及传达状态更改时，两个服务都不知道彼此。当组织服务需要发布状态更改时，它会将消息写入队列，而许可证服务只知道它得到一条消息，却不知道谁发布了这条消息。

2．耐久性

队列的存在让开发人员可以保证，即使服务的消费者已经关闭，也可以发送消息。即使许可证服务不可用，组织服务也可以继续发布消息。消息将存储在队列中，并将一直保存到许可证服务可用。另一方面，通过将缓存和队列方法结合在一起，如果组织服务关闭，许可证服务可以优雅地降级，因为至少有部分组织数据将位于其缓存中。有时候，旧数据比没有数据好。

3．可伸缩性

因为消息存储在队列中，所以消息发送者不必等待来自消息消费者的响应，它们可以继续工作。同样地，如果一个消息消费者没有足够的能力处理从消息队列中读取的消息，那么启动更多消息消费者，并让它们处理从队列中读取的消息则是一项非常简单的任务。这种可伸缩性方法适用于微服务模型，因为我通过本书强调的其中一件事情就是，启动微服务的新实例应该是很简单的，让这些追加的微服务处理持有消息的消息队列亦是如此。这就是水平伸缩的一个示例。从队列中读取消息的传统伸缩机制涉及增加消息消费者可以同时处理的线程数。遗憾的是，这种方法最终会受消息消费者可用的 CPU 数量的限制。微服务模型则没有这样的限制，因为它是通过增加托管消费消息的服务的机器数量来进行扩大的。

4．灵活性

消息的发送者不知道谁将会消费它。这意味着开发人员可以轻松添加新的消息消费者（和新功能），而不影响原始发送服务。这是一个非常强大的概念，因为可以在不必触及现有服务的情况下，将新功能添加到应用程序。新的代码可以监听正在发布的事件，并相应地对它们做出反应。

8.1.3 消息传递架构的缺点

与任何架构模型一样，基于消息传递的架构也有折中。基于消息传递的架构可能是复杂的，需要开发团队密切关注一些关键的事情，包括：
- 消息处理语义；
- 消息可见性；
- 消息编排。

1．消息处理语义

在基于微服务的应用程序中使用消息，需要的不只是了解如何发布和消费消息。它要求开发人员了解应用程序消费有序消息时的行为是什么，以及如果消息没有按顺序处理会发生什么情况。例如，如果严格要求来自单个客户的所有订单都必须按照接收的顺序进行处理，那么开发人员必须有区别地建立和构造消息处理方式，而不是每条消息都可以被独立地使用。

这还意味着，如果开发人员正在使用消息传递来执行数据的严格状态转换，那么就需要在设计应用程序时考虑到消息抛出异常或者错误按无序方式处理的场景。如果消息失败，是重试处理错误，还是就这么让它失败？如果其中一个客户消息失败，那么如何处理与该客户有关的未来消息？这些都是需要考虑的问题。

2．消息可见性

在微服务中使用消息，通常意味着同步服务调用与异步处理服务的混合。消息的异步性意味着消息在发布或消费时，它们可能不会被立刻接收或处理。此外，像关联 ID 这些在 Web 服务调用和消息之间用于跟踪用户事务的信息，对于理解和调试应用程序中发生的事情是至关重要的。读者可能还记得在第 6 章中，关联 ID 是在用户事务开始时生成的唯一编号，并与每个服务调用一起传递，此外，它还应该在每条消息被发布和消费时被传递。

3．消息编排

正如在消息可见性的那部分中提到的，基于消息传递的应用程序更难按照应用程序的执行顺序进行业务逻辑推理，因为它们的代码不再以简单的块请求-响应模型的线性方式进行处理。相反，调试基于消息的应用程序可能涉及多个不同服务的日志，在这些服务中，用户事务可以在不同的时间不按顺序执行。

消息传递可能很复杂但很强大

前面几小节并不是为了吓跑大家，让大家远离在应用程序中使用消息传递。相反，我的目的是强调在服务中使用消息传递需要深谋远虑。我最近完成了一个主要的项目，需要为每个客户开启和关闭有状态的 AWS 服务器实例集。我们必须使用 AWS 简单排队服务（Simple Queuing Service，SQS）和 Kafka 来集成微服务调用和消息的组合。虽然这个项目很复杂，但是在项目结束时，我亲眼看到了消息传递的强大功能。我们的团队意识到我们需要处理的问题是，在服务器被终止之前，我们必须确保从服务器上提取某些文件。这一步骤占据大约 75% 的用户工作流程，并且整个流程只有在这一步完成之后才能继续进行。幸运的是，我们有一个微服务（称为文件恢复服务），它会检查正在退出的服务器是否已将文件提取出来。由于服务器通过事件传递了所有的状态变化（包括它们正在退出），所以我们只需要将文件恢复服务器插入来自正在退出的服务器的事件流中，并让它们监听"olecommissioning"事件。

如果整个过程都是同步的，那么增加这个文件排查的步骤将是非常痛苦的。但是在最后，我们只需要一个在生产中已存在的现有服务，来监听来自现有消息队列的事件并做出反应。这项工作是在几天内完成的，我们在项目交付过程中从没出过任何差错。通过消息，开发人员可以将服务挂钩在一起，而不需要将服务在基于代码的工作流中硬编码到一起。

8.2　Spring Cloud Stream 简介

Spring Cloud 可以轻松地将消息传递集成到基于 Spring 的微服务中，它是通过 Spring Cloud Stream 项目来实现这一点的。Spring Cloud Stream 是一个由注解驱动的框架，它允许开发人员在 Spring 应用程序中轻松地构建消息发布者和消费者。

Spring Cloud Stream 还允许开发人员抽象出正在使用的消息传递平台的实现细节。Spring

Cloud Stream 可以使用多个消息平台（包括 Apache Kafka 项目和 RabbitMQ），而平台的具体实现细节则被排除在应用程序代码之外。在应用程序中实现消息发布和消费是通过平台无关的 Spring 接口实现的。

> **注意**　在本章中，读者将使用名为 Kafka 的轻量级消息总线。Kafka 是一种轻量级、高性能的消息总线，允许开发人员异步地将消息从一个应用程序发送到一个或多个其他应用程序。Kafka 是用 Java 编写的，由于 Kafka 具有高可靠性和可伸缩性，在许多基于云的应用程序中，它已经成为事实上的标准消息总线。此外，Spring Cloud Stream 还支持使用 RabbitMQ 作为消息总线。Kafka 和 RabbitMQ 都是强大的消息平台，我在本书中选择了 Kafka，因为它是我最熟悉的。

要了解 Spring Cloud Stream，让我们从 Spring Cloud Stream 的架构开始讨论，并熟悉 Spring Cloud Stream 的术语。如果读者以前从未使用过基于消息传递的平台，那么接下来所涉及的新术语可能会有些令人难以理解。

Spring Cloud Stream 架构

让我们以通过消息传递进行通信的两个服务的角度来查看 Spring Cloud Stream 的架构。在这两个服务中，一个是消息发布者，另一个是消息消费者。图 8-3 展示了如何使用 Spring Cloud Stream 来帮助消息传递。

随着 Spring Cloud 中消息的发布和消费，有 4 个组件涉及发布消息和消费消息，它们是：

- 发射器（source）；
- 通道（channel）；
- 绑定器（binder）；
- 接收器（sink）。

1. 发射器

当一个服务准备发布消息时，它将使用一个发射器发布消息。发射器是一个 Spring 注解接口，它接收一个普通 Java 对象（POJO），该对象代表要发布的消息。发射器接收消息，然后序列化它（默认的序列化是 JSON）并将消息发布到通道。

2. 通道

通道是对队列的一个抽象，它将在消息生产者发布消息或消息消费者消费消息后保留该消息。通道名称始终与目标队列名称相关联。然而，队列名称永远不会直接公开给代码，相反，通道名称会在代码中使用。这意味着开发人员可以通过更改应用程序的配置而不是应用程序的代码来切换通道读取或写入的队列。

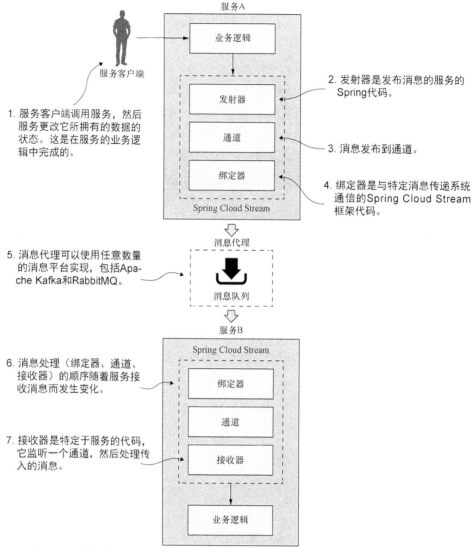

图 8-3　随着消息的发布和消费，它将流经一系列的 Spring Cloud Stream 组件，
这些组件抽象出底层消息传递平台

3. 绑定器

　　绑定器是 Spring Cloud Stream 框架的一部分，它是与特定消息平台对话的 Spring 代码。Spring Cloud Stream 框架的绑定器部分允许开发人员处理消息，而不必依赖于特定于平台的库和 API 来发布和消费消息。

4. 接收器

在 Spring Cloud Stream 中，服务通过一个接收器从队列中接收消息。接收器监听传入消息的通道，并将消息反序列化为 POJO。从这里开始，消息就可以按照 Spring 服务的业务逻辑来进行处理。

8.3　编写简单的消息生产者和消费者

现在我们已经了解完 Spring Cloud Stream 中的基本组件，接下来看一个简单的 Spring Cloud Stream 示例。对于第一个例子，我们将要从组织服务传递一条消息到许可证服务。在许可证服务中，唯一要做的事情就是将日志消息打印到控制台。

另外，在这个例子中，因为只有一个 Spring Cloud Stream 发射器（消息生成者）和接收器（消息消费者），所以我们将要采用 Spring Cloud 提供的一些便捷方式，让在组织服务中建立发射器以及在许可证服务中建立接收器变得更简单。

8.3.1　在组织服务中编写消息生产者

我们首先修改组织服务，以便每次添加、更新或删除组织数据时，组织服务将向 Kafka 主题（topic）发布一条消息，指示组织更改事件已经发生。图 8-4 突出显示了消息生产者，并构建在图 8-3 所示的通用 Spring Cloud Stream 架构之上。

发布的消息将包括与更改事件相关联的组织 ID，还将包括发生的操作（添加、更新或删除）。

需要做的第一件事就是在组织服务的 Maven pom.xml 文件中设置 Maven 依赖项。pom.xml 文件可以在 organization-service 目录中找到。在 pom.xml 中，需要添加两个依赖项：一个用于核心 Spring Cloud Stream 库，另一个用于包含 Spring Cloud Stream Kafka 库。

```
<dependency>
  <groupId>org.springframework.cloud</groupId>
  <artifactId>spring-cloud-stream</artifactId>
</dependency>
<dependency>
  <groupId>org.springframework.cloud</groupId>
  <artifactId>spring-cloud-starter-stream-kafka</artifactId>
</dependency>
```

定义完 Maven 依赖项，就需要告诉应用程序它将绑定到 Spring Cloud Stream 消息代理。这可以通过使用@EnableBinding 注解来标注组织服务的引导类 Application（在 organization-service/src/main/java/com/thoughtmechanix/organization/Application.java 中）来完成。代码清单 8-1 展示了组织服务的 Application 类的源代码。

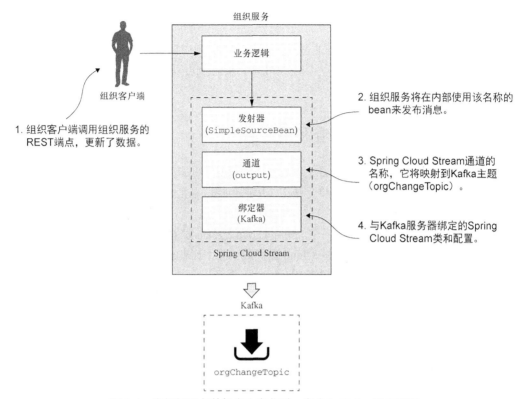

图 8-4 当组织服务数据发生变化时，它会向 Kafka 发布消息

```
package com.thoughtmechanix.organization;

import com.thoughtmechanix.organization.utils.UserContextFilter;
import org.springframework.boot.SpringApplication;
import org.springframework.boot.autoconfigure.SpringBootApplication;
import org.springframework.cloud.client.circuitbreaker.EnableCircuitBreaker;
import org.springframework.cloud.netflix.eureka.EnableEurekaClient;
import org.springframework.cloud.stream.annotation.EnableBinding;
import org.springframework.cloud.stream.messaging.Source;
import org.springframework.context.annotation.Bean;
import javax.servlet.Filter;

@SpringBootApplication
@EnableEurekaClient
@EnableCircuitBreaker
@EnableBinding(Source.class)                    @EnableBinding 注解告诉 Spring Cloud
public class Application {                       Stream 将应用程序绑定到消息代理
    @Bean
    public Filter userContextFilter() {
        UserContextFilter userContextFilter = new UserContextFilter();
```

```
        return userContextFilter;
    }
    public static void main(String[] args) {
        SpringApplication.run(Application.class, args);
    }
}
```

在代码清单 8-1 中，`@EnableBinding` 注解告诉 Spring Cloud Stream 希望将服务绑定到消息代理。`@EnableBinding` 注解中的 `Source.class` 告诉 Spring Cloud Stream，该服务将通过在 `Source` 类上定义的一组通道与消息代理进行通信。记住，通道位于消息队列之上。Spring Cloud Stream 有一个默认的通道集，可以配置它们来与消息代理进行通信。

到目前为止，我们还没有告诉 Spring Cloud Stream 希望将组织服务绑定到什么消息代理。本章很快就会讲到这一点。现在，我们可以继续实现将要发布消息的代码。

消息发布的代码可以在 organization-service/src/com/thoughtmechanix/organization/events/source/SimpleSourceBean.java 中找到。代码清单 8-2 展示了这个 `SimpleSourceBean` 类的代码。

代码清单 8-2   向消息代理发布消息

```
package com.thoughtmechanix.organization.events.source;

// 为了简洁，省略了 import 语句

@Component
public class SimpleSourceBean {
    private Source source;

    private static final Logger logger =
    ➡   LoggerFactory.getLogger(SimpleSourceBean.class);

    @Autowired
    public SimpleSourceBean(Source source){              ◁──  Spring Cloud Stream 将注入一个
        this.source = source;                                 Source 接口，以供服务使用
    }

    public void publishOrgChange(String action,String orgId){
        logger.debug("Sending Kafka message {}for Organization Id: {}",
    ➡   action, orgId);
        OrganizationChangeModel change = new OrganizationChangeModel(
    ➡   OrganizationChangeModel.class.getTypeName(),
    ➡   action,
    ➡   orgId,
    ➡   UserContext.getCorrelationId());           ◁──  要发布的消息是
                                                         一个 Java POJO
        source
            .output()
            .send(MessageBuilder.withPayload(change).build());◁──┐
    }                                                当准备发送消息时，使用 Source
}                                                    类中定义的通道的 send()方法
```

在代码清单 8-2 中，我们将 Spring Cloud `Source` 类注入代码中。记住，所有与特定消息主题的通信都是通过称为通道的 Spring Cloud Stream 结构来实现的。通道由一个 Java 接口类表示。在代码清单 8-2 中，我们使用的是 `Source` 接口。`Source` 是 Spring Cloud 定义的一个接口，它公开了一个名为 `output()` 的方法。当服务只需要发布到单个通道时，`Source` 接口是一个很方便的接口。`output()` 方法返回一个 `MessageChannel` 类型的类。`MessageChannel` 代表了如何将消息发送给消息代理。本章稍后将介绍如何使用自定义接口来公开多个消息传递通道。

消息的实际发布发生在 `publishOrgChange()` 方法中。此方法构建一个 Java POJO，名为 `OrganizationChangeModel`。本章不会展示 `OrganizationChangeModel` 的代码，因为这个类只是一个包含 3 个数据元素的 POJO。

- 动作（action）——这是触发事件的动作。我在消息中包含了这个动作，以便让消息消费者在处理事件的过程中有更多的上下文。
- 组织 ID（organization ID）——这是与事件关联的组织 ID。
- 关联 ID（correlation ID）——这是触发事件的服务调用的关联 ID。应该始终在事件中包含关联 ID，因为它对跟踪和调试流经服务的消息流有极大的帮助。

当准备好发布消息时，可使用从 `source.output()` 返回的 `MessageChannel` 的 `send()` 方法：

```
source.output().send(MessageBuilder.withPayload(change).build());
```

`send()` 方法接收一个 Spring `Message` 类。我们使用一个名为 `MessageBuilder` 的 Spring 辅助类来接收 `OrganizationChangeModel` 类的内容，并将它转换为 Spring `Message` 类。

这就是发送消息所需的所有代码。然而，到目前为止，这一切都感觉有点儿像魔术，因为我们还没有看到如何将组织服务绑定到一个特定的消息队列，更不用说实际的消息代理。上述的这一切都是通过配置来完成的。代码清单 8-3 展示了这一配置，它将服务的 Spring Cloud Stream `Source` 映射到 Kafka 消息代理以及 Kafka 中的消息主题。此配置信息可以位于服务的 application.yml 文件中，也可以位于服务的 Spring Cloud Config 条目中。

代码清单 8-3　用于发布消息的 Spring Cloud Stream 配置

```
spring:
  application:
    name: organizationservice
#为了简洁，省略了其余配置
  stream:
    bindings:
      output:
```

stream.bindings 是所需配置的开始，用于服务将消息发布到 Spring Cloud Stream 消息代理

output 是通道的名称，映射到在代码清单 8-2 中看到的 source.output()通道

这是要写入
消息的消息
队列（或主
题）的名称

```
          destination: orgChangeTopic
          content-type: application/json
kafka:
  binder:
    zkNodes: localhost
    brokers: localhost
```

stream.bindings.kafka 属性告
诉 Spring，将使用 Kafka 作为
服务中的消息总线（可以使用
RabbitMQ 作为替代）

Zknodes 和 brokers 属性告诉
Spring Cloud Stream，Kafka
和 ZooKeeper 的网络位置

content-type 向 Spring Cloud
Stream 提供了将要发送和
接收什么类型的消息的提
示（在本例中是 JSON）

代码清单 8-3 中的配置看起来很密集，但很简单。代码清单 8-3 中的配置属性 `spring.stream.bindings.output` 将代码清单 8-2 中的 `source.output()` 通道映射到要与之通信的消息代理上的主题 `orgChangeTopic`。它还告诉 Spring Cloud Stream，发送到此主题的消息应该被序列化为 JSON。Spring Cloud Stream 可以以多种格式序列化消息，包括 JSON、XML 以及 Apache 基金会的 Avro 格式。

代码清单 8-3 中的配置属性 `spring.stream.bindings.kafka` 告诉 Spring Cloud Stream，将服务绑定到 Kafka。子属性告诉 Spring Cloud Stream，Kafka 消息代理和运行着 Kafka 的 Apache ZooKeeper 服务器的网络地址。

我们已经编写完通过 Spring Cloud Stream 发布消息的代码，并通过配置来告诉 Spring Cloud Stream 它将使用 Kafka 作为消息代理，那么接下来让我们来看看，组织服务中消息的发布实际发生在哪里。这项工作将在 organization-service/src/main/java/com/thoughtmechanix/organization/services/OrganizationService.java 中的 `OrganizationServer` 类完成。代码清单 8-4 展示了这个类的代码。

代码清单 8-4 在组织服务中发布消息

```java
package com.thoughtmechanix.organization.services;

// 为了简洁，省略了 import 语句
@Service
public class OrganizationService {
    @Autowired
    private OrganizationRepository orgRepository;

    @Autowired
    SimpleSourceBean simpleSourceBean;

    // 为了简洁，省略了类的其余部分
    public void saveOrg(Organization org){
        org.setId( UUID.randomUUID().toString());

        orgRepository.save(org);
        simpleSourceBean.publishOrgChange("SAVE", org.getId());
    }
}
```

Spring 的自动装配用于将
SimpleSourceBean 注入组
织服务中

对服务中修改组织数据的每一
个方法，调用 simpleSourceBean.
publishOrgChange()

应该在消息中放置什么数据

我从团队中听到的一个最常见的问题是，当他们第一次开始消息之旅时，应该在消息中放置多少数据。我的答案是，这取决于你的应用程序。正如读者可能注意到的，在我的所有示例中，我只返回已更改的组织记录的组织 ID。我从来没有把数据更改的副本放在消息中。在我的例子中（以及我在电话通信领域中遇到的许多问题），执行的业务逻辑对数据的变化非常敏感。我使用基于系统事件的消息来告诉其他服务，数据状态已经发生了变化，但是我总是强制其他服务重新到主服务器（拥有数据的服务）上来检索数据的新副本。这种方法在执行时间方面是昂贵的，但它也保证我始终拥有最新的数据副本。在从源系统读取数据之后，所使用的数据依然可能会发生变化，但这比在队列中盲目地消费信息的可能性要小得多。

要仔细考虑要传递多少数据。开发人员迟早会遇到这样一种情况：传递的数据已经过时了。这些数据可能是陈旧的，因为出现某种问题导致它在消息队列待了太长时间，或者之前包含数据的消息失败了，并且消息中传入的数据现在处于不一致的状态（因为应用程序依赖于消息的状态，而不是底层数据存储中的实际状态）。如果要在消息中传递状态，还要确保在消息中包含日期时间戳或版本号，以便使用数据的服务可以检查传递的数据，并确保它不会比服务已拥有的数据副本更旧（记住，数据可以不按顺序进行检索）。

8.3.2　在许可证服务中编写消息消费者

到目前为止，我们已经修改了组织服务，以便在组织服务更改组织数据时向 Kafka 发布消息。任何对组织数据感兴趣的服务，都可以在不需要由组织服务显式调用的情况下做出反应。这还意味着开发人员可以轻松地添加新的功能，可以让它们监听消息队列中的消息来对组织服务中的更改做出反应。现在让我们换一个角度，看看服务如何使用 Spring Cloud Stream 来消费消息。

对于本示例，我们将使用许可证服务消费组织服务发布的消息。图 8-5 展示了将许可证服务融入图 8-3 所示的 Spring Cloud Stream 架构中的什么地方。

首先，还是需要将 Spring Cloud Stream 依赖项添加到许可证服务的 pom.xml 文件中。该 pom.xml 文件可以在本书源代码的 licensing-service 目录中找到。与之前看到的 organization-service pom.xml 文件类似，需要添加以下两个依赖项。

```
<dependency>
  <groupId>org.springframework.cloud</groupId>
  <artifactId>spring-cloud-stream</artifactId>
</dependency>

<dependency>
  <groupId>org.springframework.cloud</groupId>
  <artifactId>spring-cloud-starter-stream-kafka</artifactId>
</dependency>
```

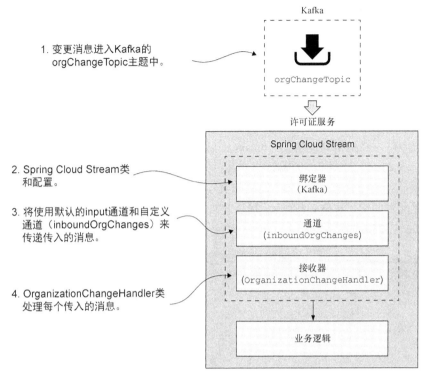

1. 变更消息进入Kafka的
   orgChangeTopic主题中。

Kafka

orgChangeTopic

许可证服务

Spring Cloud Stream

2. Spring Cloud Stream类
   和配置。

绑定器
（Kafka）

3. 将使用默认的input通道和自定义
   通道（inboundOrgChanges）来
   传递传入的消息。

通道
（inboundOrgChanges）

接收器
（OrganizationChangeHandler）

4. OrganizationChangeHandler类
   处理每个传入的消息。

业务逻辑

图 8-5　当一条消息进入 Kafka 的 orgChangeTopic 时，许可证服务将做出响应

接下来，需要告诉许可证服务，它需要使用 Spring Cloud Stream 绑定到消息代理。像组织服务一样，我们将使用 @EnableBinding 注解来标注许可证服务引导类 Application（在 licensing-service/src/main/java/com/thoughtmechanix/licenses/Application.java 中）。许可证服务和组织服务之间的区别在于传递给 @EnableBinding 注解的值，如代码清单 8-5 所示。

代码清单 8-5　使用 Spring Cloud Stream 消费消息

```
package com.thoughtmechanix.licenses;

// 为了简洁，省略了 import 语句
@EnableBinding(Sink.class)                          @EnableBinding 注解告诉服务使用 Sink
public class Application {                           接口中定义的通道来监听传入的消息
    // 为了简洁，移除剩余代码
    @StreamListener(Sink.INPUT)                     每次收到来自 input 通道的消息时，
    public void loggerSink(                          Spring Cloud Stream 将执行此方法
        OrganizationChangeModel orgChange) {
        logger.debug("Received an event for organization id {}" ,
        ➥    orgChange.getOrganizationId());
    }
}
```

因为许可证服务是消息的消费者，所以将会把值 `Sink.class` 传递给@EnableBinding 注解。这告诉 Spring Cloud Stream 使用默认的 Spring `Sink` 接口。与 8.3.1 节中描述的 Spring Cloud Steam `Source` 接口类似，Spring Cloud Stream 在 `Sink` 接口上公开了一个默认的通道，名为 `input`，它用于监听通道上的传入消息。

定义了想要通过@EnableBinding 注解来监听消息之后，就可以编写代码来处理来自 `input` 通道的消息。为此，要使用 Spring Cloud Stream 的@StreamListener 注解。

@StreamListener 注解告诉 Spring Cloud Stream，每次从 `input` 通道接收消息，就会执行 `loggerSink()`方法。Spring Cloud Stream 将自动把从通道中传出的消息反序列化为一个名为 `OrganizationChangeModel` 的 Java POJO。

同样，消息代理的主题到 `input` 通道的实际映射是在许可证服务的配置中完成的。对于许可证服务，其配置如代码清单 8-6 所示，可以在许可证服务的 licensing-service/src/main/resources/application.yml 文件中找到。

代码清单 8-6　将许可证服务映射到 Kafka 中的消息主题

```
spring:
  application:
    name: licensingservice
    …   #为了简洁，省略了其余的配置
  cloud:
    stream:
      bindings:
        input:                                    spring.cloud.stream.bindings.input 属性将
          destination: orgChangeTopic             input 通道映射到 orgChangeTopic 队列
          content-type: application/json
          group: licensingGroup                   该 group 属性用于保
      binder:                                     证服务只处理一次
        zkNodes: localhost
        brokers: localhost
```

代码清单 8-6 中的配置类似于组织服务的配置。然而，上述配置有两个关键的不同之处。首先，现在有一个名为 `input` 的通道定义在 `spring.cloud.stream.bindings` 属性下。这个值映射到代码清单 8-5 中代码里定义的 `Sink.INPUT` 通道，它的属性将 `input` 通道映射到 `orgChangeTopic`。其次，我们看到这里引入了一个名为 `spring.cloud.stream.bindings.input.group` 的新属性。`group` 属性定义将要消费消息的消费者组的名称。

消费者组的概念是这样的：开发人员可能拥有多个服务，每个服务都有多个实例侦听同一个消息队列，但是只需要服务实例组中的一个服务实例来消费和处理消息。`group` 属性标识服务所属的消费者组。只要服务实例具有相同的组名，Spring Cloud Stream 和底层消息代理将保证，只有消息的一个副本会被属于该组的服务实例所使用。对于许可证服务，`group` 属性值将会是 `licensingGroup`。

图 8-6 阐述了如何使用消费者组来强制跨多个服务消费的消息只被消费一次。

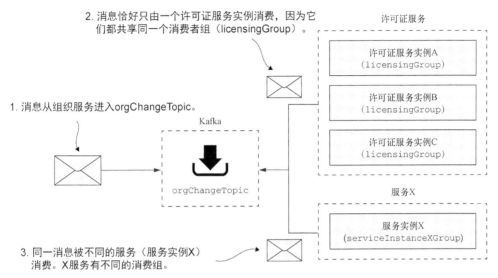

2. 消息恰好只由一个许可证服务实例消费，因为它们都共享同一个消费者组（licensingGroup）。

1. 消息从组织服务进入orgChangeTopic。

3. 同一消息被不同的服务（服务实例X）消费。X服务有不同的消费组。

图 8-6　消费者组保证消息只会被一组服务实例处理一次

8.3.3　在实际操作中查看消息服务

现在，每当添加、更新或删除记录时，组织服务就将向 orgChangeTopic 发布消息，并且许可证服务从同一主题接收消息。通过更新组织服务记录并观察控制台，可以看到来自许可证服务的相应日志消息，以此来查看这段代码的实际操作。

要更新组织服务记录，我们将在组织服务上发送 PUT 请求来更新组织的联系电话号码。将要用来执行更新的端点是 http://localhost:5555/api/organization/v1/organizations/e254f8c-c442-4ebe-a82a-e2fc1d1ff78a，要发送到端点的 PUT 调用的请求体是：

```
{
    "contactEmail": "mark.balster@custcrmco.com",
    "contactName": "Mark Balster",
    "contactPhone": "823-555-2222",
    "id": "e254f8c-c442-4ebe-a82a-e2fc1d1ff78a",
    "name": "customer-crm-co"
}
```

图 8-7 展示了这个 PUT 调用返回的输出。

一旦组织服务调用完成，就应该在运行服务的控制台窗口中看到图 8-8 所示的输出结果。

现在已经有两个通过消息传递相互通信的服务。Spring Cloud Stream 充当了这些服务的中间人。从消息传递的角度来看，这些服务对彼此一无所知。它们使用消息传递代理来作为中介，并使用 Spring Cloud Stream 作为消息传递代理的抽象层进行通信。

图 8-7 使用组织服务更新联系电话号码

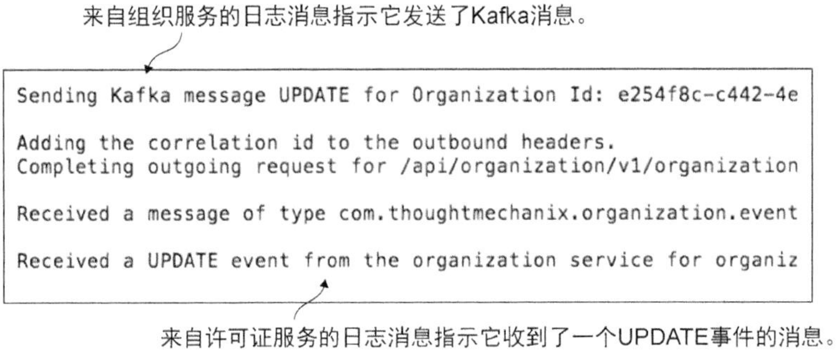

来自组织服务的日志消息指示它发送了Kafka消息。

来自许可证服务的日志消息指示它收到了一个UPDATE事件的消息。

图 8-8 控制台将显示组织服务发送的消息，以及接下来被许可证服务接收的消息

8.4 Spring Cloud Stream 用例：分布式缓存

到目前为止，我们拥有两个使用消息传递进行通信的服务，但是我们并没有真正处理消息。现在我们将要构建在本章前面讨论过的分布式缓存示例。我们将让许可证服务始终检查分布式的 Redis 缓存以获取与特定许可证相关联的组织数据。如果组织数据在缓存中存在，那么将从缓存中返回数据。否则，将调用组织服务，并将调用的结果缓存在一个 Redis 散列中。

在组织服务中更新数据时，组织服务将向 Kafka 发出一条消息。许可证服务将接收消息，并对 Redis 发出删除指令，以清除缓存。

云缓存与消息传递

使用 Redis 作为分布式缓存与云中的微服务开发密切相关。以我目前的雇主来为例，我们使用亚马逊 Web 服务（AWS）构建我们的解决方案，并且是亚马逊的 DynamoDB 的重度使用者。我们还使用亚马逊的 ElastiCache（Redis）增强如下功能。

■ 提高查找常用数据的性能——通过使用缓存，我们显著提高了几个关键服务的性能。我们销售

的产品中的所有表都是多租户的（在单个表中保存多个客户记录），这意味着它们可以非常大。由于缓存倾向于留住"大量"使用的数据，所以我们使用 Redis 和缓存来避免读取 DynamoDB，从而显著提高了性能。

■　减少持有数据的 DynamoDB 表上的负载（和成本）——在 DynamoDB 中访问数据可能是一项昂贵的提议。应用程序发出的每一次读取都是一次收费事件。使用 Redis 服务器通过主键读取要比 DynamoDB 读取便宜得多。

■　增加弹性，以便在主数据存储（DynamoDB）存在性能问题时，服务能够优雅地降级——如果 AWS DynamoDB 出现问题（这确实偶尔发生），使用诸如 Redis 这样的缓存可以帮助服务优雅地降级。根据在缓存中保存的数据量，缓存解决方案可以帮助减少从访问数据存储中获取的错误的数量。

Redis 远远不止是一个缓存解决方案，但是如果开发人员需要一个分布式缓存，它可以充当这个角色。

8.4.1　使用 Redis 来缓存查找

现在先从设置许可证服务以使用 Redis 开始。幸运的是，Spring Data 已经简化了将 Redis 引入许可证服务中的工作。要在许可证服务中使用 Redis，需要做以下 4 件事情。

（1）配置许可证服务以包含 Spring Data Redis 依赖项。
（2）构造一个到 Redis 服务器的数据库连接。
（3）定义 Spring Data Redis 存储库，代码将使用它与一个 Redis 散列进行交互。
（4）使用 Redis 和许可证服务来存储和读取组织数据。

1.　配置许可证服务以包含 Spring Data Redis 依赖项

需要做的第一件事就是将 `spring-data-redis`、`jedis` 以及 `common-pools2` 依赖项包含在许可证服务的 pom.xml 文件中。代码清单 8-7 展示了要包含的依赖项。

代码清单 8-7　添加 Spring Redis 依赖项

```
<dependency>
  <groupId>org.springframework.data</groupId>
  <artifactId>spring-data-redis</artifactId>
  <version>1.7.4.RELEASE</version>
</dependency>

<dependency>
  <groupId>redis.clients</groupId>
  <artifactId>jedis</artifactId>
  <version>2.9.0</version>
</dependency>

<dependency>
```

```
    <groupId>org.apache.commons</groupId>
    <artifactId>commons-pool2</artifactId>
    <version>2.0</version>
</dependency>
```

2. 构造一个到 Redis 服务器的数据库连接

既然已经在 Maven 中添加了依赖项，接下来就需要建立一个到 Redis 服务器的连接。Spring 使用开源项目 Jedis 与 Redis 服务器进行通信。要与特定的 Redis 实例进行通信，需要在 licensing-service/src/main/java/com/thoughtmechanix/licenses/Application.java 中的 `Application` 类中公开一个 `JedisConnectionFactory` 作为 Spring bean。一旦连接到 Redis，将使用该连接创建一个 Spring `RedisTemplate` 对象。我们很快会实现 Spring Data 存储库类，它们将使用 `RedisTemplate` 对象来执行查询，并将组织服务数据保存到 Redis 服务中。代码清单 8-8 展示了这段代码。

代码清单 8-8　确定许可证服务将如何与 Redis 进行通信

```
package com.thoughtmechanix.licenses;

// 为了简洁，省略了大部分 import 语句
import org.springframework.data.redis.connection.jedis.JedisConnectionFactory;
import org.springframework.data.redis.core.RedisTemplate;

@SpringBootApplication
@EnableEurekaClient
@EnableCircuitBreaker
@EnableBinding(Sink.class)
public class Application {

    @Autowired
    private ServiceConfig serviceConfig;

    // 为了简洁，省略了类中的其他方法
    @Bean
    public JedisConnectionFactory jedisConnectionFactory() {        ◄──  jedisConnectionFactory()方法设置
        JedisConnectionFactory jedisConnFactory = new JedisConnectionFactory();    到 Redis 服务器的实际数据库连接
        jedisConnFactory.setHostName( serviceConfig.getRedisServer() );
        jedisConnFactory.setPort( serviceConfig.getRedisPort() );
        return jedisConnFactory;
    }

    @Bean
    public RedisTemplate<String, Object> redisTemplate() {          ◄──
        RedisTemplate<String, Object> template = new RedisTemplate<String,
        ➥   Object>();
        template.setConnectionFactory(jedisConnectionFactory());
        return template;                        redisTemplate()方法创建一个 RedisTemplate，
    }                                           用于对 Redis 服务器执行操作
}
```

建立许可证服务与 Redis 进行通信的基础工作已经完成。现在让我们来编写从 Redis 查询、添加、更新和删除数据的逻辑。

3．定义 Spring Data Redis 存储库

Redis 是一个键值数据存储，它的作用类似于一个大的、分布式的、内存中的 HashMap。在最简单的情况下，它存储数据并按键查找数据。Redis 没有任何复杂的查询语言来检索数据。它的简单性是它的优点，也是这么多项目采用它的原因之一。

因为我们使用 Spring Data 来访问 Redis 存储，所以需要定义一个存储库类。读者可能还记得在第 2 章中，Spring Data 使用用户定义的存储库类为 Java 类提供一个简单的机制来访问 Postgres 数据库，而无须开发人员编写低级的 SQL 查询。

对于许可证服务，我们将为 Redis 存储库定义两个文件。将要编写的第一个文件是一个 Java 接口，它将被注入任何需要访问 Redis 的许可证服务类中。这个 OrganizationRedisRepository 接口（在 licensing- service/src/main/java/com/thoughtmechanix/licenses/repository/OrganizationRedis Repository.java 中）如代码清单 8-9 所示。

代码清单 8-9　OrganizationRedisRepository 定义用于调用 Redis 的方法

```
package com.thoughtmechanix.licenses.repository;

import com.thoughtmechanix.licenses.model.Organization;

public interface OrganizationRedisRepository {
    void saveOrganization(Organization org);
    void updateOrganization(Organization org);
    void deleteOrganization(String organizationId);
    Organization findOrganization(String organizationId);
}
```

第二个文件是 OrganizationRedisRepository 接口的实现。这个接口的实现，即 licensing-service/src/main/java/com/thoughtmechanix/licenses/repository/OrganizationRedisRepositoryImpl.java 中的 OranizationRedisRepositoryImpl 类，使用了之前在代码清单 8-8 中定义的 RedisTemplate 来与 Redis 服务器进行交互，并对 Redis 服务器执行操作。代码清单 8-10 展示了所使用的代码。

代码清单 8-10　OrganizationRedisRepositoryImpl 实现

```
package com.thoughtmechanix.licenses.repository;

// 为了简洁，省略了大部分 import 语句
import org.springframework.data.redis.core.HashOperations;
import org.springframework.data.redis.core.RedisTemplate;

@Repository
public class OrganizationRedisRepositoryImpl implements
```

> 这个 @Repository 注解告诉 Spring，这个类是一个与 Spring Data 一起使用的存储库类

```
    OrganizationRedisRepository {
private static final String HASH_NAME="organization";

private RedisTemplate<String, Organization> redisTemplate;
private HashOperations hashOperations;

public OrganizationRedisRepositoryImpl(){
    super();
}

@Autowired
private OrganizationRedisRepositoryImpl(RedisTemplate redisTemplate) {
    this.redisTemplate = redisTemplate;
}

@PostConstruct
private void init() {
    hashOperations = redisTemplate.opsForHash();
}

@Override
public void saveOrganization(Organization org) {
    hashOperations.put(HASH_NAME, org.getId(), org);
}

@Override
public void updateOrganization(Organization org) {
    hashOperations.put(HASH_NAME, org.getId(), org);
}

@Override
public void deleteOrganization(String organizationId) {
    hashOperations.delete(HASH_NAME, organizationId);
}

@Override
public Organization findOrganization(String organizationId) {
    return (Organization) hashOperations.get(HASH_NAME, organizationId);
}
}
```

在 Redis 服务器中存储组织数据的散列的名称

HashOperations 类包含一组用于在 Redis 服务器上执行数据操作的辅助方法

与 Redis 的所有交互都将使用由键存储的单个 Organization 对象

OrganizationRedisRepositoryImpl 包含用于从 Redis 存储和检索数据的所有 CRUD（Create、Read、Update 和 Delete）逻辑。在代码清单 8-10 所示的代码中有两个关键问题需要注意。

- Redis 中的所有数据都是通过一个键存储和检索的。因为是存储从组织服务中检索到的数据，所以自然选择组织 ID 作为存储组织记录的键。
- 一个 Redis 服务器可以包含多个散列和数据结构。在针对 Redis 服务器的每个操作中，需要告诉 Redis 执行操作的数据结构的名字。在代码清单 8-10 中，使用的数据结构名称存储在 HASH_NAME 常量中，其值为"organization"。

4．使用 Redis 和许可证服务来存储和读取组织数据

在完成对 Redis 执行操作的代码之后，就可以修改许可证服务，以便每次许可证服务需要组织数据时，它会在调用组织服务之前检查 Redis 缓存。检查 Redis 的逻辑将出现在 licensing-service/src/main/java/com/thoughtmechanix/licenses/clients/OrganizationRestTemplateClient.java 中的 OrganizationRestTemplateClient 类中。这个类的代码如代码清单 8-11 所示。

代码清单 8-11　OrganizationRestTemplateClient 将实现缓存逻辑

```
package com.thoughtmechanix.licenses.clients;

// 为了简洁，省略了 import 语句
@Component
public class OrganizationRestTemplateClient {
    @Autowired
    RestTemplate restTemplate;

    @Autowired
    OrganizationRedisRepository orgRedisRepo;          OrganizationRedisRepository 被自动装
                                                       配到 Organization RestTemplateClient
    private static final Logger logger =
➥       LoggerFactory.getLogger(OrganizationRestTemplateClient.class);

    private Organization checkRedisCache(String organizationId) {
        try {                                                             尝试使用组织 ID
             return orgRedisRepo.findOrganization(organizationId);        从 Redis 中检索
        }                                                                 Organization 类
        catch (Exception ex){
            logger.error("Error encountered while trying to
➥           retrieve organization {} check Redis Cache.Exception {}",
➥           organizationId, ex);
            return null;
        }
    }

    private void cacheOrganizationObject(Organization org) {
        try {
            orgRedisRepo.saveOrganization(org);
        }
        catch (Exception ex){
            logger.error("Unable to cache organization {} in Redis.
➥           exception {}", org.getId(), ex);
        }
    }

    public Organization getOrganization(String organizationId){
        logger.debug("In Licensing Service.getOrganization: {}",
➥         UserContext.getCorrelationId());
        Organization org = checkRedisCache(organizationId);
```

```
if (org!=null){
    logger.debug("I have successfully
 ⇨    retrieved an organization {} from the redis cache: {}",
 ⇨    organizationId, org);
    return org;
}

logger.debug("Unable to locate organization from the redis cache: {}.",
 ⇨    organizationId);

ResponseEntity<Organization> restExchange = restTemplate.exchange(
 ⇨    "http://zuulservice/api/organization/v1/organizations/{organizationId}",
 ⇨    HttpMethod.GET,
 ⇨    null,
 ⇨    Organization.class,
 ⇨    organizationId);

/*将记录保存到缓存中*/
org = restExchange.getBody();

if (org!=null) {
    cacheOrganizationObject(org);
}

return org;
    }
}
```

如果无法从 Redis 中检索出数据，那么将调用组织服务从源数据库检索数据

将检索到的对象保存到缓存中

getOrganization()方法是调用组织服务的地方。在进行实际的 REST 调用之前，尝试使用 checkRedisCache()方法从 Redis 中检索与调用相关联的组织对象。如果该组织对象不在 Redis 中，则代码将返回一个 null 值。如果从 checkRedisCache()方法返回一个 null 值，那么代码将调用组织服务的 REST 端点来检索所需的组织记录。如果组织服务返回一条组织记录，那么将使用 cacheOrganizationObject()方法缓存返回的组织对象。

注意 在与缓存进行交互时，要特别注意异常处理。为了提高弹性，如果无法与 Redis 服务器通信，我们绝对不会让整个调用失败。相反，我们会记录异常，并让调用转到组织服务。在这个特定的用例中，缓存旨在帮助提高性能，而缓存服务器的缺失不应该影响调用的成功。

有了 Redis 缓存代码，接下来应该访问许可证服务（是的，目前只有两个服务，但是有很多基础设施），并查看代码清单 8-10 中的日志消息。如果读者连续访问以下许可证服务端点 http://localhost:5555/api/licensing/v1/organizations/e254f8c-c442-4ebe-a82a-e2fc1d1ff78a/licenses/f3831f8c-c338-4ebe-a82a-e2fc1d1ff78a 两次，那么应该在日志中看到以下两个输出语句：

```
licensingservice_1    | 2016-10-26 09:10:18.455 DEBUG 28 --- [nio-8080-exec-
    1] c.t.l.c.OrganizationRestTemplateClient    : Unable to locate
    organization from the redis cache: e254f8c-c442-4ebe-a82a-e2fc1d1ff78a.
```

```
licensingservice_1    | 2016-10-26 09:10:31.602 DEBUG 28 --- [nio-8080-exec-
    2] c.t.l.c.OrganizationRestTemplateClient    : I have successfully
    retrieved an organization e254f8c-c442-4ebe-a82a-e2fc1d1ff78a from the
    redis cache: com.thoughtmechanix.licenses.model.Organization@6d20d301
```

来自控制台的第一行显示，第一次调用尝试为组织访问许可证服务端点 `e254f8c-c442-4ebe-a82a- e2fc1d1ff78a`。许可证服务首先检查了 Redis 缓存，但找不到要查找的组织记录。然后代码调用组织服务来检索数据。从控制台显示出来的第二行表明，在第二次访问许可证服务端点时，组织记录已被缓存了。

8.4.2　定义自定义通道

之前我们在许可证服务和组织服务之间构建了消息集成，以便使用默认的 `output` 和 `input` 通道，这些通道与 `Source` 和 `Sink` 接口一起打包在 Spring Cloud Stream 项目中。然而，如果想要为应用程序定义多个通道，或者想要定制通道的名称，那么开发人员可以定义自己的接口，并根据应用程序需要公开任意数量的输入和输出通道。

要在许可证服务里面创建名为 `inboundOrgChanges` 的自定义通道，可以在 licensing-service/src/main/java/com/thoughtmechanix/licenses/events/CustomChannels.java 的 `CustomChannels` 接口中进行定义，如代码清单 8-12 所示。

代码清单 8-12　为许可证服务定义一个自定义 input 通道

```
package com.thoughtmechanix.licenses.events;

import org.springframework.cloud.stream.annotation.Input;
import org.springframework.messaging.SubscribableChannel;

public interface CustomChannels {
    @Input("inboundOrgChanges")
    SubscribableChannel orgs();
}
```

@Input 是方法级别的注解，它定义了通道的名称

通过@Input 注解公开的每个通道必须返回一个 SubscribableChannel 类

代码清单 8-12 中的关键信息是，对于要公开的每个自定义 `input` 通道，使用@Input 注解标记一个返回 `SubscribableChannel` 类的方法。如果想要为发布的消息定义 `output` 通道，可以在将要调用的方法上使用@OutputChannel。在 `output` 通道的情况下，定义的方法将返回一个 `MessageChannel` 类而不是与 `input` 通道一起使用的 `SubscribableChannel` 类。

```
@OutputChannel("outboundOrg")
MessageChannel outboundOrg();
```

定义完自定义 `input` 通道之后，接下来就需要在许可证服务中修改两样东西来使用它。首先，需要修改许可证服务，以将自定义 `input` 通道名称映射到 Kafka 主题。代码清单 8-13 展示了这一点。

代码清单 8-13　修改许可证服务以使用自定义 input 通道

```
spring:
...
  cloud:
...
  stream:
    bindings:
      inboundOrgChanges:
        destination: orgChangeTopic        ◁        将通道的名称从 input 更改
        content-type: application/json             为 inboundOrgChanges
        group: licensingGroup
```

要使用自定义 input 通道，需要将定义的 CustomChannels 接口注入将要使用它来处理消息的类中。对于分布式缓存示例，我已经将处理传入消息的代码移到了 licensing-service 文件夹下的 OrganizationChangeHandler 类（在 licensing-service/src/main/java/com/-thoughtmechanix/licenses/events/handlers/OrganizationChangeHandler.java 中）。代码清单 8-14 展示了与定义的 inboundOrgChanges 通道一起使用的消息处理代码。

代码清单 8-14　在 OrganizationChangeHandler 中使用新的自定义通道

将@EnableBindings 从 Application 类移到 OrganizationChangeHandler 类。
这一次不使用 Sink.class，而是使用 CustomChannels 类作为参数进行传入

```
@EnableBinding(CustomChannels.class)                    ◁
public class OrganizationChangeHandler {

    @StreamListener("inboundOrgChanges")               ◁
    public void loggerSink(OrganizationChangeModel orgChange) {
        ... //为了简洁，省略了其余的代码                使用@StreamListener 注解传入通道名称
    }                                                  inboundOrgChanges 而不是使用 Sink.INPUT
}
```

8.4.3　将其全部汇集在一起：在收到消息时清除缓存

到目前为止，我们不需要对组织服务做任何事。该服务被设置为在组织被添加、更新或删除时发布一条消息。我们需要做的就是根据代码清单 8-14 构建出 OrganizationChange-Handler 类。代码清单 8-15 展示了这个类的完整实现。

代码清单 8-15　处理许可证服务中的组织更改

```
@EnableBinding(CustomChannels.class)
public class OrganizationChangeHandler {        用于与 Redis 进行交互的 OrganizationRedis Repository
                                                被注入 OrganizationChange Handler
    @Autowired
    private OrganizationRedisRepository organizationRedisRepository;    ◁
```

```
private static final Logger logger =
➡   LoggerFactory.getLogger(OrganizationChangeHandler.class);

@StreamListener("inboundOrgChanges")
public void loggerSink(OrganizationChangeModel orgChange) {
    switch(orgChange.getAction()){
        // 为了简洁，省略了其余的代码

    case "UPDATE":
        logger.debug("Received a UPDATE event
    ➡   from the organization service for organization id {}",
    ➡   orgChange.getOrganizationId());
        organizationRedisRepository
    ➡   .deleteOrganization(orgChange.getOrganizationId());
        break;
    case "DELETE":
        logger.debug("Received a DELETE event
    ➡   from the organization service for organization id {}",
    ➡   orgChange.getOrganizationId());
        organizationRedisRepository
    ➡   .deleteOrganization(orgChange.getOrganizationId());
        break;
    default:
        logger.error("Received an UNKNOWN event
    ➡   from the organization service of type {}",
    ➡   orgChange.getType());
        break;

    }
}
```

在收到消息时，检查与数据相关的操作，然后做出相应的反应

如果组织数据被更新或者删除，那么就通过 organizationRedisRepository 类从 Redis 中移除组织数据

8.5 小结

- 使用消息传递的异步通信是微服务架构的关键部分。
- 在应用程序中使用消息传递可以使服务能够伸缩并且变得更具容错性。
- Spring Cloud Stream 通过使用简单的注解以及抽象出底层消息平台的特定平台细节来简化消息的生产和消费。
- Spring Cloud Stream 消息发射器是一个带注解的 Java 方法，用于将消息发布到消息代理的队列中。
- Spring Cloud Stream 消息接收器是一个带注解的 Java 方法，它接收消息代理队列上的消息。
- Redis 是一个键值存储，它可以用作数据库和缓存。

第 9 章 使用 Spring Cloud Sleuth 和 Zipkin 进行分布式跟踪

本章主要内容

■ 使用 Spring Cloud Sleuth 将跟踪信息注入服务调用

■ 使用日志聚合来查看分布式事务的日志

■ 通过日志聚合工具进行查询

■ 在跨多个微服务调用时，使用 OpenZipkin 直观地理解用户的事务

■ 使用 Spring Cloud Sleuth 和 Zipkin 定制跟踪信息

微服务架构是一种强大的设计范型，可以将复杂的单体软件系统分解为更小、更易于管理的部分。这些可管理的部分可以独立构建和部署。然而，这种灵活性是要付出代价的，那就是复杂性。因为微服务本质上是分布式的，所以要调试问题出现的地方可能会让人抓狂。服务的分布式特性意味着必须在多个服务、物理机器和不同的数据存储之间跟踪一个或多个事务，然后试图拼凑出究竟发生了什么。

本章列出了可能实现分布式调试的几种技术。在这一章中，我们将关注以下内容。

■ 使用关联 ID 将跨多个服务的事务链接在一起。

■ 将来自多个服务的日志数据聚合为一个可搜索的源。

■ 可视化跨多个服务的用户事务流，并理解事务每个部分的性能特征。

为了完成这 3 件事，我们将使用以下 3 种不同的技术。

■ Spring Cloud Sleuth——Spring Cloud Sleuth 是一个 Spring Cloud 项目，它将关联 ID 装备到 HTTP 调用上，并将生成的跟踪数据提供给 OpenZipkin 的钩子。Spring Cloud Sleuth 通过添加过滤器并与其他 Spring 组件进行交互，将生成的关联 ID 传递到所有系统调用。

■ Papertrail——Papertrail 是一种基于云的服务（基于免费增值），允许开发人员将来自多个源的日志数据聚合到单个可搜索的数据库中。开发人员可以为日志聚合选择的解决方案包括内部部署解决方案、基于云解决方案、开源解决方案和商业解决方案。本章稍后将介绍几种备选方案。

■ Zipkin——Zipkin 是一种开源数据可视化工具，可以显示跨多个服务的事务流。Zipkin 允许开发人员将事务分解到它的组件块中，并可视化地识别可能存在性能热点的位置。

要开始本章的内容，我们从最简单的跟踪工具——关联 ID 开始。

注意 本章的部分内容依赖于第 6 章中介绍的内容（特别是 Zuul 的前置过滤器、路由过滤器和后置过滤器）。如果读者还没有读过第 6 章，建议在阅读这一章之前先读一读。

9.1 Spring Cloud Sleuth 与关联 ID

在第 5 章和第 6 章中，我们介绍了关联 ID 的概念。关联 ID 是一个随机生成的、唯一的数字或字符串，它在事务启动时分配给一个事务。当事务流过多个服务时，关联 ID 从一个服务调用传播到另一个服务调用。在第 6 章的上下文中，我们使用 Zuul 过滤器检查了所有传入的 HTTP 请求，并且在关联 ID 不存在的情况下注入关联 ID。

一旦提供了关联 ID，就可以在每个服务上使用自定义的 Spring HTTP 过滤器，将传入的变量映射到自定义的 UserContext 对象。有了 UserContext 对象，现在可以手动地将关联 ID 添加到日志语句中，或者通过少量工作将关联 ID 直接添加到 Spring 的映射诊断上下文（Mapped Diagnostic Context，MDC）中，从而确保将关联 ID 添加到任何日志语句中。我们还编写了一个 Spring 拦截器，该拦截器通过向出站调用添加关联 ID 到 HTTP 首部中，确保来自服务的所有 HTTP 调用都会传播关联 ID。

对了，我们必须施展 Spring 和 Hystrix 的魔法，以确保持有关联 ID 的父线程的线程上下文被正确地传播到 Hystrix。在最后，这些数量众多的基础设施都是为了某些你希望只有在问题发生时才查看的东西而设置的（使用关联 ID 来跟踪事务中发生了什么）。

幸运的是，Spring Cloud Sleuth 能够为开发人员管理这些代码基础设施并处理复杂的工作。通过添加 Spring Cloud Sleuth 到 Spring 微服务中，开发人员可以：

■ 透明地创建并注入一个关联 ID 到服务调用中（如果关联 ID 不存在）；
■ 管理关联 ID 到出站服务调用的传播，以便将事务的关联 ID 自动添加到出站调用中；
■ 将关联信息添加到 Spring 的 MDC 日志记录，以便生成的关联 ID 由 Spring Boot 默认的 SL4J 和 Logback 实现自动记录；
■ （可选）将服务调用中的跟踪信息发布到 Zipkin 分布式跟踪平台。

注意 有了 Spring Cloud Sleuth，如果使用 Spring Boot 的日志记录实现，关联 ID 就会自动添加到微服务的日志语句中。

让我们继续，将 Spring Cloud Sleuth 添加到许可证服务和组织服务中。

9.1.1 将 Spring Cloud Sleuth 添加到许可证服务和组织服务中

要在两个服务（许可证和组织）中开始使用 Spring Cloud Sleuth，我们需要在两个服务的 pom.xml 文件中添加一个 Maven 依赖项：

```
<dependency>
    <groupId>org.springframework.cloud</groupId>
    <artifactId>spring-cloud-starter-sleuth</artifactId>
</dependency>
```

这个依赖项会拉取 Spring Cloud Sleuth 所需的所有核心库。就这样，一旦这个依赖项被拉进来，服务现在就会完成如下功能。

（1）检查每个传入的 HTTP 服务，并确定调用中是否存在 Spring Cloud Sleuth 跟踪信息。如果 Spring Cloud Sleuth 跟踪数据确实存在，则将捕获传递到微服务的跟踪信息，并将跟踪信息提供给服务以进行日志记录和处理。

（2）将 Spring Cloud Sleuth 跟踪信息添加到 Spring MDC，以便微服务创建的每个日志语句都添加到日志中。

（3）将 Spring Cloud 跟踪信息注入服务发出的每个出站 HTTP 调用以及 Spring 消息传递通道的消息中。

9.1.2 剖析 Spring Cloud Sleuth 跟踪

如果一切创建正确，则在服务应用程序代码中编写的任何日志语句现在都将包含 Spring Cloud Sleuth 跟踪信息。例如，图 9-1 展示了如果要在组织服务上执行 HTTP GET 请求 http://localhost:5555/api/organization/v1/organizations/e254f8c-c442-4ebe-a82a-e2fc1d1ff78a，服务将输出什么结果。

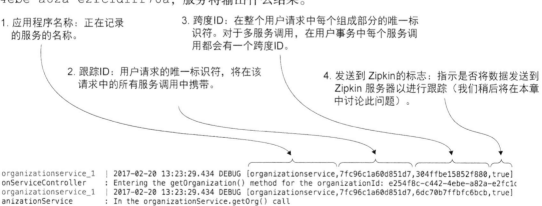

图 9-1 Spring Cloud Sleuth 为服务编写的每个日志条目添加了 4 条跟踪信息，这些数据有助于将用户请求的服务调用绑定在一起

Spring Cloud Sleuth 将向每个日志条目添加以下 4 条信息（与图 9-1 中的数字对应）。

（1）服务的应用程序名称——这是创建日志条目时所在的应用程序的名称。在默认情况下，Spring Cloud Sleuth 将应用程序的名称（`spring.application.name`）作为在跟踪中写入的名称。

（2）跟踪 ID（trace ID）——跟踪 ID 是关联 ID 的等价术语，它是表示整个事务的唯一编号。

（3）跨度 ID（span ID）——跨度 ID 是表示整个事务中某一部分的唯一 ID。参与事务的每个服务都将具有自己的跨度 ID。当与 Zipkin 集成来可视化事务时，跨度 ID 尤其重要。

（4）是否将跟踪数据发送到 Zipkin——在大容量服务中，生成的跟踪数据量可能是海量的，并且不会增加大量的价值。Spring Cloud Sleuth 让开发人员确定何时以及如何将事务发送给 Zipkin。Spring Cloud Sleuth 跟踪块末尾的 `true/false` 指示器用于指示是否将跟踪信息发送到 Zipkin。

到目前为止，我们只查看了单个服务调用产生的日志数据。让我们来看看通过 GET `http://localhost:5555/api/licensing/v1/organizations/e254f8c-c442-4ebe-a82a-e2fc1d1ff78a/licenses/f3831f8c-c338-4ebe-a82a-e2fc-1d1ff78a` 调用许可证服务时会发生什么。记住，许可证服务还必须向组织服务发出调用。图 9-2 展示了来自两个服务调用的日志记录输出。

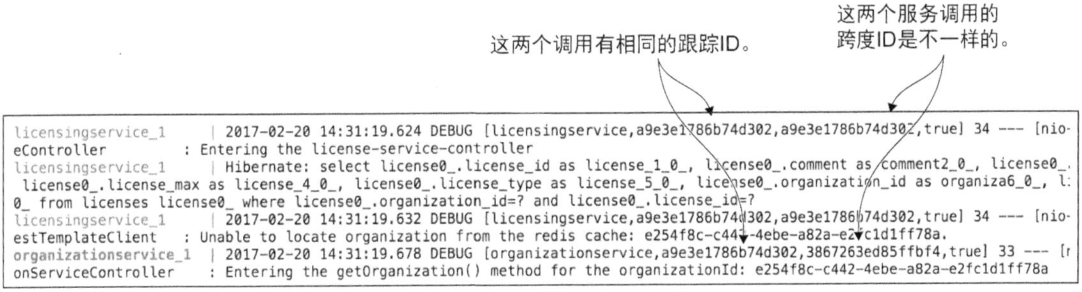

图 9-2 当一个事务中涉及多个服务时，可以看到它们具有相同的跟踪 ID

查看图 9-2 可以看出许可证服务和组织服务都具有相同的跟踪 ID——a9e3e1786b74d302。但是，许可证服务的跨度 ID 是 a9e3e1786b74d302（与事务 ID 的值相同），而组织服务的跨度 ID 是 3867263ed85ffbf4。

只需添加一些 POM 的依赖项，我们就已经替换了在第 5 章和第 6 章中构建的所有关联 ID 的基础设施。就我个人而言，在这个世界上，没有什么比用别人的代码代替复杂的、基础设施风格的代码更让我开心的了。

9.2　日志聚合与 Spring Cloud Sleuth

在大型的微服务环境中（特别是在云环境中），日志记录数据是调试问题的关键工具。但是，因为基于微服务的应用程序的功能被分解为小型的细粒度的服务，并且单个服务类型可以有多个服务实例，所以尝试绑定来自多个服务的日志数据以解决用户的问题可能非常困难。试图跨多个服务器调试问题的开发人员通常不得不尝试以下操作。

- 登录到多个服务器以检查每个服务器上的日志。这是一项非常费力的任务，尤其是在所涉及的服务具有不同的事务量，导致日志以不同的速率滚动的时候。
- 编写尝试解析日志并标识相关的日志条目的本地查询脚本。由于每个查询可能不同，因此开发人员经常会遇到大量的自定义脚本，用于从日志中查询数据。
- 延长停止服务的进程的恢复，因为开发人员需要备份驻留在服务器上的日志。如果托管服务的服务器彻底崩溃，则日志通常会丢失。

上面列出的每一个问题都是我遇到过的实际问题。在分布式服务器上调试问题是一件很糟糕的工作，并且常常会明显增加识别和解决问题所需的时间。

一种更好的方法是，将所有服务实例的日志实时流到一个集中的聚合点，在那里可以对日志数据进行索引并进行搜索。图 9-3 在概念层面展示了这种"统一"的日志记录架构是如何工作的。

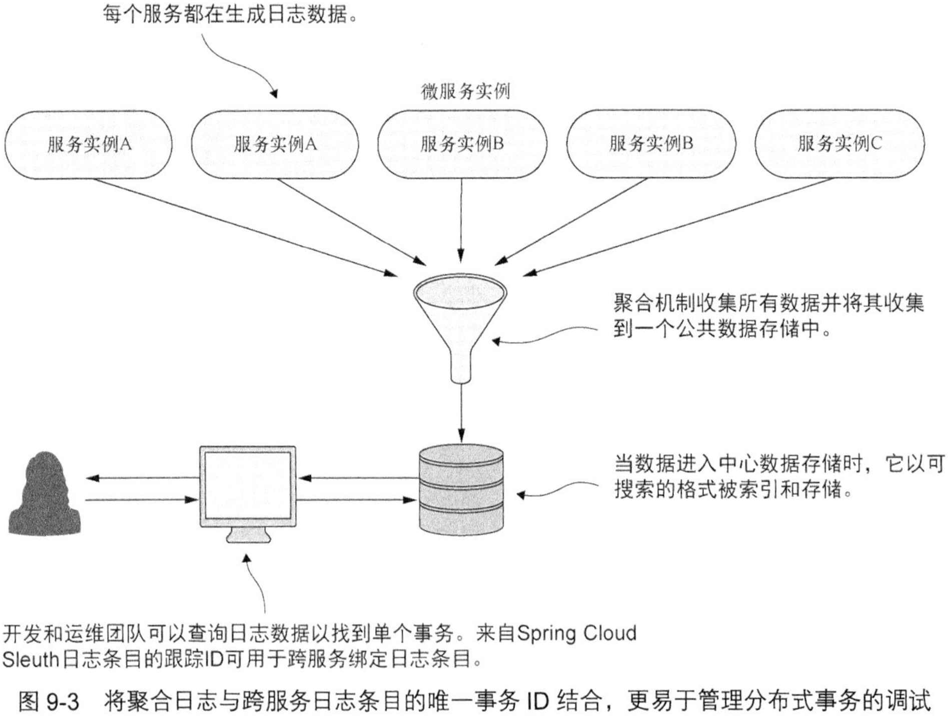

图 9-3 将聚合日志与跨服务日志条目的唯一事务 ID 结合，更易于管理分布式事务的调试

幸运的是，有多个开源产品和商业产品可以帮助我们实现前面描述的日志记录架构。此外，还存在多个实现模型，可供开发人员在内部部署、本地管理或者基于云的解决方案之间进行选择。表 9-1 总结了可用于日志记录基础设施的几个选择。

表 9-1　与 Spring Boot 组合使用的日志聚合方案的选项

产品名称	实现模式	备　　注
Elasticsearch, Logstash, Kibana（ELK）	开源 商业 通常实施于内部部署	通用搜索引擎 可以通过 ELK 技术栈进行日志聚合 需要最多的手工操作
Graylog	开源 商业 内部部署	设计为在内部安装的开源平台
Splunk	仅限于商业 内部部署和基于云	最古老且最全面的日志管理和聚合工具 最初是内部部署的解决方案，但后来提供了云服务
Sumo Logic	免费增值模式 商业 基于云	免费增值模式/分层定价模型 仅作为云服务运行 需要用公司的工作账户去注册（不能是 Gmail 或 Yahoo 账户）
Papertrail	免费增值模式 商业 基于云	免费增值模式/分层定价模型 仅作为云服务运行

很难从上面选出哪个是最好的。每个组织都各不相同，并且有不同的需求。

在本章中，我们将以 Papertrail 为例，介绍如何将 Spring Cloud Sleuth 支持的日志集成到统一的日志记录平台中。选择 Papertrail 出于以下 3 个原因。

（1）它有一个免费增值模式，可以注册一个免费的账户。

（2）它非常容易创建，特别是和 Docker 这样的容器运行时工作。

（3）它是基于云的。虽然我认为良好的日志基础设施对于微服务应用程序是至关重要的，但我不认为大多数组织都有时间或技术才能去正确地创建和管理一个日志记录平台。

9.2.1　Spring Cloud Sleuth 与 Papertrail 集成实战

在图 9-3 中，我们看到了一个通用的统一日志架构。现在我们来看看如何使用 Spring Cloud Sleuth 和 Papertrail 来实现相同的架构。

为了让 Papertrail 与我们的环境一起工作，我们必须采取以下措施。

（1）创建一个 Papertrail 账户并配置一个 Papertrail syslog 连接器。

（2）定义一个 Logspout Docker 容器，以从所有 Docker 容器捕获标准输出。

（3）通过基于来自 Spring Cloud Sleuth 的关联 ID 发出查询来测试这一实现。

图 9-4 展示了这一实现的最终状态，以及 Spring Cloud Sleuth 和 Papertrail 如何与解决方案融合。

1. 单个容器将其日志数据写入标准输出。
   它们的配置没有任何变化。

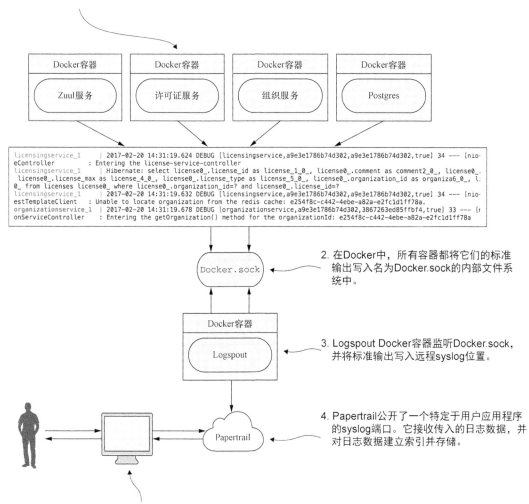

2. 在Docker中，所有容器都将它们的标准
   输出写入名为Docker.sock的内部文件系
   统中。

3. Logspout Docker容器监听Docker.sock，
   并将标准输出写入远程syslog位置。

4. Papertrail公开了一个特定于用户应用程序
   的syslog端口。它接收传入的日志数据，并
   对日志数据建立索引并存储。

5. Papertrail Web应用程序允许用户发出查询。在这里，用户可以输入
   Spring Cloud Sleuth的跟踪ID，以查看来自不同服务的所有含有该跟
   踪ID的日志条目。

图 9-4　使用原生 Docker 功能、Logspout 和 Papertrail 可以快速实现统一的日志记录架构

9.2.2　创建 Papertrail 账户并配置 syslog 连接器

我们将从创建一个Papertrail账号开始。要开始使用PaperTrail,应访问https://papertrailapp.com 并点击绿色的"Start Logging-Free Plan"按钮。图 9-5 展示了这个界面。

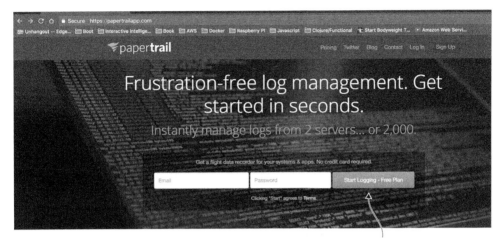

点击这里创建一个日志记录连接。

图 9-5 首先，在 Papertrail 上创建一个账户

Papertrail 不需要大量的信息去启动，只需要一个有效的电子邮箱地址即可。填写完账户信息后，将出现一个界面，用于创建记录数据的第一个系统。图 9-6 展示了这个界面。

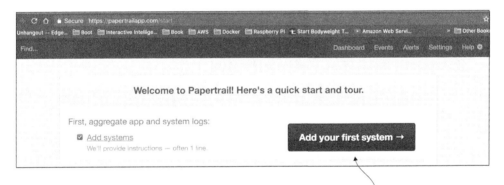

点击这里创建一个日志记录连接。

图 9-6 接下来，选择如何将日志数据发送到 Papertrail

在默认情况下，Papertrail 允许开发人员通过 Syslog 调用向它发送日志数据。Syslog 是源于 UNIX 的日志消息传递格式，它允许通过 TCP 和 UDP 发送日志消息。Papertrail 将自动定义一个 Syslog 端口，可以使用它来写入日志消息。在本章的讨论中，我们将使用这个默认端口。图 9-7 展示了 syslog 连接字符串，在点击图 9-6 所示的 "Add your first system" 按钮时，它将自动生成。

这是用于与Papertrail通信的syslog连接字符串。

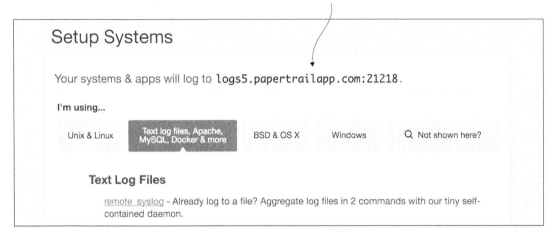

图 9-7 Papertrail 使用 Syslog 作为向它发送数据的机制之一

到目前为止，我们已经设置完 Papertrail。接下来，我们必须配置 Docker 环境，以便将运行服务的每个容器的输出捕获到图 9-7 中定义的远程 syslog 端点。

注意 图 9-7 中的连接字符串是我的账户特有的。读者需要确保自己使用了 Papertrail 为自己生成的连接字符串，或者通过 Papertrail Settings→Log destinations 菜单选项来定义一个连接字符串。

9.2.3 将 Docker 输出重定向到 Papertrail

通常情况下，如果在虚拟机中运行每个服务，那么必须配置每个服务的日志记录配置，以便将它的日志信息发送到一个远程 syslog 端点（如通过 Papertrail 公开的那个端点）。

幸运的是，Docker 让从物理机或虚拟机上运行的 Docker 容器中捕获所有输出变得非常容易。Docker 守护进程通过一个名为 `docker.sock` 的 Unix 套接字来与所有 Docker 容器进行通信。在 Docker 所在的服务器上，每个容器都可以连接到 `docker.sock`，并接收由该服务器上运行的所有其他容器生成的所有消息。用最简单的术语来说，`docker.sock` 就像一个管道，容器可以插入其中，并捕获 Docker 运行时环境中进行的全部活动，这些 Docker 运行时环境是在 Docker 守护进程运行的虚拟服务器上的。

我们将使用一个名为 Logspout 的 "Docker 化" 软件，它会监听 `docker.sock` 套接字，然后捕获在 Docker 运行时生成的任意标准输出消息，并将它们重定向输出到远程 syslog（Papertrail）。要建立 Logspout 容器，必须要向 docker-compose.yml 文件添加一个条目，它用于启动本章代码示例使用的所有 Docker 容器。我们需要修改 docker/common/docker-compose.yml 文件以添加以下条目：

```
logspout:
  image: gliderlabs/logspout
```

```
command: syslog://logs5.papertrailapp.com:21218
volumes:
  - /var/run/docker.sock:/var/run/docker.sock
```

注意 在上面的代码片段中，读者需要将 command 属性中的值替换为 Papertrail 提供的值。如果读者使用上述 Logspout 代码片段，Logspout 容器会很乐意将日志条目写入我的 Papertrail 账户。

现在，当读者启动本章中 Docker 环境时，所有发送到容器标准输出的数据都将发送到 Papertrail。在启动完第 9 章的 Docker 示例之后，读者通过登录自己的 Papertrail 账户，然后点击界面右上角的"Events"按钮，就可以看到数据都发送到 Papertrail。

图 9-8 展示了发送到 Papertrail 的数据的示例。

单个服务的日志事件被写入容器的标准输出中，容器中的标准输出由Logspout捕获，然后发送到Papertrail。

点击这里查看发送给Papertrail的日志事件。

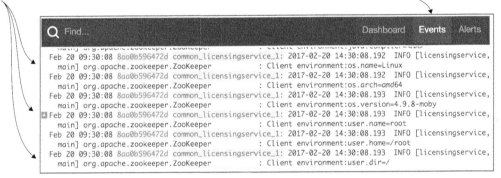

图 9-8 在定义了 Logspout Docker 容器的情况下，写入每个容器标准输出的数据将被发送到 Papertrail

为什么不使用 Docker 日志驱动程序

Docker 1.6 及更高版本允许开发人员定义其他日志驱动程序，以记录在每个容器中写入的 stdout/stderr 消息。其中一个日志记录驱动程序是 syslog 驱动程序，它可用于将消息写入远程 syslog 监听器。

为什么我会选择 Logspout 而不是使用标准的 Docker 日志驱动程序？主要原因是灵活性。Logspout 提供了定制日志数据发送到日志聚合平台的功能。Logspout 提供的功能有以下几个。

- 能够一次将日志数据发送到多个端点。许多公司都希望将自己的日志数据发送到一个日志聚合平台，同时还需要安全监控工具，用于监控生成的日志中的敏感数据。
- 在一个集中的位置过滤哪些容器将发送它们的日志数据。使用 Docker 驱动程序，开发人员需要在 docker-compose.yml 文件中为每个容器手动设置日志驱动程序，而 Logspout 则允许开发人员在集中式配置中定义特定容器甚至特定字符串模式的过滤器。
- 自定义 HTTP 路由，允许应用程序通过特定的 HTTP 端点来写入日志信息。这个特性允许开发人员完成一些事情，例如将特定的日志消息写入特定的下游日志聚合平台。举个例子，开发人员可能会将一般的日志消息从 stdout/stderr 转到 Papertrail，与此同时，可能会希望将特定应用程序审核信息发送到内部的 Elasticsearch 服务器。

■ 与 syslog 以外的协议集成。Logspout 可以通过 UDP 和 TCP 协议发送消息。此外，Logspout 还具有第三方模块，可以将 Docker 的 stdout/stderr 整合到 Elasticsearch 中。

9.2.4   在 Papertrail 中搜索 Spring Cloud Sleuth 的跟踪 ID

现在，日志正在流向 Papertrail，我们可以真正开始感激 Spring Cloud Sleuth 将跟踪 ID 添加到所有日志条目中。要查询与单个事务相关的所有日志条目，只需在 Papertrail 的事件界面的查询框中输入跟踪 ID 并进行查询即可。图 9-9 展示了如何使用在 9.1.2 节中使用的 Spring Cloud Sleuth 跟踪 ID a9e3e1786b74d302 来执行查询。

日志显示许可证服务和组织服务作为单个事务的一部分被调用。

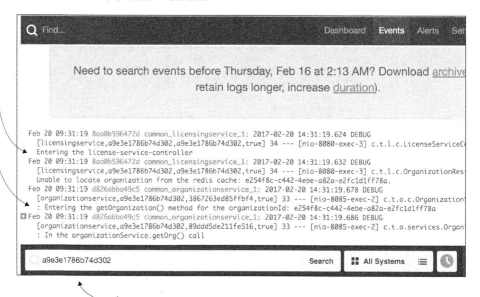

这是要查询的Spring Cloud Sleuth的跟踪ID。

图 9-9   跟踪 ID 可用于筛选与单个事务相关的所有日志条目

统一日志记录和对平凡的赞美

不要低估拥有一个统一的日志架构和服务关联策略的重要性。这似乎是一项平凡的任务，但在我撰写这一章的时候，我使用了类似于 Papertrail 的日志聚合工具为我正在开发的一个项目跟踪 3 个不同服务之间的竞态条件。事实表明，这个竞态条件已经存在了一年多时间了，但处于竞态条件下的服务一直运行良好，直到我们增加了一点儿负载并加入另一个参与者才导致问题出现。

我们用了 1.5 周的时间进行日志查询，并遍历了几十个独特场景的跟踪输出之后才发现了这个问题。如果没有聚合的日志记录平台，我们也就不会发现这个问题。这次经历再次肯定了以下几件事。

（1）确保在服务开发的早期定义和实现日志策略——一旦项目开展起来，实现日志基础设施会是一项冗长的、有时很困难的工作并且还会耗费大量时间。

（2）日志记录是微服务基础设施的一个关键部分——在实现你自己的日志记录方案或是尝试实现内部部署的日志记录方案之前，一定要再三考虑清楚。花在基于云的日志记录平台上的钱是值得的。

（3）学习日志记录工具——几乎每个日志平台都有一个查询语言来查询合并的日志。日志是信息和度量的一个极其重要的来源。它们本质上是另一种类型的数据库，花在学习查询上的时间将会带来巨大的回报。

9.2.5 使用 Zuul 将关联 ID 添加到 HTTP 响应

如果读者检查使用 Spring Cloud Sleuth 进行服务调用所返回的 HTTP 响应，永远不会看到在调用中使用的跟踪 ID 在 HTTP 响应首部中返回。通过查阅 Spring Cloud Sleuth 的文档，就会得知 Spring Cloud Sleuth 团队认为返回的跟踪数据可能是一个潜在的安全问题（尽管他们没有明确列出理由）。

然而，我发现，在调试问题时，在 HTTP 响应中返回关联 ID 或跟踪 ID 是非常重要的。Spring Cloud Sleuth 允许开发人员使用其跟踪 ID 和跨度 ID "装饰" HTTP 响应信息。然而，这种做法涉及编写 3 个类并注入两个定制的 Spring bean。如果读者想采取这种方法，可以查阅 Spring Cloud Sleuth 文档。一个更简单的解决方案是编写一个将在 HTTP 响应中注入跟踪 ID 的 Zuul 后置过滤器。

在第 6 章介绍 Zuul API 网关时，我们看到了如何构建一个 Zuul 后置响应过滤器，将生成的用于服务的关联 ID 添加到调用者返回的 HTTP 响应中。我们现在要修改这个过滤器以添加 Spring Cloud Sleuth 首部。

要创建 Zuul 响应过滤器，需要将 JAR 依赖项 `spring-cloud-starter-sleuth` 添加到 Zuul 服务器的 pom.xml 文件中。`spring-cloud-starter-sleuth` 依赖项用于告诉 Spring Cloud Sleuth，希望 Zuul 参与 Spring Cloud 跟踪。在本章稍后介绍 Zipkin 时，读者会看到 Zuul 服务将成为所有服务调用中的第一个调用。

对于第 9 章，这个文件可以在 zuulsvr/pom.xml 中找到。代码清单 9-1 展示了这些依赖项。

代码清单 9-1 将 Spring Cloud Sleuth 添加到 Zuul

```
<dependency>
  <groupId>org.springframework.cloud</groupId>
  <artifactId>spring-cloud-starter-sleuth</artifactId>
</dependency>
```

向 Zuul 添加 spring-cloud-starter-sleuth 会让在 Zuul 中调用的每个服务生成一个跟踪 ID

添加完新的依赖项，实际的 Zuul 后置过滤器就很容易实现了。代码清单 9-2 展示了用于构建 Zuul 过滤器的源代码。该代码在 zuulsvr/src/main/java/com/thoughtmechanix/zuulsvr/filters/

ResponseFilter.java 中。

代码清单 9-2 通过 Zuul 后置过滤器添加 Spring Cloud Sleuth 的跟踪 ID

```java
package com.thoughtmechanix.zuulsvr.filters;

// 为了简洁，省略了其他 import 语句
import org.springframework.cloud.sleuth.Tracer;

@Component
public class ResponseFilter extends ZuulFilter {
    private static final int       FILTER_ORDER=1;
    private static final boolean   SHOULD_FILTER=true;
    private static final Logger logger = LoggerFactory.getLogger(ResponseFilter.class);

    @Autowired
    Tracer tracer;                          ◁──────  Tracer 类是访问跟踪 ID 和跨度
                                                      ID 信息的入口点

    @Override
    public String filterType() {return "post";}

    @Override
    public int filterOrder() {return FILTER_ORDER;}

    @Override
    public boolean shouldFilter() {return SHOULD_FILTER;}

    @Override                                              添加新 HTTP 响应首
    public Object run() {                                  部 tmx-correlation-id，
        RequestContext ctx = RequestContext.getCurrentContext();  它包含 Spring Cloud
        ctx.getResponse().addHeader("tmx-correlation-id",  Sleuth 的跟踪 ID
    ➡     tracer.getCurrentSpan().traceIdString());   ◁────

        return null;
    }
}
```

因为 Zuul 现在已经启用了 Spring Cloud Sleuth，所以可以通过自动装配 `Tracer` 类到 ResponseFilter 从 `ResponseFilter` 中访问跟踪信息。`Tracer` 类可用于访问正在执行的当前 Spring Cloud Sleuth 跟踪信息。`tracer.getCurrentSpan().traceIdString()` 方法以字符串的形式检索当前正在进行的事务的跟踪 ID。

将跟踪 ID 添加到通过 Zuul 的传出 HTTP 响应是很简单的。这一步骤通过调用以下代码来完成：

```java
RequestContext ctx = RequestContext.getCurrentContext();
ctx.getResponse().addHeader("tmx-correlation-id",
➡     tracer.getCurrentSpan().traceIdString());
```

有了这段代码，如果通过 Zuul 网关调用了一个 EagleEye 微服务，那么应该会得到一个名为 `tmx-correlation-id` 的 HTTP 响应首部。图 9-10 展示了调用 GET http://localhost: 5555/api/licensing/v1/organizations/e254f8c-c442-4ebe-a82a-e2fc1d1ff7-

8a/licenses/f3831f8c-c338-4ebe-a82a-e2fc1d1ff78a 的结果。

这是Spring Cloud Sleuth的跟踪ID，现在可以用它来查询Papertrail。

图 9-10　随着 Spring Cloud Sleuth 的跟踪 ID 的返回，可以轻松地向 Papertrail 查询日志

9.3　使用 Open Zipkin 进行分布式跟踪

　　具有关联 ID 的统一日志记录平台是一个强大的调试工具。但是，在本章的剩余部分中，我们将不再关注如何跟踪日志条目，而是关注如何跨不同微服务可视化事务流。一张干净简洁的图片比一百万条日志条目有用。

　　分布式跟踪涉及提供一张可视化的图片，说明事务如何流经不同的微服务。分布式跟踪工具还将对单个微服务响应时间做出粗略的估计。但是，分布式跟踪工具不应该与成熟的应用程序性能管理（Application Performance Management，APM）包混淆。这些包可以为服务中的实际代码提供开箱即用的低级性能数据，除了提供响应时间，它还能提供其他性能数据，如内存利用率、CPU 利用率和 I/O 利用率。

　　这就是 Spring Cloud Sleuth 和 OpenZipkin（也称为 Zipkin）项目的亮点。Zipkin 是一个分布式跟踪平台，可用于跟踪跨多个服务调用的事务。Zipkin 允许开发人员以图形方式查看事务占用的时间量，并分解在调用中涉及的每个微服务所用的时间。在微服务架构中，Zipkin 是识别性能问题的宝贵工具。

　　建立 Spring Cloud Sleuth 和 Zipkin 涉及 4 项操作：

- 将 Spring Cloud Sleuth 和 Zipkin JAR 文件添加到捕获跟踪数据的服务中；
- 在每个服务中配置 Spring 属性以指向收集跟踪数据的 Zipkin 服务器；

- 安装和配置 Zipkin 服务器以收集数据；
- 定义每个客户端所使用的采样策略，便于向 Zipkin 发送跟踪信息。

9.3.1 添加 Spring Cloud Sleuth 和 Zipkin 依赖项

到目前为止，我们已经将两个 Maven 依赖项包含到 Zuul 服务、许可证服务以及组织服务中。这些 JAR 文件是 `spring-cloud-starter-sleuth` 和 `spring-cloud-sleuth-core` 依赖项。`spring-cloud-starter-sleuth` 依赖项用于包含在服务中启用 Spring Cloud Sleuth 所需的基本 Spring Cloud Sleuth 库。当开发人员必须要以编程方式与 Spring Cloud Sleuth 进行交互时，就需要使用 `spring-cloud-sleuth-core` 依赖项（本章后面将再次使用它）。

要与 Zipkin 集成，需要添加第二个 Maven 依赖项，名为 `spring-cloud-sleuth-zipkin`。代码清单 9-3 展示了添加 `spring-cloud-sleuth-zipkin` 依赖项后，在 Zuul、许可证以及组织服务中应该存在的 Maven 条目。

代码清单 9-3　客户端的 Spring Cloud Sleuth 和 Zipkin 依赖项

```
<dependency>
  <groupId>org.springframework.cloud</groupId>
  <artifactId>spring-cloud-starter-sleuth</artifactId>
</dependency>
<dependency>
  <groupId>org.springframework.cloud</groupId>
  <artifactId>spring-cloud-sleuth-zipkin</artifactId>
</dependency>
```

9.3.2 配置服务以指向 Zipkin

有了 JAR 文件，接下来就需要配置想要与 Zipkin 进行通信的每一项服务。这项任务可以通过设置一个 Spring 属性 `spring.zipkin.baseUrl` 来完成，该属性定义了用于与 Zipkin 通信的 URL，它设置在每个服务的 application.yml 属性文件中。

注意 `spring.zipkin.baseUrl` 也可以作为 Spring Cloud Config 中的属性进行外部化。

在每个服务的 application.yml 文件中，将该值设置为 `http://localhost:9411`。但是，在运行时，我使用在每个服务的 Docker 配置文件（docker/common/docker-compose.yml）上传递的 ZIPKIN_URI（`http://zipkin:9411`）变量来覆盖这个值。

Zipkin、RabbitMQ 与 Kafka

Zipkin 确实有能力通过 RabbitMQ 或 Kafka 将其跟踪数据发送到 Zipkin 服务器。从功能的角度来看，不管使用 HTTP、RabbitMQ 还是 Kafka，Zipkin 的行为没有任何差异。通过使用 HTTP 跟踪，Zipkin 使用异步线程发送性能数据。另外，使用 RabbitMQ 或 Kafka 来收集跟踪数据的主要优势是，如果 Zipkin

服务器关闭，任何发送给 Zipkin 的跟踪信息都将"排队"，直到 Zipkin 能够收集到数据。

Spring Cloud Sleuth 通过 RabbitMQ 和 Kafka 向 Zipkin 发送数据的配置在 Spring Cloud Sleuth 文档中有介绍，因此本章将不再赘述。

9.3.3 安装和配置 Zipkin 服务器

要使用 Zipkin，首先需要按照本书多次所做的那样建立一个 Spring Boot 项目（本章的项目名为 `zipkinsvr`）。接下来，需要向 zipkinsvr/pom.xml 文件添加两个 JAR 依赖项。代码清单 9-4 展示了这两个 JAR 依赖项。

代码清单 9-4　Zipkin 服务所需的 JAR 依赖项

```
<dependency>
    <groupId>io.zipkin.java</groupId>
    <artifactId>zipkin-server</artifactId>      ◁── 这个依赖项包含用于创建
</dependency>                                        Zipkin 服务器所需的核心类
<dependency>
    <groupId>io.zipkin.java</groupId>
    <artifactId>zipkin-autoconfigure-ui</artifactId> ◁── 这个依赖项包含用于运行 Zipkin
</dependency>                                              服务器的 UI 部分所需的核心类
```

选择 @EnableZipkinServer 还是 @EnableZipkinStreamServer

关于上述 JAR 依赖项，有一件事需要注意，那就是它们不是基于 Spring Cloud 的依赖项。虽然 Zipkin 是一个基于 Spring Boot 的项目，但是 @EnableZipkinServer 并不是一个 Spring Cloud 注解，它是 Zipkin 项目的一部分。这通常会让 Spring Cloud Sleuth 和 Zipkin 的新手混淆，因为 Spring Cloud 团队确实编写了 @EnableZipkinStreamServer 注解作为 Spring Cloud Sleuth 的一部分，它简化了 Zipkin 与 RabbitMQ 和 Kafka 的使用。

我选择使用 @EnableZipkinServer 是因为对本章来说它创建简单。使用 @EnableZipkinStreamServer 需要创建和配置正在跟踪的服务以发布消息到 RabbitMQ 或 Kafka，此外，还需要设置和配置 Zipkin 服务器来监听 RabbitMQ 或 Kafka，以此来跟踪数据。@EnableZipkinStreamServer 注解的优点是，即使 Zipkin 服务器不可用，也可以继续收集跟踪数据。这是因为跟踪消息将在消息队列中累积跟踪数据，直到 Zipkin 服务器可用于处理消息记录。如果使用了 @EnableZipkinServer 注解，而 Zipkin 服务器不可用，那么服务发送给 Zipkin 的跟踪数据将会丢失。

在定义完 JAR 依赖项之后，现在需要将 @EnableZipkinServer 注解添加到 Zipkin 服务引导类中。这个类位于 zipkinsvr/src/main/java/com/thoughtmechanix/zipkinsvr/ZipkinServerApplication.java 中。代码清单 9-5 展示了引导类的代码。

代码清单 9-5 构建 Zipkin 服务器引导类

```
package com.thoughtmechanix.zipkinsvr;

import org.springframework.boot.SpringApplication;
import org.springframework.boot.autoconfigure.SpringBootApplication;
import zipkin.server.EnableZipkinServer;

@SpringBootApplication
@EnableZipkinServer
public class ZipkinServerApplication {
    public static void main(String[] args) {
        SpringApplication.run(ZipkinServerApplication.class, args);
    }
}
```

@EnableZipkinServer 允许快速启动 Zipkin 作为 Spring Boot 项目

在代码清单 9-5 中要注意的关键点是 @EnableZipkinServer 注解的使用。这个注解能够启动这个 Spring Boot 服务作为一个 Zipkin 服务器。此时，读者可以构建、编译和启动 Zipkin 服务器，作为本章的 Docker 容器之一。

运行 Zipkin 服务器只需要很少的配置。在运行 Zipkin 服务器时，唯一需要配置的东西，就是 Zipkin 存储来自服务的跟踪数据的后端数据存储。Zipkin 支持 4 种不同的后端数据存储。这些数据存储是：

（1）内存数据；

（2）MySQL；

（3）Cassandra；

（4）Elasticsearch。

在默认情况下，Zipkin 使用内存数据存储来存储跟踪数据。Zipkin 团队建议不要在生产系统中使用内存数据库。内存数据库只能容纳有限的数据，并且在 Zipkin 服务器关闭或丢失时，数据就会丢失。

注意 对于本书来讲，我们将使用 Zipkin 的内存数据存储。配置 Zipkin 中使用的各个数据存储超出了本书的范围，但是，如果读者对这个主题感兴趣，可以在 Zipkin GitHub 存储库中查阅更多信息。

9.3.4 设置跟踪级别

到目前为止，我们已经配置了要与 Zipkin 服务器通信的客户端，并且已经配置完 Zipkin 服务器准备运行。在开始使用 Zipkin 之前，我们还需要再做一件事情，那就是定义每个服务应该向 Zipkin 写入数据的频率。

在默认情况下，Zipkin 只会将所有事务的 10% 写入 Zipkin 服务器。可以通过在每一个向 Zipkin 发送数据的服务上设置一个 Spring 属性来控制事务采样。这个属性叫 `spring.sleuth.sampler.percentage`，它的值介于 0 和 1 之间。

- 值为 0 表示 Spring Cloud Sleuth 不会发送任何事务数据。
- 值为 0.5 表示 Spring Cloud Sleuth 将发送所有事务的 50%。

对于本章来讲，我们将为所有服务发送跟踪信息。要做到这一点，我们可以设置 `spring.sleuth.sampler.percentage` 的值，也可以使用 `AlwaysSampler` 替换 Spring Cloud Sleuth 中使用的默认 `Sampler` 类。`AlwaysSampler` 可以作为 Spring Bean 注入应用程序中。例如，许可证服务在 licensing-service/src/main/java/com/thoughtmechanix/licenses/Application.java 中将 `AlwaysSampler` 定义为 Spring Bean。

```
@Bean
public Sampler defaultSampler() { return new AlwaysSampler();}
```

Zuul 服务、许可证服务和组织服务都定义了 `AlwaysSampler`，因此在本章中，所有的事务都会被 Zipkin 跟踪。

9.3.5 使用 Zipkin 跟踪事务

让我们以一个场景来开始这一节。假设你是 EagleEye 应用程序的一名开发人员，并且你在这周处于待命状态。你从客户那里收到一张工单，他抱怨说 EagleEye 应用程序的某一部分现在运行缓慢。你怀疑是许可证服务导致的，但问题是，为什么它会运行缓慢呢？问题究竟出在了哪里呢？许可证服务依赖于组织服务，而这两个服务都对不同的数据库进行调用。究竟是哪个服务表现不佳？此外，你知道这些服务正在不断被迭代更新，因此有人可能添加了一个新的服务调用。了解参与用户事务的所有服务以及它们的性能时间对于支持分布式架构（如微服务架构）是至关重要的。

接下来，你将开始使用 Zipkin 来观察来自组织服务的两个事务（它们由 Zipkin 服务进行跟踪）。组织服务是一个简单的服务，它只对单个数据库进行调用。你所要做的就是使用 POSTMAN 向组织服务发送两个调用（对 `http://localhost:5555/api/organization/v1/organizations/e254f8c-c442-4ebe-a82a-e2fc1d1ff78a` 发起 GET 请求）。组织服务调用将流经 Zuul API 网关，然后再将调用定向到下游组织服务实例。

调用了两次组织服务之后，转到 http://localhost:9411，看看 Zipkin 已经捕获的跟踪结果。从界面左上角的下拉框中选择 "organizationservice"，然后点击 "Find traces" 按钮。图 9-11 展示了操作后的 Zipkin 查询界面。

现在，如果读者查看图 9-11 中的屏幕截图，就会发现 Zipkin 捕获了两个事务，每个事务都被分解为一个或多个跨度（span）。在 Zipkin 中，一个跨度代表一个特定的服务或调用，Zipkin 会捕获每一个跨度的计时信息。图 9-11 中的每一个事务都包含 3 个跨度：两个跨度在 Zuul 网关中，还有一个是组织服务。记住，Zuul 网关不会盲目地转发 HTTP 调用。它接收传入的 HTTP 调用并终止这个调用，然后构建一个新的到目标服务的调用（在本例中是组织服务）。原始调用的终止是因为 Zuul 要添加前置过滤器、路由过滤器以及后置过滤器到进入该网关的每一个调用。

这就是我们在 Zuul 服务中看到两个跨度的原因。

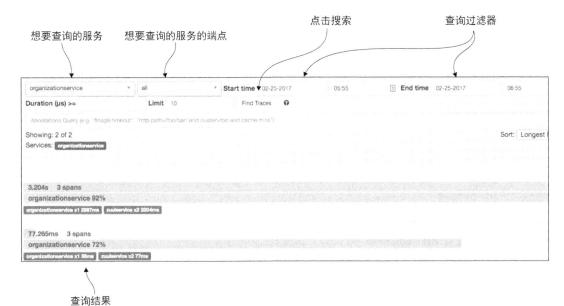

图 9-11　可以在 Zipkin 的查询界面选择想要跟踪的服务以及一些基本的查询过滤器

通过 Zuul 对组织服务的两次调用分别用了 3.204 s 和 77.2365 ms。因为查询的是组织服务调用（而不是 Zuul 网关调用），从图 9-11 中可以看到组织服务在总事务时间中占了 92% 和 72%。

让我们深入了解运行时间最长的调用（3.204 s）的细节。读者可以通过点击事务并深入了解细节来查看更多详细信息。图 9-12 展示了点击了解更多细节后的详细信息。

事务被分解成单个跨度。一个跨度代表被度量的事务的一部分。
这里显示事务中每个跨度的总时间。

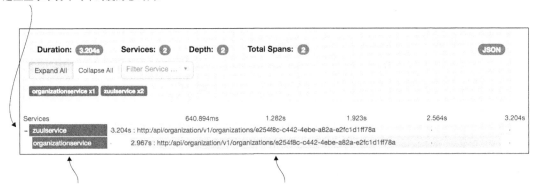

深入到其中一个事务中，可以看到两个跨度：一个是花在Zuul上的时间，另一个是花在组织服务上的时间。

通过点击一个单独的跨度，可以查看该跨度更多的详细信息。

图 9-12　可以使用 Zipkin 查看事务中每个跨度所用的时间

在图 9-12 中可以看到，从 Zuul 角度来看，整个事务大约需要 3.204 s。然而，Zuul 发出的组织服务调用耗费了整个调用过程 3.204 s 中的 2.967 s。图中展示的每个跨度都可以深入到更多的细节。点击组织服务跨度，并查看可以从这个调用中看到哪些额外的细节。图 9-13 展示了这个调用的细节。

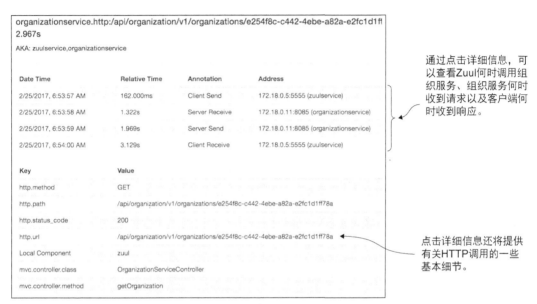

图 9-13　点击单个跨度会获得更多关于调用时间和 HTTP 调用细节的详细信息

图 9-13 中最有价值的信息之一是客户端（Zuul）何时调用组织服务、组织服务何时接收到调用以及组织服务何时做出响应等分解信息。这种类型的计时信息在检测和识别网络延迟问题方面是非常宝贵的。

9.3.6　可视化更复杂的事务

如果想要确切了解服务调用之间存在哪些服务依赖关系，该怎么办？我们可以通过 Zuul 调用许可证服务，然后向 Zipkin 查询许可证服务的跟踪。这项工作可以通过对许可证服务的 http://localhost:5555/api/licensing/v1/organizations/e254f8c-c442-4ebe-a82a-e2fc1d1ff78a/licenses/f3831f8c-c338-4ebe-a82a-e2fc1d1ff78a 端点进行 GET 调用来完成。

图 9-14 展示了调用许可证服务的详细跟踪。

在图 9-14 中，可以看到对许可证服务的调用涉及 4 个离散的 HTTP 调用。首先是对 Zuul 网关的调用，然后从 Zuul 网关到许可证服务，接下来许可证服务通过 Zuul 调用组织服务。

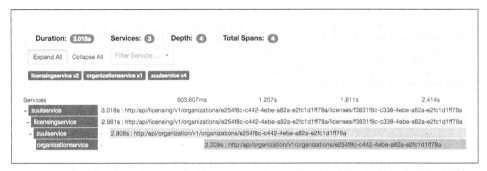

图 9-14　查看许可证服务调用如何从 Zuul 流向许可证服务然后流向组织服务的跟踪详情

9.3.7　捕获消息传递跟踪

Spring Cloud Sleuth 和 Zipkin 不仅会跟踪 HTTP 调用，Spring Cloud Sleuth 还会向 Zipkin 发送在服务中注册的入站或出站消息通道上的跟踪数据。

消息传递可能会在应用程序内引发它自己的性能和延迟问题。这句话的意思是，服务可能无法快速处理队列中的消息，或者可能存在网络延迟问题。在构建基于微服务的应用程序时，我遇到了所有这些情况。

通过使用 Spring Cloud Sleuth 和 Zipkin，开发人员可以确定何时从队列发布消息以及何时收到消息。除此之外，开发人员还可以查看在队列中接收到消息并进行处理时发生了什么行为。

正如读者在第 8 章中记得的，每次添加、更新或删除一条组织记录时，就会生成一条 Kafka 消息并通过 Spring Cloud Stream 发布。许可证服务接收消息，并更新用于缓存数据的 Redis 键值存储。

现在，我们将删除组织记录，并观察由 Spring Cloud Sleuth 和 Zipkin 跟踪的事务。读者可以通过 POSTMAN 向组织服务发出 `DELETE http://local-host:5555/api/organization/v1/organizations/e254f8c-c442-4ebe-a82a-e2fc1d1ff78a` 请求。

记住，在本章前面，我们了解如何将跟踪 ID 添加为 HTTP 响应首部。我们添加了一个名为 `tmx-correlation-id` 的新 HTTP 响应首部。在我的调用中，这个 `tmx-correlation-id` 返回值是 `5e14cae0d90dc8d4`。读者可以通过在 Zipkin 查询界面右上角的搜索框中输入调用所返回的跟踪 ID，来向 Zipkin 搜索这个特定的跟踪 ID。图 9-15 展示了可以在哪里输入跟踪 ID。

在这里输入跟踪ID，然后按下Enter键，这样就能够获取要查找的特定跟踪了。

图 9-15　通过在 HTTP 响应 `tmx-correlation-id` 字段中返回的跟踪 ID，可以轻松找到要查找的事务

有了跟踪 ID 就可以向 Zipkin 查询特定的事务，并可以查看到删除消息发布到输出消息通道。此消息通道 `output` 用于发布消息到名为 `orgChangeTopic` 的主题。图 9-16 展示了 `output` 消息通道及其在 Zipkin 跟踪中的表现。

图 9-16　Spring Cloud Sleuth 将自动跟踪 Spring 消息通道上消息的发布和接收

通过查询 Zipkin 并搜索收到的消息可以看到许可证服务收到消息。遗憾的是，Spring Cloud Sleuth 不会将已发布消息的跟踪 ID 传播给消息的消费者。相反，它会生成一个新的跟踪 ID。但是，我们可以向 Zipkin 服务器查询所有许可证服务的事务，并通过最新消息对事务进行排序。图 9-17 展示了这个查询的结果。

图 9-17　寻找接收到 Kafka 消息的许可证服务调用

既然已经找到目标许可证服务的事务，我们就可以深入了解这个事务。图 9-18 展示了这次深入探查的结果。

到目前为止，我们已经使用 Zipkin 来跟踪服务中的 HTTP 和消息传递调用。但是，如果要对未由 Zipkin 检测的第三方服务执行跟踪，那该怎么办呢？例如，如果想要获取对 Redis 或 PostgresSQL 调用的特定跟踪和计时信息，该怎么办呢？幸运的是，Spring Cloud Sleuth 和 Zipkin 允许开发人员为事务添加自定义跨度，以便跟踪与这些第三方调用相关的执行时间。

可以看到inboundOrgChanges通道接收到一条消息。

图 9-18 使用 Zipkin 可以看到组织服务发布的 Kafka 消息

9.3.8 添加自定义跨度

在 Zipkin 中添加自定义跨度是非常容易的。我们可以从向许可证服务添加一个自定义跨度开始，这样就可以跟踪从 Redis 中提取数据所需的时间。然后，我们将向组织服务添加自定义跨度，以查看从组织数据库中检索数据需要多长时间。

为了将一个自定义跨度添加到许可证服务对 Redis 的调用中，我们需要修改 licensing-service/src/main/java/com/thoughtmechanix/licenses/clients/OrganizationRestTemplateClient.java 中的 `OrganizationRestTemplateClient` 类的 `checkRedisCache()` 方法。代码清单 9-6 展示了这段代码。

代码清单 9-6　对从 Redis 读取许可证数据的调用添加监测代码

```
import org.springframework.cloud.sleuth.Tracer;

// 为了简洁，省略了其余的 import 语句
@Component
public class OrganizationRestTemplateClient {
    @Autowired
    RestTemplate restTemplate;

    @Autowired
    Tracer tracer;                              ←  Tracer 类用于以编程方式访问
                                                   Spring Cloud Sleuth 跟踪信息
    @Autowired
    OrganizationRedisRepository orgRedisRepo;
                                                   创建一个新的自定义跨度，其名
    private static final Logger logger =           为 readLicensingDataFromRedis
➥       LoggerFactory.getLogger(OrganizationRestTemplateClient.class);

    private Organization checkRedisCache(String organizationId) {
        Span newSpan = tracer.createSpan("readLicensingDataFromRedis");  ←
```

```
try {
    return orgRedisRepo.findOrganization(organizationId);
}
catch (Exception ex){
    logger.error("Error encountered while
    ➥    trying to retrieve organization {} check Redis Cache. Exception {}",
    ➥    organizationId, ex);
    return null;
}
finally {
    newSpan.tag("peer.service", "redis");
    newSpan.logEvent(org.springframework.cloud.sleuth.Span.CLIENT_RECV);
    tracer.close(newSpan);
}
}

// 为了简洁，省略了类的其余部分
}
```

使用 Finally
块关闭跨度

可以将标签信息添加到跨度中。
在这个类中，我们提供了将要被
Zipkin 捕获的服务的名称

关闭跟踪。如果不调用
close()方法，则会在日志中
得到错误消息，指示跨度已
被打开却尚未被关闭

记录一个事件，告诉
Spring Cloud Sleuth
它应该捕获调用完
成的时间

代码清单 9-6 中的代码创建了一个名为 readLicensingDataFromRedis 的自定义跨度。
接下来，我们将同样添加一个名为 getOrgDbCall 的自定义跨度到组织服务中，以监控从
Postgres 数据库中检索组织数据需要多长时间。对组织服务数据库的调用跟踪可以在
organization-service/src/main/java/com/thoughtmechanix/organization/services/OrganizationService.java
中的 OrganizationService 类中看到。其中，getOrg()方法包含自定义跟踪。代码清单 9-7
展示了组织服务的 getOrg()方法的源代码。

代码清单 9-7　添加了监测代码的 getOrg()方法

```
package com.thoughtmechanix.organization.services;

// 为了简洁，省略了 import 语句
@Service
public class OrganizationService {
    @Autowired
    private OrganizationRepository orgRepository;

    @Autowired
    private Tracer tracer;

    @Autowired
    SimpleSourceBean simpleSourceBean;

    private static final Logger logger =
    ➥    LoggerFactory.getLogger(OrganizationService.class);

    public Organization getOrg (String organizationId) {
        Span newSpan = tracer.createSpan("getOrgDBCall");

        logger.debug("In the organizationService.getOrg() call");
        try {
            return orgRepository.findById(organizationId);
```

```
        } finally {
            newSpan.tag("peer.service", "postgres");
            newSpan.logEvent(org.springframework.cloud.sleuth.Span.CLIENT_RECV);
            tracer.close(newSpan);
        }
    }

    // 为了简洁，省略了其余的代码
}
```

有了这两个自定义跨度，我们就可以重启服务，然后访问 GET http://localhost:5555/
api/licensing/v1/organizations/e254f8c-c442-4ebe-a82a-e2fc1d1ff78a/
licenses/f3831f8c-c338-4ebe-a82a-e2fc1d1ff78a 端点。如果在 Zipkin 中查看事务，
应该看到增加了两个额外的跨度。图 9-19 展示了在调用许可证服务端点来检索许可证信息时添
加的额外的自定义跨度。

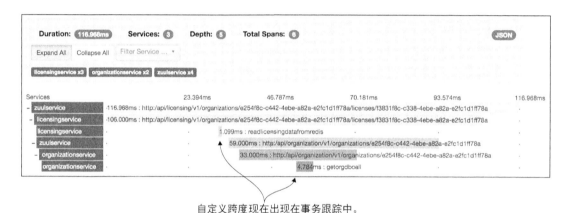

自定义跨度现在出现在事务跟踪中。

图 9-19　定义了自定义跨度之后，它们将出现在事务跟踪中

从图 9-19 中，我们可以看到与 Redis 和数据库查询相关的附加跟踪和计时信息。由图 9-19
可知，对 Redis 的调用用了 1.099 ms。由于调用没有在 Redis 缓存中找到记录，所以对 Postgres
数据库的 SQL 调用用了 4.784 ms。

9.4　小结

- Spring Cloud Sleuth 可以无缝地将跟踪信息（关联 ID）添加到微服务调用中。
- 关联 ID 可用于在多个服务之间链接日志条目。可以使用关联 ID 查看在单个事务中涉及
  的所有服务的事务行为。
- 虽然关联 ID 功能强大，但需要将此概念与日志聚合平台结合使用，以便从多个来源获取
  日志，然后搜索和查询它们的内容。
- 虽然存在多个内部部署的日志聚合平台，但基于云的服务可以让开发人员在不必拥有大

量基础设施的情况下，对日志进行管理。此外，它们还可以在应用程序日志记录量增长时轻松扩大。

- 可以将 Docker 容器与日志聚合平台集成，来捕获正在写入容器 stdout/stderr 的所有日志记录数据。在本章中，我们将 Docker 容器、Logspout 以及在线云日志记录供应商 Papertrail 集成，以捕获和查询日志。

- 虽然统一的日志记录平台很重要，但通过微服务来可视化地跟踪事务的能力也是一个有价值的工具。

- Zipkin 可以让开发人员在对服务进行调用时查看服务之间存在的依赖关系。

- Spring Cloud Sleuth 与 Zipkin 集成，Zipkin 可以让开发人员以图形方式查看事务流程，并了解用户事务中涉及的每个微服务的性能特征。

- 在启用 Spring Cloud Sleuth 的服务中，Spring Cloud Sleuth 将自动捕获 HTTP 调用以及入站和出站消息通道的跟踪数据。

- Spring Cloud Sleuth 将每个服务调用映射到一个跨度的概念。可以使用 Zipkin 来查看一个跨度的性能。

- Spring Cloud Sleuth 和 Zipkin 还允许开发人员自定义跨度，以便了解基于非 Spring 的资源（如 Postgres 或 Redis 等数据库服务器）的性能。

第10章　部署微服务

本书已经接近结尾，但我们的微服务旅程还没有走到终点。尽管本书的大部分内容都集中在使用 Spring Cloud 技术设计、构建和实施基于 Spring 的微服务上，但我们还没有谈到如何构建和部署微服务。创建构建和部署管道似乎是一项普通的任务，但实际上它是微服务架构中最重要的部分之一。

为什么这么说呢？请记住，微服务架构的一个主要优点是，微服务是可以快速构建、修改和部署到独立生产环境中的小型代码单元。服务的小规模意味着新的特性（和关键的 bug 修复）可以以很高的速度交付。速度是这里的关键词，因为速度意味着新特性或修复 bug 与部署服务之间可以平滑过渡，致使部署的交付周期应该是几分钟而不是几天。

为了实现这一点，用于构建和部署代码的机制应该是具有下列特征的。

- 自动的——在构建代码时，构建和部署过程不应该有人为干预，特别是在级别较低的环境中。构建软件、配置机器镜像以及部署服务的过程应该是自动的，并且应该通过将代码提交到源代码存储库的行为来启动。

- 可重复的——用来构建和部署软件的过程应该是可重复的，以便每次构建和部署启动时都会发生同样的事情。过程中的可变性常常是难以跟踪和解决的微小 bug 的根源。

- 完整的——部署的软件制品的成果应该是一个完整的虚拟机或容器镜像（Docker），其中包含该服务的"完整的"运行时环境。这是开发人员对待基础设施的一个重要转变。机器镜像的供应需要通过脚本实现完全自动化，并且这个脚本与服务源代码一起处于源代码控制之下。

  在微服务环境中，这种职责通常从运维团队转移到拥有该服务的开发团队。请记住，微服务开发的核心原则之一是将服务的全部运维责任推给开发人员。
- 不可变的——包含服务的机器镜像一旦构建，在镜像部署完后，镜像的运行时配置就不应该被触碰或更改。如果需要进行更改，则需要在源控制下的脚本中进行配置，并且服务和基础设施需要再次经历构建过程。

运行时配置（垃圾回收设置、使用的 Spring profile）的更改应该作为环境变量传递给镜像，而应用程序配置应该与容器隔离（Spring Cloud Config）。

构建一个健壮的、通用的构建部署管道是一项非常重要的工作，并且通常是针对服务将要运行的运行时环境专门设计的。这项工作通常涉及一个专门的 DevOps（开发人员运维）工程师团队，他们的唯一工作就是使构建过程通用化，以便每个团队都可以构建自己的微服务，而不必为自己重复发明整个构建过程。但是，Spring 是一个开发框架，它并没有为实现构建和部署管道提供大量功能。

在本章中，我们将看到如何使用众多非 Spring 工具来实现构建和部署管道。我们将利用为本书所构建的一套微服务，完成以下几件事。

（1）将一直使用的 Maven 构建脚本集成到一个名为 Travis CI 的持续集成/部署云工具中。

（2）为每个服务构建不可变的 Docker 镜像，并将这些镜像推送到一个集中式存储库中。

（3）使用亚马逊的 EC2 容器服务（EC2 Container Service，ECS）将整套微服务部署到亚马逊云上。

（4）运行平台测试，测试服务是否正常工作。

我想以最终目标开始我们的讨论，那就是一组部署到 AWS 弹性容器服务（Elastic Container Service，ECS）上的服务。在深入了解如何实现构建和部署管道的所有细节之前，我们先了解一下 EagleEye 服务将如何在亚马逊云中运行。然后，我们再讨论如何手动将 EagleEye 服务部署到 AWS 云。一旦完成这一步，我们将自动化整个过程。

10.1　EagleEye：在云中建立核心基础设施

在本书的所有代码示例中，我们将所有应用程序运行在一个虚拟机镜像中，其中每个单独的服务都是作为 Docker 容器运行的。我们现在要做一些改变，通过将数据库服务器（PostgreSQL）和缓存服务器（Redis）从 Docker 分离到亚马逊云中。所有其他服务将作为在单节点 Amazon ECS 集群中运行的 Docker 容器继续运行。图 10-1 展示了如何将 EagleEye 服务部署到亚马逊云。

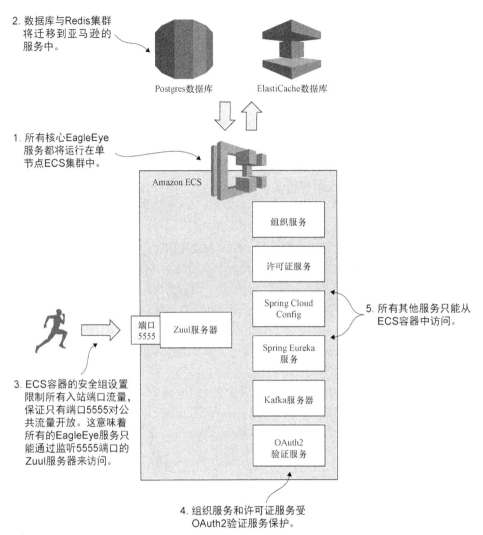

图 10-1　通过使用 Docker，所有的服务都可以部署到云服务提供商的环境中，如亚马逊的 ECS

让我们浏览一遍图 10-1 并深入了解更多细节。

（1）所有的 EagleEye 服务（除了数据库和 Redis 集群）都将部署为 Docker 容器，这些 Docker 容器在单节点 ECS 集群内部运行。ECS 配置并建立运行 Docker 集群所需的所有服务器。ECS 还可以监视在 Docker 中运行的容器的健康状况，并在服务崩溃时重新启动服务。

（2）在部署到亚马逊云之后，我们将不再使用自己的 PostgreSQL 数据库和 Redis 服务器，而是使用亚马逊的 RDS 和亚马逊的 ElastiCache 服务。读者可以继续在 Docker 中运行 Postgres 和 Redis 数据存储，但我想强调的是，从自己拥有和管理的基础设施转移到由云供应商（在本例中是亚马逊）完全管理的基础设施非常容易。在实际部署中，在 Docker 容器出现之前，通常会将数据库基础设施部署到虚拟机上。

（3）与桌面部署不同，我们希望服务器的所有流量都通过 Zuul API 网关。我们将使用亚马逊安全组，仅允许已部署的 ECS 集群上的端口 5555 可供外界访问。

（4）我们仍将使用 Spring 的 OAuth2 服务器来保护服务。在可以访问组织服务和许可证服务之前，用户需要使用验证服务进行验证（详细信息参见第 7 章），并在每个服务调用中提供一个有效的 OAuth2 令牌。

（5）所有的服务器，包括 Kafka 服务器，外界都无法通过公开的 Docker 端口进行访问。

实施前的必要准备

要建立亚马逊基础设施，读者需要以下内容。

（1）自己的 Amazon Web Services（AWS）账户。读者应该对 AWS 控制台和在该环境中工作的概念有一个基本的了解。

（2）一个 Web 浏览器。对于手动创建，读者将从控制台创建所有内容。

（3）用于部署的亚马逊 ECS 命令行客户端。

如果读者没有使用过 AWS，建议读者建立一个 AWS 账户，并安装上面列出的工具，然后再花一些时间熟悉这个平台。

如果读者对 AWS 完全陌生，强烈建议读者去买一本 Michael 和 Andreas Wittig 撰写的《Amazon Web Services in Action》[①]。这本书的第 1 章是可免费下载的。这一章的最后包含一个详细教程，介绍如何注册和配置 AWS 账户。《Amazon Web Services in Action》是一本关于 AWS 的精心编写且全面的书。尽管我已经在 AWS 环境中工作多年了，但我发现它仍然很有用。

最后，在本章中，我尽可能尝试使用亚马逊提供的免费套餐服务，唯一一个例外是创建 ECS 集群。我使用了一台 t2.large 服务器，每小时运行成本大约是 10 美分。读者如果不想承担巨额的费用，要确保在完成本章内容之后关闭服务。

注意，如果读者想自己运行本章的代码，本书无法保证本章中使用的亚马逊资源（Postgres、Redis 和 ECS）可用。如果读者要运行本章的代码，读者需要建立自己的 GitHub 存储库（用于应用程序配置）、Travis CI 账户、Docker Hub（用于 Docker 镜像）和 AWS 账户，然后修改应用程序配置以指向自己的账号和凭据。

10.1.1　使用亚马逊的 RDS 创建 PostgreSQL 数据库

在开始本节之前，我们需要创建和配置 AWS 账户。完成之后，我们的第一项任务就是创建要用于 EagleEye 服务的 PostgreSQL 数据库。要做到这一点，我们将要登录到 AWS 控制台并执行以下操作。

（1）在第一次登录到控制台时，我们将看到一个亚马逊 Web 服务列表。找到 RDS 的链接并

[①] 本书中文版书名《AWS 云计算实战》，由人民邮电出版社出版。

点击它，进入 RDS 仪表板。

（2）在仪表板上找到一个上面写着"Launch a DB Instance"的大按钮并点击它。

（3）RDS 支持不同的数据库引擎。此时，应该能看到一个数据库列表。选择 PostgreSQL，然后点击"Select"按钮。这将启动数据库创建向导。

亚马逊的数据库创建向导首先会询问这是生产数据库（Production）还是开发/测试（Dev/Test）数据库。我们将使用免费套餐创建开发/测试数据库。图 10-2 展示了这个界面。

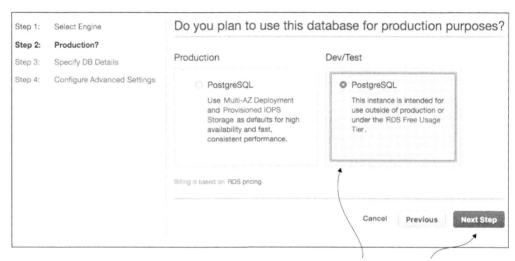

图 10-2　选择数据库是生产数据库还是测试数据库

接下来，我们将创建有关 PostgreSQL 数据库的基本信息，并设置将要使用的主用户 ID 和密码来登录数据库。图 10-3 展示了这个界面。

该向导的最后一步是创建数据库安全组、端口信息和数据库备份信息。图 10-4 展示了这个界面的内容。

此时，数据库创建过程将开始（可能需要几分钟）。完成之后，需要配置 EagleEye 服务来使用数据库。创建完数据库之后（这需要几分钟），返回到 RDS 仪表板并查看创建的数据库。图 10-5 展示了这个界面。

对于本章，我为每个需要访问基于亚马逊的 PostgreSQL 数据库的微服务创建了一个名为 aws-dev 的新应用程序 profile。我在 Spring Cloud Config GitHub 存储库（https://github.com/carnellj/config-repo）中添加了一个新的 Spring Cloud Config 服务器应用程序 profile，它包含亚马逊数据库连接信息。使用新数据库的每一个属性文件都遵循命名约定（服务名）-aws-dev.yml（许可证服务、组织服务和验证服务）。

此时，数据库已经准备好了（还不赖，只需要大约 5 次点击就能创建完成）。让我们转向下一个应用程序基础设施，看看如何创建 EagleEye 许可证服务将要使用的 Redis 集群。

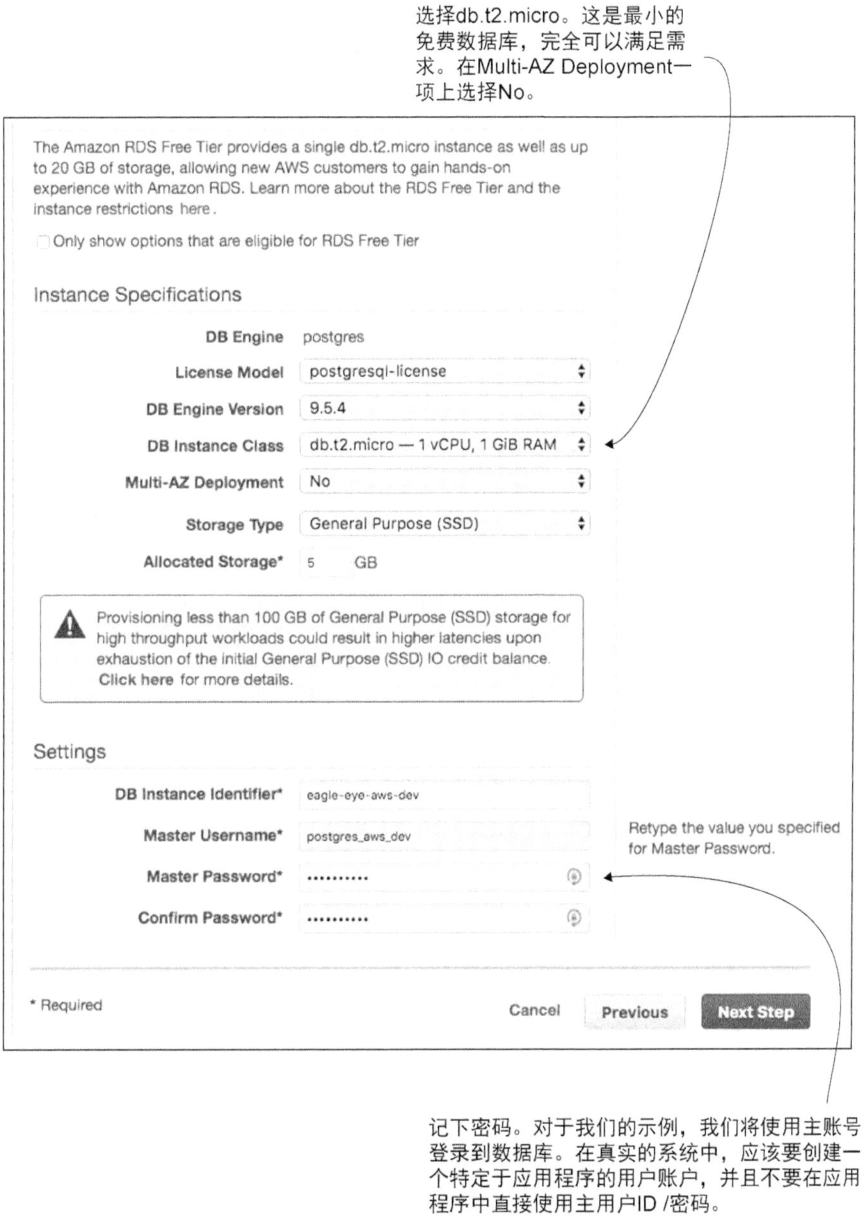

选择db.t2.micro。这是最小的
免费数据库，完全可以满足需
求。在Multi-AZ Deployment一
项上选择No。

The Amazon RDS Free Tier provides a single db.t2.micro instance as well as up
to 20 GB of storage, allowing new AWS customers to gain hands-on
experience with Amazon RDS. Learn more about the RDS Free Tier and the
instance restrictions here.

☐ Only show options that are eligible for RDS Free Tier

Instance Specifications

DB Engine	postgres
License Model	postgresql-license ▲▼
DB Engine Version	9.5.4 ▲▼
DB Instance Class	db.t2.micro — 1 vCPU, 1 GiB RAM ▲▼
Multi-AZ Deployment	No ▲▼
Storage Type	General Purpose (SSD) ▲▼
Allocated Storage*	5 GB

⚠ Provisioning less than 100 GB of General Purpose (SSD) storage for
high throughput workloads could result in higher latencies upon
exhaustion of the initial General Purpose (SSD) IO credit balance.
Click here for more details.

Settings

DB Instance Identifier*	eagle-eye-aws-dev
Master Username*	postgres_aws_dev
Master Password*	··········
Confirm Password*	··········

Retype the value you specified
for Master Password.

* Required   Cancel   Previous   **Next Step**

记下密码。对于我们的示例，我们将使用主账号
登录到数据库。在真实的系统中，应该要创建一
个特定于应用程序的用户账户，并且不要在应用
程序中直接使用主用户ID /密码。

图 10-3　设置基本数据库配置

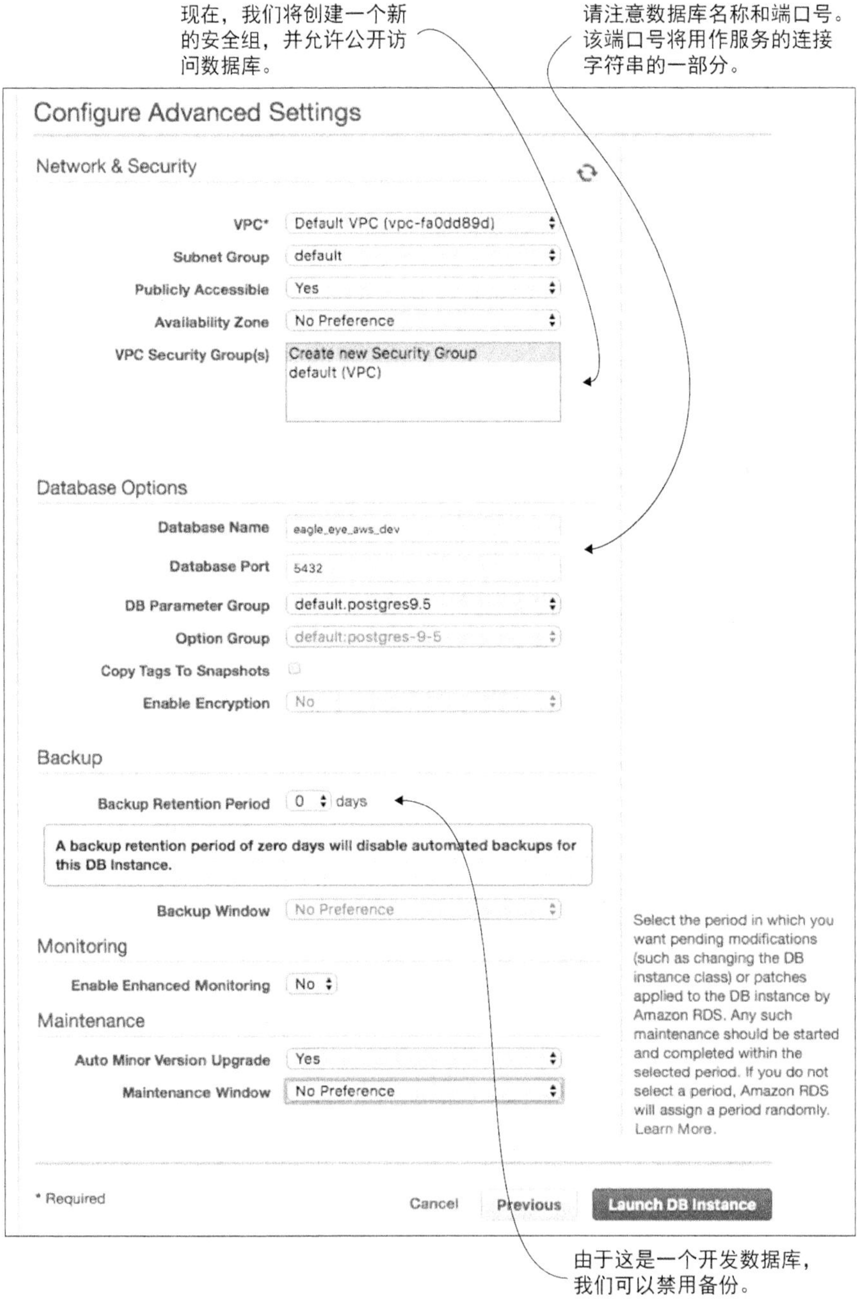
现在，我们将创建一个新的安全组，并允许公开访问数据库。
请注意数据库名称和端口号。该端口号将用作服务的连接字符串的一部分。
Configure Advanced Settings
Network & Security
VPC*
Default VPC (vpc-fa0dd89d)
Subnet Group
default
Publicly Accessible
Yes
Availability Zone
No Preference
VPC Security Group(s)
Create new Security Group
default (VPC)
Database Options
Database Name
eagle_eye_aws_dev
Database Port
5432
DB Parameter Group
default.postgres9.5
Option Group
default:postgres-9-5
Copy Tags To Snapshots
Enable Encryption
No
Backup
Backup Retention Period
0
days
A backup retention period of zero days will disable automated backups for this DB Instance.
Backup Window
No Preference
Monitoring
Enable Enhanced Monitoring
No
Maintenance
Auto Minor Version Upgrade
Yes
Maintenance Window
No Preference
Select the period in which you want pending modifications (such as changing the DB instance class) or patches applied to the DB instance by Amazon RDS. Any such maintenance should be started and completed within the selected period. If you do not select a period, Amazon RDS will assign a period randomly. Learn More.
* Required
Cancel
Previous
Launch DB Instance
由于这是一个开发数据库，我们可以禁用备份。

图 10-4 为 RDS 数据库创建安全组、端口和备份选项

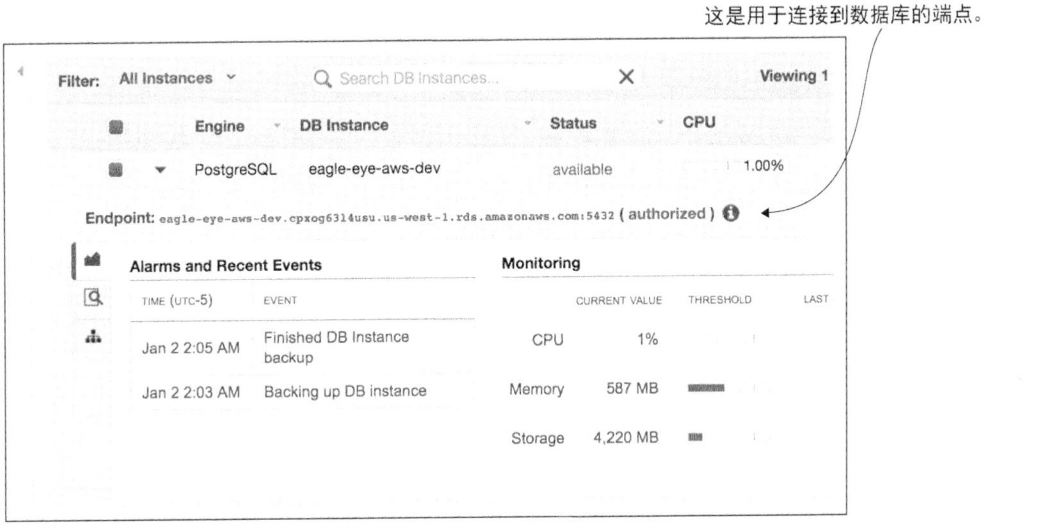

这是用于连接到数据库的端点。

图 10-5 创建好的 RDS/PostgreSQL 数据库

10.1.2 在 AWS 中创建 Redis 集群

要创建 Redis 集群，我们将要使用亚马逊的 ElastiCache 服务。ElastiCache 允许开发人员使用 Redis 或 Memcached 构建内存中的数据缓存。对于 EagleEye 服务，我们将把在 Docker 中运行的 Redis 服务器迁移到 ElastiCache。

先回到 AWS 控制台的主页（点击页面左上角的橙色立方体），然后点击 ElastiCache 链接。

在 ElastiCache 控制台中，选择 Redis 链接（页面的左侧），然后点击页面顶部的蓝色创建按钮。这将启动 ElastiCache/Redis 创建向导。

图 10-6 展示了 Redis 创建界面。

在填完所有数据后，点击"Create"按钮。ElastiCache 将开始 Redis 集群创建过程（这将需要几分钟的时间）。ElastiCache 将在最小的亚马逊服务器实例上构建一个单节点的 Redis 服务器。一旦点击按钮，就会看到 Redis 集群正在创建。创建完集群之后，点击集群的名称，进入详情页面，该页面显示集群中使用的端点。图 10-7 展示了 Redis 集群创建后的细节。

许可证服务是唯一一个使用 Redis 的服务，因此如果读者将本章中的代码示例部署到自己的亚马逊实例中，一定要确保适当地修改许可证服务的 Spring Cloud Config 文件。

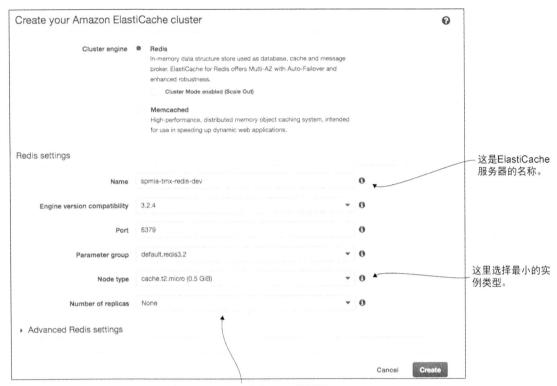

图 10-6　只需通过几次点击就可以创建一个 Redis 集群，该集群的基础设施是由亚马逊管理的

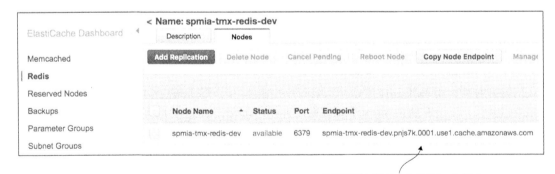

图 10-7　Redis 端点是服务连接到 Redis 所需的关键信息

10.1.3　创建 ECS 集群

部署 EagleEye 服务之前的最后一步是创建 ECS 集群。建立一个 ECS 集群以供应要用于托管

Docker 容器的 Amazon 机器。要做到这一点，我们将再次访问 AWS 控制台。在这里，我们将点击 Amazon EC2 Container Service 链接。

我们将进入主 EC2 容器服务页面，在这里，应该会看到一个"Getting Started"按钮。

点击"Start"按钮，进入如图 10-8 所示的"Select options to configure"页面。

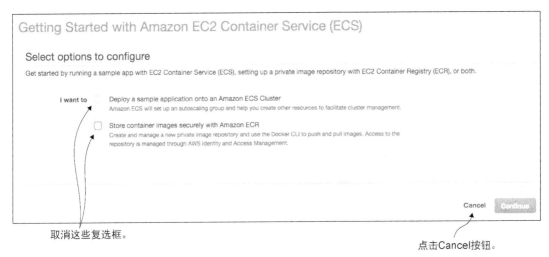

图 10-8　ECS 提供了一个向导来引导一个新的服务容器（我们不会用到这个向导）

取消勾选屏幕上的两个复选框，然后点击"Cancel"按钮。ECS 提供了一个向导，它基于一组预定义模板来创建 ECS 容器。我们不打算使用这个向导。一旦取消了 ECS 创建向导，应该会看到 ECS 主页上的"Clusters"选项卡。图 10-9 展示了这个界面。点击"Create Cluster"按钮开始创建 ECS 集群的过程。

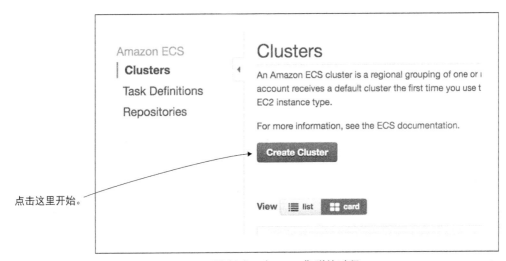

图 10-9　开始创建一个 ECS 集群的过程

现在，我们将看到一个名为"Create Cluster"的界面，它有 3 个主要部分。第一部分将定义基本的集群信息。在这里需要输入以下信息：

（1）ECS 集群的名称；

（2）运行该集群的 Amazon EC2 虚拟机的大小；

（3）集群中运行的实例数；

（4）分配给集群中的每个节点的弹性块存储（Elastic Block Storage，EBS）的磁盘空间量。

图 10-10 展示了我为本书中的测试示例填写的界面。

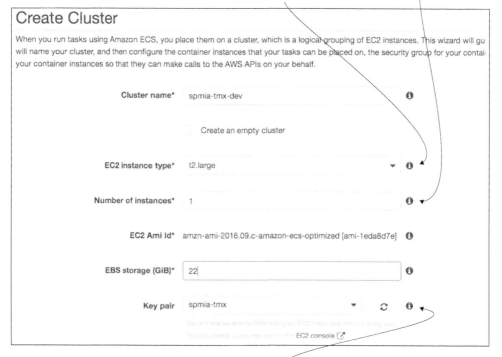

图 10-10   在"Create Cluster"界面设定用于托管 Docker
集群的 EC2 实例的大小

注意   在创建 Amazon 账户时，首先要做的一件事是定义一个密钥对，用于使用 SSH 进入启动的 EC2 服务器中。本章不会介绍创建密钥对，但是如果读者以前从未这样做过，建议读者看看亚马逊有关这方面的说明书。

接下来，我们将要为 ECS 集群创建网络配置。图 10-11 展示了 Networking 界面以及正在配置的值。

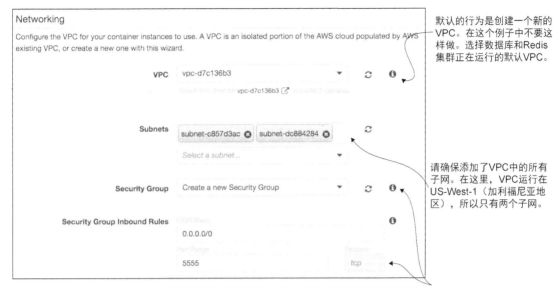

我们将创建一个新的安全组，其中一个入站规则将允许5555端口上的所有通信。
在ECS集群上的所有其他端口都将被锁定。如果需要打开多个端口，要创建一个
自定义的安全组并分配它。

图 10-11　创建好服务器后配置网络/AWS 安全组来访问它们

　　首先要注意的是，选择 ECS 集群将运行的亚马逊的 Virtual Private Cloud（VPC）。默认情况下，ECS 设置向导将创建一个新的 VPC。我已经选择在我的默认 VPC 中运行 ECS 集群。默认的 VPC 包含数据库服务器和 Redis 集群。在亚马逊云中，亚马逊管理的 Redis 服务器只能由与 Redis 服务器处于同一个 VPC 的服务器访问。

　　接下来，我们必须在 VPC 中选择要为 ECS 集群提供访问权限的子网。因为每个子网对应于一个 AWS 可用区域，所以我通常选择 VPC 中的所有子网，以使集群可用。

　　最后，我们必须选择创建一个新的安全组，或者选择已创建的现有 Amazon 安全组，以应用于新的 ECS 集群。因为我们正在运行 Zuul，并且希望所有的通信都通过单一端口（5555）。我们将要配置由 ECS 向导创建的新安全组，以允许来自外界的入站通信（0.0.0.0/0 是整个因特网的网络掩码）。

　　在表单中必须填写的最后一步是，为在服务器上运行的 ECS 容器代理创建 Amazon IAM 角色。ECS 代理负责与 Amazon 就服务器上运行的容器的状态进行通信。我们将允许 ECS 向导创建一个名为 ecsInstanceRole 的 IAM 角色。图 10-12 展示了这个配置步骤。

　　此时，读者应该能看到一个集群创建跟踪状态的界面。创建完集群之后，应该在界面上看到一个蓝色的名为 "View Cluster" 按钮。点击这个 "View Cluster" 按钮。图 10-13 展示了点击这个 "View Cluster" 按钮后出现的界面。

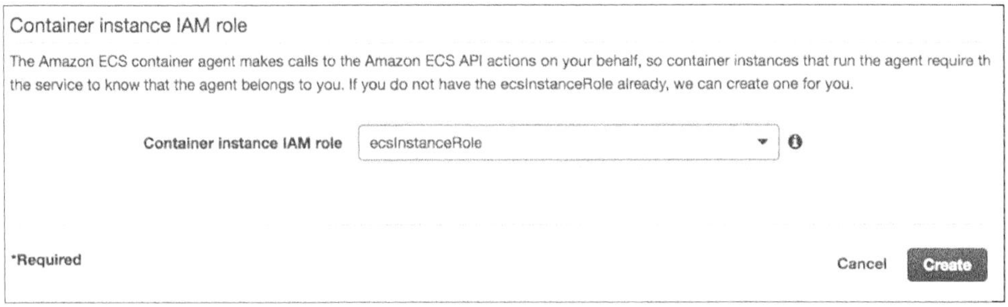

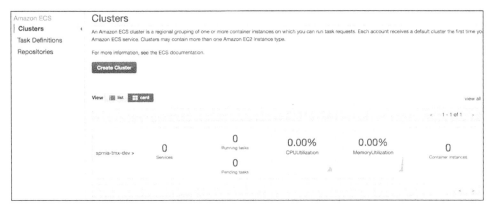

图 10-12　配置容器 IAM 角色

图 10-13　ECS 集群正在运行

此时，我们已经具备了成功部署 EagleEye 微服务所需的所有基础设施。

关于基础设施的创建和自动化

读者现在正通过 AWS 控制台执行所有操作。在真实环境中，读者可以使用亚马逊的 CloudFormation 脚本 DSL（领域特定语言）或 HashCorp 的 Terraform 这样的云基础设施脚本工具创建所有这些基础设施。不过，这是一个完整的主题，它远远超出了本书的范围。如果读者使用亚马逊云，那么可能已经熟悉 CloudFormation。如果读者是亚马逊云的新手，那么我建议读者花一些时间去了解它，然后再通过 AWS 控制台创建核心基础设施。

我想向读者再次提及 Michael 和 Andreas Wittig 撰写的 *Amazon Web Services in Action*。在这本书中，他们介绍了大多数亚马逊 Web 服务，并演示了如何使用 CloudFormation（通过示例）自动创建基础设施。

10.2　超越基础设施：部署 EagleEye

我们目前已经建立了基础设施，现在可以进入本章的第二节。在本节中，我们将把 EagleEye

服务部署到 Amazon ECS 容器中。此工作将要分成两部分来完成。第一部分工作是为那些做事情做到最后丧失耐心的人（如我）而做的，将展示如何将 EagleEye 手动部署到 Amazon 实例中。这将有助于了解部署服务的机制，并查看在容器中运行的已部署服务。虽然自己动手手动地部署服务很有趣，但这是不可持续的也是不推荐的。

这就是第二部分工作发挥作用的地方。在第二部分工作中，我们将人类排除在构建和部署过程之外，使整个构建和部署过程自动化。这是我们的目标结束状态。通过演示如何设计、构建和部署微服务到云，我们将会体验到这种目标状态要优于我们在本书中所介绍的手工方式。

手动将 EagleEye 服务部署到 ECS

要手动部署 EagleEye 服务，要切换一下，离开 AWS 控制台。为了部署 EagleEye 服务，我们将使用亚马逊的 ECS 命令行客户端（https://github.com/aws/amazon-ecs-cli）。安装完 ECS 命令行客户端之后，需要配置 ecs-cli 运行时环境，从而完成以下工作。

（1）使用亚马逊凭据来配置 ECS 客户端。

（2）选择客户端将要工作的区域。

（3）定义 ECS 客户端将使用的默认 ECS 集群。

（4）通过运行 ecs-cli configure 命令来完成这项工作：

```
ecs-cli configure --region us-west-1 \
                  --access-key $AWS_ACCESS_KEY \
                  --secret-key $AWS_SECRET_KEY \
                  --cluster spmia-tmx-dev
```

ecs-cli configure 命令将设置集群所在的区域、亚马逊的 AWS 访问密钥和私密密钥，以及已部署集群的名称（spmia-tmx-dev）。如果读者查看上述命令，会发现我在使用环境变量（$AWS_ACCESS_KEY 和 $AWS_SECRET_KEY）保存我的亚马逊的访问密钥和私密密钥。

注意　我选择 us-west-1 地区纯粹是为了说明。读者可以根据自己所在国家的不同，选择一个更具体的 AWS 地区。

接下来，让我们看看如何进行构建。与其他章不同的是，必须要设置构建名称，因为本章中的 Maven 脚本将在本章稍后建立的构建部署管道中使用。我们将要设置一个名为 $BUILD_NAME 的环境变量。$BUILD_NAME 环境变量用于标记由构建脚本创建的 Docker 镜像。切换到从 GitHub 下载的第 10 章代码的根目录，并执行以下两条命令：

```
export BUILD_NAME=TestManualBuild
mvn clean package docker:build
```

这将使用位于项目目录的根目录下的父 POM 来执行 Maven 构建。建立父 pom.xml 来构建将在本章中部署的所有服务。Maven 代码执行完成后，可以将 Docker 镜像部署到在 10.1.3 节中建立的 ECS 实例。要进行部署，应执行以下命令：

```
ecs-cli compose --file docker/common/docker-compose.yml up
```

ECS 命令行客户端允许开发人员使用 Docker-compose 文件部署容器。通过允许复用来自桌面开发环境的 Docker-compose 文件，亚马逊已经大大简化了将服务部署到 Amazon ECS 的工作。在 ECS 客户端运行后，可以通过执行以下命令来确认服务正在运行，并发现服务器的 IP 地址：

```
ecs-cli ps
```

图 10-14 展示了 `ecs-cli ps` 命令的输出结果。

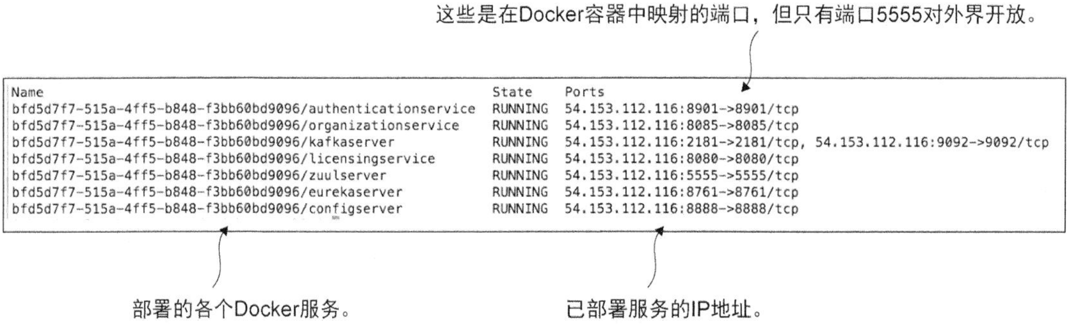

这些是在Docker容器中映射的端口，但只有端口5555对外界开放。

```
Name                                                        State    Ports
bfd5d7f7-515a-4ff5-b848-f3bb60bd9096/authenticationservice  RUNNING  54.153.112.116:8901->8901/tcp
bfd5d7f7-515a-4ff5-b848-f3bb60bd9096/organizationservice    RUNNING  54.153.112.116:8085->8085/tcp
bfd5d7f7-515a-4ff5-b848-f3bb60bd9096/kafkaserver            RUNNING  54.153.112.116:2181->2181/tcp, 54.153.112.116:9092->9092/tcp
bfd5d7f7-515a-4ff5-b848-f3bb60bd9096/licensingservice       RUNNING  54.153.112.116:8080->8080/tcp
bfd5d7f7-515a-4ff5-b848-f3bb60bd9096/zuulserver             RUNNING  54.153.112.116:5555->5555/tcp
bfd5d7f7-515a-4ff5-b848-f3bb60bd9096/eurekaserver           RUNNING  54.153.112.116:8761->8761/tcp
bfd5d7f7-515a-4ff5-b848-f3bb60bd9096/configserver           RUNNING  54.153.112.116:8888->8888/tcp
```

部署的各个Docker服务。　　　　　　　　　　已部署服务的IP地址。

图 10-14　检查已部署服务的状态

注意从图 10-14 中输出结果中发现的 3 件事。

（1）可以看到已经部署了 7 个 Docker 容器，每个 Docker 容器都运行一个服务。

（2）可以看到 ECS 集群的 IP 地址（54.153.122.116）。

（3）看起来除端口 5555 以外还打开了其他端口。然而事实并非如此。图 10-14 中的端口标识符是 Docker 容器的端口映射。但是，对外界开放的唯一端口是端口 5555。记住，在创建 ECS 集群时，ECS 创建向导创建了一个亚马逊安全组，该安全组只允许来自端口 5555 的流量。

我们此时已经成功将第一组服务部署到 Amazon ECS 客户端。现在让我们看一下如何设计一个构建和部署管道，以便将服务编译、打包和部署到亚马逊云的过程自动化。

通过调试找出 ECS 容器无法启动或无法保持运行的原因

ECS 没有多少工具可用于调试容器无法启动的原因。如果 ECS 部署的服务在启动或保持运行时遇到问题，就需要通过 SSH 进入 ECS 集群来查看 Docker 日志。为此，需要将端口 22 添加到 ECS 集群所运行的安全组，然后使用在设置集群时定义的亚马逊密钥对（参见图 10-10），以 ec2 用户身份通过 SSH 进入。一旦进入了服务器，就可以通过运行 `docker ps` 命令来获得在服务器上运行的所有 Docker 容器的列表。找到要调试的容器镜像后，可以运行 "`docker logs -f 容器 ID`" 命令来追踪目标 Docker 容器的日志。

这是调试应用程序的基本机制，但有时只需要登录到服务器并查看实际的控制台输出来确定发生了什么。

10.3 构建和部署管道的架构

本章的目标是为读者提供构建和部署管道的工作组件，以便读者可以将这些组件定制到自己的特定环境。

让我们通过查看构建和部署管道的通用架构以及它表现出的一些通用模式来开始讨论。为了保持这些示例的流畅，我做了一些我通常不会在自己的环境中做的事情，我会相应地介绍这些东西。

关于部署微服务的讨论将从第 1 章中看到的图开始。图 10-15 是在第 1 章中看到的图的副本，它展示了搭建微服务构建和部署管道所涉及的组件和步骤。

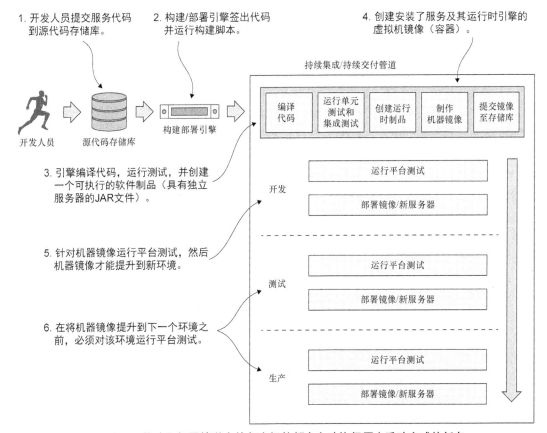

图 10-15 构建和部署管道中的每个组件都会自动执行原本手动完成的任务

图 10-15 看起来有些熟悉，因为它是基于用于实现持续集成（Continuous Integration，CI）的通用构建-部署模式的。

（1）开发人员将他们的代码提交到源代码存储库。

（2）构建工具监视源代码控制存储库的更改，并在检测到更改时启动一个构建。

（3）在构建期间，将运行应用程序的单元测试和集成测试。如果一切都通过，就会创建一个可部署的软件制品（一个 JAR、WAR 或 EAR）。

（4）这个 JAR、WAR 或 EAR 可能被部署到运行在服务器上的应用程序服务器（通常是一个开发服务器）。

有了这个构建和部署管道（如图 10-15 所示），将执行类似的过程，直到代码为部署做好准备。在图 10-15 所示的构建和部署中，我们将持续交付添加到了这个过程中。

（1）开发人员将他们的代码提交到源代码存储库。

（2）构建/部署引擎监视源代码存储库的更改。如果代码被提交，构建/部署引擎将检查代码并运行代码的构建脚本。

（3）构建/部署过程的第一步是编译代码，运行它的单元测试和集成测试，然后将服务编译成可执行软件制品。因为我们的微服务是使用 Spring Boot 构建的，所以构建过程将创建一个可执行的 JAR 文件，该文件包含服务代码和自包含的 Tomcat 服务器。

（4）这是构建/部署管道开始与传统的 Java CI 构建过程有所不同的地方。在构建了可执行 JAR 之后，我们将使用部署到其中的微服务来"烘焙"机器镜像。这个烘焙过程的大致作用就是创建一个虚拟机镜像或容器（Docker），并将服务安装到它上面。虚拟机镜像启动后，服务将启动并准备开始接受请求。如果采取传统的 CI 构建过程，我们可能（我的意思是可能）将编译后的 JAR 或 WAR 部署到应用程序服务器，这个应用程序服务器与应用程序是分开（通常由一个不同的团队管理）独立管理的，而如果采取 CI/CD 过程，我们将微服务、服务的运行时引擎以及机器镜像部署为一个相互依赖的单元，这个单元由编写该软件的开发团队进行管理。这就是这两者之间的不同。

（5）在正式部署到新环境之前，启动机器镜像，并针对正在运行的镜像运行一系列平台测试，以确定是否一切正常运行。如果平台测试通过，机器镜像将被提升到新环境中，并可使用。

（6）在将服务提升到下一个环境之前，必须运行对这个环境的平台测试。将服务提升到新环境，需要把在较低环境下使用的确切的机器镜像启动到下一个环境。

这就是整个过程的秘诀——部署整个机器镜像。在创建服务器之后，不会对已安装的软件（包括操作系统）进行更改。通过提升并始终使用相同的机器镜像，可以保证服务器从一个环境提升到另一个环境时保持不变。

单元测试、集成测试和平台测试的对比

从图 10-15 中可以看到，在构建和部署服务的过程中，我做了几种类型的测试（单元、集成和平台）。在构建和部署管道中有 3 种类型的典型测试。

- 单元测试——单元测试在服务代码编译之后，但在部署到环境之前立即运行。它们被设计成完全隔离运行，每个单元测试都是很小的，聚焦于某一点。单元测试不应该依赖于第三方基础设施数据库、服务等。通常单元测试的范围将包含单个方法或函数的测试。

- 集成测试——集成测试在打包服务代码后立即运行。这些测试旨在测试整个工作流，并对需要被调用的主要服务或组件进行 stub 或 mock。在集成测试过程中，可能会对第三方服务调用进行 mock，运行一个内存数据库来保存数据等。集成测试负责测试整个工作流或代码路径。对于集成测试，需要对第三方依赖项进行 stub 或 mock，以便任何调用远程服务的调用都会被 stub 或 mock，通过这种方式，调用就不会离开构建服务器。

- 平台测试——平台测试在服务部署到环境之前运行。这些测试通常测试整个业务流程，并调用通常在生产系统中调用的所有第三方依赖项。平台测试在特定的环境中运行，不涉及任何 mock 服务。平台测试用于确定与第三方服务的集成问题，这些问题在集成测试期间第三方服务被 stub 时，通常不会被检测到。

这个构建/部署过程是基于 4 个核心模式构建的。这些模式不是我创建的，而是来自构建微服务和基于云的应用程序的开发团队的集体经验。

- 持续集成/持续交付（CI/CD）——使用 CI/CD，应用程序代码不只是在代码提交时进行构建和测试的，它也在不断地被部署。代码的部署应该是这样的：如果代码通过了它的单元测试、集成测试和平台测试，它应该立即被提升到下一个环境中。在大多数组织中，唯一的停止点是在提升到生产环境这一环节。

- 基础设施即代码——最终被推向测试以及更高的环境中的软件制品是机器镜像。在微服务的源代码被编译和测试之后，机器镜像和安装在它上面的微服务将立即被提供给开发人员。机器镜像的供应是通过一系列脚本执行的，这些脚本与每个构建一起运行。在构建完成后，没有人能触碰到服务器。镜像供应脚本保存在源代码控制之下，并像其他代码一样管理。

- 不可变服务器——一旦建立了服务器镜像，服务器和微服务的配置就不会在供应过程之后被触碰。这可以保证环境不会因开发人员或系统管理员进行“一个小小的更改”而受到“配置漂移”的影响，并最终导致中断。如果需要进行更改，那么将更改提供给服务器的供应脚本，并启动一个新构建。

关于凤凰服务器的不变性与重生

有了不可变服务器的概念，我们应该始终保证服务器的配置与服务器机器镜像的完全一致。在不改变服务或微服务行为的情况下，服务器应该可以选择被杀死，并从机器镜像中重新启动。这种死亡和复活的新服务器被 Martin Fowler 称为“凤凰服务器”，因为当旧服务器被杀死时，新服务器应该从毁灭中再生。凤凰服务器模式有两个关键的优点。

首先，它暴露配置漂移并将配置漂移驱逐出环境。如果开发人员不断地拆除并建立新服务器，那么很有可能会提前发现配置漂移。这对确保一致性有很大的帮助。由于配置漂移，我已经把太多的时间和生命都花在了远离家人的“危急情况”电话上。

其次，通过帮忙发现服务器或服务在被杀死并重新启动后不能完全恢复的状况，凤凰服务器模式有助于提高弹性。请记住，在微服务架构中，服务应该是无状态的，服务器的死亡应该是一个微不足道的小插曲。随机地杀死和重新启动服务器可以很快暴露在服务或基础设施中具有状态的情况。最好是在部署管道中尽早发现这些情况和依赖关系，而不是在收到公司的紧急电话时再发现。

我工作的组织使用 Netflix 的 Chaos Monkey 随机选择并终止服务器。Chaos Monkey 是一个非常宝贵的工具，用于测试微服务环境的不变性和可恢复性。Chaos Monkey 随机选择环境中的服务器实例并杀死它们。使用 Chaos Monkey 是为了寻找无法从服务器丢失中恢复的服务，并且当一个新服务器启动时，新服务器的行为方式将与被杀死的服务器的行为方式相同。

10.4　构建和部署管道实战

从 10.3 节中介绍的通用架构中可以看到，在构建/部署管道背后有许多活动部件。由于本书的目的是"在实战中"向读者介绍知识，我们将详细介绍为 EagleEye 服务实现构建/部署管道的细节。图 10-16 列出了要用来实现这一管道的不同技术。

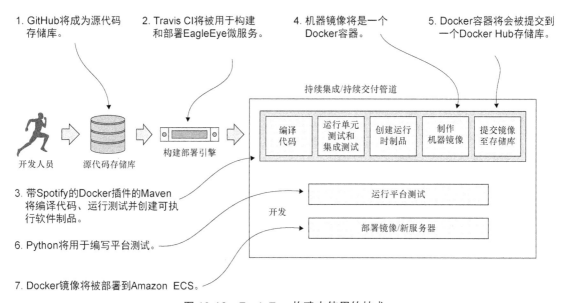

图 10-16　EagleEye 构建中使用的技术

（1）GitHub——GitHub 是我们的源代码控制库。本书的所有应用程序代码都在 GitHub 中。选择 GitHub 作为源代码控制库出于两个原因：首先，我不想管理和维护自己的 Git 源代码管理服务器；其次，GitHub 提供了各种各样的 Web 钩子和强大的基于 REST 的 API，用于将 GitHub 集成到构建过程中。

（2）Travis CI——Travis CI 是我用于构建和部署 EagleEye 微服务，并提供 Docker 镜像的持续集成引擎。Travis CI 是一个基于云的、基于文件的 CI 引擎，它易于建立，并且与 GitHub 和 Docker 有着很强的集成能力。虽然 Travis CI 不像 Jenkins 这样的 CI 引擎功能那么全面，但对我们的使用来说已经足够了。10.5 节和 10.6 节将介绍如何使用 GitHub 和 Travis CI。

（3）Maven/Spotify Docker 插件——虽然我们使用 vanilla Maven 编译、测试和打包 Java 代码，但我们使用的一个关键 Maven 插件是 Spotify 的 Docker 插件，这个插件允许我们从 Maven 内部启动 Docker 构建的创建。

（4）Docker——我选择 Docker 作为容器平台出于两个原因。首先，Docker 在多个云服务提供商之间是可移植的。我可以采用相同的 Docker 容器，并以最少的工作将其部署到 AWS、Azure 或 Cloud Foundry。其次，Docker 是轻量级的。在本书结束时，读者将会构建并部署大约 10 个 Docker 容器（包括数据库服务器、消息传递平台和搜索引擎）。在本地桌面上部署相同数量的虚拟机将是很困难的，因为每个镜像的规模大，并且需要的运行速度高。Docker、Maven 和 Spotify 的创建和配置将不在本章中讨论，而是留在附录 A 中介绍。

（5）Docker Hub——构建完服务并创建了 Docker 镜像之后，需要使用唯一的标识符对 Docker 镜像进行标记，并将它推送到中央存储库。对于 Docker 镜像存储库，我选择使用 Docker Hub，即 Docker 公司的公共镜像存储库。

（6）Python——为了编写在部署 Docker 镜像之前执行的平台测试，我选择了 Python 作为编写平台测试的工具。我坚信在工作中应使用合适的工具。坦率地说，我认为 Python 是一种非常棒的编程语言，特别是对于编写基于 REST 的测试用例。

（7）Amazon 的 EC2 容器服务（ECS）——我们的微服务的最终目标是将 Docker 实例部署到亚马逊的 Docker 平台。我选择亚马逊作为我的云平台，因为它是迄今为止最成熟的云提供商，它能让 Docker 服务的部署变得十分简单。

> **等等，你说 Python 什么**
>
> 读者可能会觉得奇怪，我用 Python 编写平台测试，而不是用 Java。我是故意这么做的。Python（就像 Groovy 一样）是编写基于 REST 的测试用例的绝妙脚本语言。我坚信在工作中应使用合适的工具。对采用微服务的组织来说，我所见过的最大的思想转变之一是，选择语言的职责应该在开发团队中。我在太多的组织中目睹过对标准的教条式拥护（"我们的企业标准是 Java……，所有的代码都必须用 Java 编写"）。因此，当 10 行的 Groovy 或 Python 脚本就可以完成这个工作时，我目睹过开发团队跳过这一选择，转而编写了一大堆 Java 代码。
>
> 我选择 Python 的第二个原因是，与单元测试和集成测试不同，平台测试是真正的"黑盒"测试，开发人员的行为就像在真实环境中运行的实际 API 的消费者。单元测试运行最低级别的代码，运行时不应该有任何外部依赖。集成测试上升了一个级别，它负责测试 API，但是需要 stub 或 mock 关键的外部依赖项（如对其他服务的调用、数据库调用等）。平台测试应该是真正独立于底层基础设施的测试。

10.5 开始构建和部署管道：GitHub 和 Travis CI

有数十种源代码管理引擎和构建部署引擎（包括内部部署和基于云的）可以实现构建和部署管道。对于本书中的示例，我特意选择了 GitHub 作为源代码控制库，并使用 Travis CI 作为构建引擎。Git 源代码控制库是非常流行的代码库，GitHub 是当今最大的基于云的源代码控制库之一。

Travis CI 是一个与 GitHub 紧密集成的构建引擎（它也支持 Subversion 和 Mercurial）。它非常容易使用，并完全由项目的根目录中的单个配置文件（.travis.yml）驱动。Travis CI 的简单性使得建立一个简单的构建管道变得非常容易。

到目前为止，本书中的所有代码示例都可以从桌面单独运行（除了连接到 GitHub 之外）。在本章中，如果读者想完全遵循代码示例，则需要创建自己的 GitHub、Travis CI 和 Docker Hub 账户。本章不会介绍如何创建这些账户，但个人 Travis CI 账户和 GitHub 账户的建立都可以从 Travis CI 网页完成。

开始前的一个简单提示

出于本书的目的（和我的理智），我为本书的每一章建立了一个单独的 GitHub 存储库。本章的所有源代码都可以作为一个单独的单元来进行构建和部署。然而，在本书之外，我强烈建议读者在自己的环境中使用微服务自己的存储库和独立构建过程去建立每个微服务。这样，每个服务都可以独立地部署。在构建过程中，我将所有的服务部署为单个单元，仅仅是因为我想用一个构建脚本将整个环境推送到 Amazon 云中，而不是为每个单独的服务管理构建脚本。

10.6 使服务能够在 Travis CI 中构建

在本书中构建的每个服务的核心都是一个 Maven pom.xml 文件，它用于构建 Spring Boot 服务、将服务打包到可执行 JAR 中，然后构建可用于启动服务的 Docker 镜像。到目前为止，服务的编译和启动都是通过以下步骤来完成。

（1）在本地机器上打开一个命令行窗口。

（2）运行对应章的 Maven 脚本。这将构建这一章的所有服务，然后将它们打包成一个 Docker 镜像，并将该镜像推送到本地运行的 Docker 存储库。

（3）从本地 Docker 存储库启动新创建的 Docker 镜像，方法是使用 docker-compose 和 docker-machine 启动对应章的所有服务。

问题是，如何在 Travis CI 中重复这个过程？这一切都是从一个名为.travis.yml 的文件开始。.travis.yml 是一个基于 YAML 的文件，它描述了当 Travis CI 执行构建时开发人员想要采取的行动。这个文件存储在微服务的 GitHub 存储库的根目录下。对于第 10 章，这个文件可以在 spmia-chapter10-code/.travis.yml 中找到。

当一个提交发生在 Travis CI 正在监视的 GitHub 存储库上时，Travis CI 将查找.travis.yml 文件，然后启动构建过程。图 10-17 展示了当一个提交发生在用于保存本章代码的 GitHub 存储库时，.travis.yml 文件将执行的步骤。

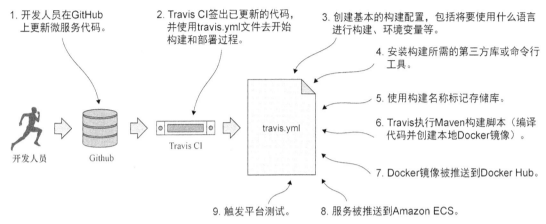

图 10-17 .travis.yml 文件构建和部署软件的具体步骤

（1）开发人员对第 10 章的 GitHub 存储库中的一个微服务进行了更改。

（2）GitHub 通知 Travis CI 发生了一个提交。当我们注册了 Travis 并提供了自己的 GitHub 账户通知时，这个通知配置就会无缝地进行。Travis CI 将启动一个虚拟机，用于执行构建。然后，Travis CI 将从 GitHub 中签出源代码，然后使用.travis.yml 文件开始整个构建和部署过程。

（3）Travis CI 在构建中创建基本配置并安装依赖项。基本配置包括将在构建中使用哪种编程语言（Java）、是否需要 Sudo 执行软件安装和访问 Docker（用于创建和标记 Docker 容器）、设置在构建中所需的 secure 环境变量，以及定义如何通知构建的成功或失败。

（4）在实际构建执行之前，作为构建过程的一部分，可以指示 Travis CI 安装可能需要的任何第三方库或命令行工具。我们使用 travis 和亚马逊的 ecs-cli（EC2 容器服务客户端）这两个命令行工具。

（5）对于构建过程，总是先在源代码库中标记代码，以便在将来的任何时候都可以根据构建的标签提取源代码的完整版本。

（6）构建过程接下来将执行服务的 Maven 脚本。Maven 脚本将编译 Spring 微服务、运行单元测试和集成测试，然后基于该构建来构建一个 Docker 镜像。

（7）一旦构建的 Docker 镜像完成，构建过程会使用与标记源代码存储库相同的标签名称，将镜像推送到 Docker Hub。

（8）然后构建过程将使用项目的 docker-compose 文件和亚马逊的 ecs-cli 将构建的所有服务部署到亚马逊的 Docker 服务——ECS。

（9）一旦服务部署完成，构建过程将启动一个完全独立的 Travis CI 项目，该项目将针对开发环境运行平台测试。

我们现在已经看完.travis.yml 文件中涉及的一般步骤，让我们来看看.travis.yml 文件的细节。代码清单 10-1 展示了.travis.yml 文件的不同部分。

代码清单 10-1　解剖.travis.yml 构建

```
language: java
jdk:
  - oraclejdk8
cache:
  directories:
    - "$HOME/.m2"
sudo: required
services:
  - docker
notifications:
  email:
  - youremail@gmail.com
  on_success: always
  on_failure: always
branches:
  only:
    - master
env:
  global:
  # 为了简洁，省略了部分内容
before_install:
  - gem install travis -v 1.8.5 --no-rdoc --no-ri
  - sudo curl -o /usr/local/bin/ecs-cli
    ➥ https://s3.amazonaws.com/amazon-ecs-cli/
    ➥ ecs-cli-linux-amd64-latest
  - sudo chmod +x /usr/local/bin/ecs-cli
  - export BUILD_NAME=chapter10-$TRAVIS_BRANCH-
    ➥ $(date -u "+%Y%m%d%H%M%S")-$TRAVIS_BUILD_NUMBER
  - export CONTAINER_IP=52.53.169.60
  - export PLATFORM_TEST_NAME="chapter10-platform-tests"
script:
  - sh travis_scripts/tag_build.sh
  - sh travis_scripts/build_services.sh
  - sh travis_scripts/deploy_to_docker_hub.sh
  - sh travis_scripts/deploy_amazon_ecs.sh
  - sh travis_scripts/trigger_platform_tests.sh
```

3. 为构建创建核心运行时配置

4. 执行所需的命令行工具的预构建安装

5. 执行一个 shell 脚本，它将使用构建名标记源代码

6. 使用 Maven 构建服务器和本地 Docker 镜像

7. 将 Docker 镜像推送到 Docker Hub

8. 在 Amazon ECS 容器中启动服务

9. 触发一个 Travis 构建，为构建服务执行平台测试

注意　代码清单 10-1 中注释的编号与图 10-17 中的数字一一对应。

现在，我们将详细介绍构建过程中涉及的每一个步骤。

10.6.1 构建的核心运行时配置

.travis.yml 文件的第一部分处理 Travis 构建的核心运行时配置。通常.travis.yml 文件的这部分将包含特定 Travis 的功能，如：

（1）告诉 Travis 开发工作使用的编程语言；

（2）定义构建过程是否需要 Sudo 访问权限；

（3）定义在构建过程中是否要使用 Docker；

（4）声明将要使用的 secure 环境变量。

代码清单 10-2 展示了构建文件的这部分配置。

代码清单 10-2　为构建配置核心运行时

```
language: java                          ❶ 告诉 Travis 在主要运行时环
jdk:                                       境中使用 Java 和 JDK 8
  - oraclejdk8
cache:                                  ❷ 告诉 Travis 在构建之间缓存
  directories:                             和复用 Maven 目录
    - "$HOME/.m2"
sudo: required                          ❸ 允许构建在正在运行的虚
services:                                  拟机上使用 Sudo 访问
  - docker
notifications:                          ❹ 配置用于通知构建成功或
  email:                                   失败的电子邮件地址
  - youremail@gmail.com
  on_success: always                    ❺ 指示 Travis，它应该只在主分支
  on_failure: always                       有提交情况下进行构建
branches:
  only:
    - master                            ❻ 在脚本中创建 secure 环境变量
env:
  global:
    -secure: IAs5WrQIYjH0rpO6W37wbLAixjMB7kr7DBAeWhjeZFwOkUMJbfuHNC=z…
    # 为了简洁，省略了其他代码
```

Travis 构建脚本的第一件事就是告诉 Travis 使用哪种主要语言来完成构建。通过将 language 指定为 java 和将 jdk 属性指定为 oraclejdk8❶，Travis 将确保为项目安装和配置 JDK。

.travis.yml 文件的下一部分，即 cache.directories 属性❷，告诉 Travis，在执行构建时缓存此目录的结果，并在多个构建中复用它。在处理像 Maven 这样的包管理器时是非常有用的，因为每次构建启动都需要花费大量时间来下载 jar 依赖项的新副本。如果没有设置 cache.directories 属性，则本章的构建可能需要花费 10 min 的时间来下载所有相关的 jar 文件。

代码清单 10-2 中接下来的两个属性是 sudo 属性和 services 属性❸。sudo 属性用于告诉 Travis，构建过程需要使用 sudo 作为构建的一部分。UNIX sudo 命令用于临时提升用户权限到

root 权限。通常来说，在需要安装第三方工具时使用 sudo。当需要安装 Amazon ECS 工具时，确实需要在构建中使用 sudo。

services 属性用于告诉 Travis，在执行构建时是否要使用某些关键服务。例如，如果集成测试需要本地数据库供其运行，则 Travis 允许开发人员在构建中直接启动 MySQL 或 PostgreSQL 数据库。在这个例子中，需要运行 Docker 为每个 EagleEye 服务构建 Docker 镜像，并将镜像推送到 Docker Hub。我们已经将 services 属性设置为在构建启动时启动 Docker。

下一个属性 notifications❹定义了构建成功或失败时使用的通信通道。现在，我们始终通过将构建的通知通道设置为电子邮件来传达构建结果。Travis 会通过电子邮件通知构建的成功与失败。此外，Travis CI 可以通过除电子邮件以外的多种通道进行通知，包括 Slack、IRC、HipChat 或自定义 Web 钩子。

branches.only 属性❺告诉 Travis，应该针对什么分支进行构建。对于本章中的示例，只需完成 Git 的 master 分支的构建。这样可以防止每次在 GitHub 中标记存储库或提交代码到分支时都启动构建。这一点很重要，因为每次标记存储库或创建发布时，GitHub 都会对 Travis 进行回调。branch.only 属性设置为 master 以防止 Travis 陷入无休止的构建。

构建配置的最后一部分是设置敏感的环境变量❻。在构建过程中，可能会与第三方供应商（如 Docker、GitHub 和 Amazon）进行通信。有时通过它们的命令行工具进行通信，而其他时候则是使用 API。无论如何，我们经常需要出示敏感的凭据。Travis CI 能够让开发人员添加加密的环境变量来保护这些凭据。

要添加一个加密的环境变量，必须在包含源代码的项目目录中使用桌面上的 travis 命令行工具对环境变量进行加密。要在本地安装 Travis 命令行工具，可查阅该工具的官方文档。对于本章中使用的.travis.yml，我创建并加密了以下环境变量。

■ DOCKER_USERNAME——Docker Hub 用户名。
■ DOCKER_PASSWORD——Docker Hub 密码。
■ AWS_ACCESS_KEY——亚马逊的 ecs-cli 命令行客户端使用的 AWS 访问密钥。
■ AWS_SECRET_KEY——亚马逊的 ecs-cli 命令行客户端使用的 AWS 私密密钥。
■ GITHUB_TOKEN——GitHub 生成的令牌，用于指示允许调入的应用程序对服务器执行的访问级别。这个令牌必须先用 GitHub 应用程序生成。

一旦安装了 travis 工具，以下命令就会将加密的环境变量 DOCKER_USERNAME 添加到.travis.yml 文件的 env.global 部分：

```
travis encrypt DOCKER_USERNAME=somerandomname --add env.global
```

运行此命令后，现在应在.travis.yml 文件的 env.global 部分中看到一个 secure 属性标签，后面是一长串文本。图 10-18 展示了一个加密的环境变量是什么样子。

Travis加密工具不会将加密的环境变量的名称放在文件中。

```
env:
  global:
  - secure: IAs5WrQIYjH0rpO6W37wbLAixjMB7kr7DBAeWhjeZFwOk
  - secure: HRSq78OtWtfkKXZSq1Oue/wV07TZIU+0mYPn1DctCnovs
  - secure: m4IkvlGXq6LBzSEHJbabS/0cfCD1IRcMjfgp8BaN+wFY+
```

每个加密的环境变量都有一个secure属性标签。

图 10-18　加密的 Travis 环境变量直接放在.travis.yml 文件中

但是，Travis 不会在.travis.yml 文件中标记加密环境变量的名字。

注意　加密的变量只适用于它们加密所在的单个 GitHub 存储库，并且 Travis 是针对这个 GitHub 存储库进行构建的。不能采用剪切加密环境变量并在多个.travis.yml 文件中进行粘贴的这种方式。如果读者这么做，构建将无法运行，因为加密的环境变量不能正确解密。

不管构建工具是什么，要始终加密凭据

尽管我们所有的例子都使用 Travis CI 作为构建工具，但所有现代构建引擎都允许开发人员加密凭据和令牌。请务必确保加密凭据。在源代码存储库中嵌入的凭据是一个常见的安全漏洞。不要因为相信源代码控制库是安全的，就相信它里面的凭据是安全的。

10.6.2　安装预构建工具

预构建的配置居然有那么多，而下一部分的配置却很少。构建引擎通常包含大量"胶水代码"脚本，用于将构建过程中使用的不同工具联系在一起。使用上述 Travis 脚本，需要安装以下两个命令行工具。

- travis——这个命令行工具用于与 Travis 构建进行交互。本章稍后将使用它来检索 GitHub 令牌，以编程方式触发另一个 Travis 构建。
- ecs-cli——这是用于与 Amazon ECS 交互的命令行工具。

.travis.yml 文件的 before_install 部分中列出的每一项都是一个 UNIX 命令，这些命令将在构建启动之前执行。代码清单 10-3 展示了 before_install 属性以及需要运行的命令。

代码清单 10-3　预构建安装步骤

```
before_install:
- gem install travis -v 1.8.5 --no-rdoc --no-ri
- sudo curl -o /usr/local/bin/ecs-cli
➡  https://s3.amazonaws.com/amazon-ecs-cli/
➡  ecs-cli-linux-amd64-latest
```

安装 Travis 命令行工具

安装亚马逊的 ECS 客户端

```
- sudo chmod +x /usr/local/bin/ecs-cli
- export BUILD_NAME=chapter10-$TRAVIS_BRANCH-
     $(date -u "+%Y%m%d%H%M%S")-$TRAVIS_BUILD_NUMBER
- export CONTAINER_IP=52.53.169.60
- export PLATFORM_TEST_NAME="chapter10-platform-tests"
```

设置在构建过程中使用的环境变量

在ECS客户端将权限更改为可执行

在构建过程中要做的第一件事，是在远程构建服务器上安装 travis 命令行工具：

```
gem install travis -v 1.8.5 --no-rdoc --no-ri
```

在稍后的构建过程中，我们将通过 Travis REST API 启动另一个 Travis 作业。我们需要使用 travis 命令行工具来获取用于调用此 REST 调用的令牌。

安装完 travis 工具之后，我们将安装亚马逊的 ecs-cli 工具。这个命令行工具用于部署、启动和停止在亚马逊云内部运行的 Docker 容器。我们首先下载二进制文件，然后将下载的二进制文件的权限更改为可执行文件来安装 ecs-cli：

```
- sudo curl -o /usr/local/bin/ecs-cli https://s3.amazonaws.com/amazon-ecs-cli/
     ecs-cli-linux-amd64-latest
- sudo chmod +x /usr/local/bin/ecs-cli
```

在.travis.yml 的 before_install 部分完成的最后一件事是在构建中设置 3 个环境变量。这 3 个环境变量将有助于驱动构建的行为。这些环境变量如下：

- BUILD_NAME；
- CONTAINER_IP；
- PLATFORM_TEST_NAME。

在这些环境变量中设置的实际值如下：

```
- export BUILD_NAME=chapter10-$TRAVIS_BRANCH-
     $(date -u "+%Y%m%d%H%M%S")-$TRAVIS_BUILD_NUMBER
- export CONTAINER_IP=52.53.169.60
- export PLATFORM_TEST_NAME="chapter10-platform-tests"
```

第一个环境变量 BUILD_NAME 生成一个唯一的构建名称，该名称包含构建的名称，后面是日期和时间（直到秒字段），然后是 Travis 中的构建编号。这个 BUILD_NAME 将用于在 Docker 镜像被推送到 Docker Hub 存储库时，对 Docker 镜像以及 GitHub 中的源代码进行标记。

第二个环境变量 CONTAINER_IP 包含 Amazon ECS 虚拟机的 IP 地址，Docker 容器将运行在该 Amazon ECS 虚拟机上。这个 CONTAINER_IP 稍后将被传递到另一个 Travis CI 作业，它将执行平台测试。

> **注意** 我并没有将静态 IP 地址分配给 Amazon ECS 服务器。如果我彻底拆除容器，会得到一个新的 IP。在实际生产环境中，ECS 集群中的服务器可能会被分配静态（不变）IP，并且集群将具有 Amazon 企业负载均衡器（Enterprise Load Balancer，ELB）和 Amazon Route 53 DNS 名称，以便 ECS 服务器的实际 IP 地址对服务是透明的。但是，建立这么多的基础设施超出了本章演示的示例的范围。

第三个环境变量 `PLATFORM_TEST_NAME` 包含正在执行的构建作业的名称。我们将在本章稍后探讨它的用法。

> **关于审查与可追溯性**
>
> 　许多金融服务和医疗保健公司有一个共同需求，那就是它们必须要证明在生产中所部署的软件的可追溯性——一直追溯到所有较低的环境，接着追溯到构建软件的构建作业，然后追溯到代码何时被签入到源代码存储库中。在帮助组织满足这个需求时，不可变的服务器模式确实很有亮点。正如在构建示例中所看到的那样，我们将使用相同的构建名称标记源代码管理存储库以及将要部署的容器镜像。这个构建的名字是独一无二的，并且与一个 Travis 构建编号联系起来。因为我们只是在通过每个环境时提升容器镜像，并且每个容器镜像都使用构建名称进行标记，所以我们已经建立了该容器镜像的可追溯性，并将其追溯至与之相关的源代码。因为容器一旦被标记就永远不会被更改，所以我们就拥有了强大的审查功能，以展示已部署的代码与底层的源代码存储库相匹配。现在，如果读者想要更加安全，那么在为项目源代码添加标签时，还可以使用这个为构建生成的相同标签来标记驻留在 Spring Cloud Config 存储库中的应用程序配置。

10.6.3　执行构建

此时，所有的预构建配置和依赖项安装都已完成。要执行构建，将要使用 Travis 的 `script` 属性。就像 `before_install` 属性一样，`script` 属性也会接受一系列将被执行的命令。由于这些命令太过冗长，我选择将构建中的每个主要步骤封装到它自己的 shell 脚本中，并让 Travis 执行 shell 脚本。代码清单 10-4 展示了在构建中将要采用的主要步骤。

代码清单 10-4　执行构建

```
script:
  - sh travis_scripts/tag_build.sh
  - sh travis_scripts/build_services.sh
  - sh travis_scripts/deploy_to_docker_hub.sh
  - sh travis_scripts/deploy_amazon_ecs.sh
  - sh travis_scripts/trigger_platform_tests.sh
```

让我们来看一下在脚本步骤中执行的每个主要步骤。

10.6.4　标记源代码

travis_scripts/tag_build.sh 脚本负责使用构建名称标记代码库中的代码。对于这里的示例，我将通过 GitHub REST API 创建一个 GitHub 发布版本。一个 GitHub 发布版本不仅会标记源代码控制库，而且还会允许开发人员将版本注释等内容连同源代码是否为代码的预发布版本一起发布到 GitHub 网页上。

因为 GitHub 发布 API 是一个基于 REST 的调用，所以将在 shell 脚本中使用 curl 来执行实际的调用。代码清单 10-5 展示了 travis_scripts/tag_build.sh 脚本中的代码。

代码清单 10-5　使用 GitHub 发布 API 标记第 10 章的代码存储库

```
echo "Tagging build with $BUILD_NAME"
export TARGET_URL="https://api.github.com/
➡    repos/carnellj/spmia-chapter10/
➡    releases?access_token=$GITHUB_TOKEN"

body="{
  \"tag_name\": \"$BUILD_NAME\",
  \"target_commitish\": \"master\",
  \"name\": \"$BUILD_NAME\",
  \"body\": \"Release of version $BUILD_NAME\",
  \"draft\": true,
  \"prerelease\": true
}"

curl -k -X POST \
  -H "Content-Type: application/json" \
  -d "$body" \
  $TARGET_URL
```

GitHub 发布 API 的目标端点

REST 调用的 JSON 体

使用 curl 来调用用于
启动构建的服务

这个脚本非常简单。要做的第一件事就是为 GitHub 发布 API 构建目标 URL：

```
export TARGET_URL="https://api.github.com/
➡    repos/carnellj/spmia-chapter10/
➡    releases?access_token=$GITHUB_TOKEN"
```

在 TARGET_URL 中，我们传递了一个名为 access_token 的 HTTP 查询参数。这个参数包含一个 GitHub 个人访问令牌，它特别被设置为允许脚本通过 REST API 执行操作。GitHub 个人访问令牌存储在名为 GITHUB_TOKEN 的加密环境变量中。要生成个人访问令牌，可登录到 GitHub 账户并导航至 https://github.com/settings/tokens。在生成令牌时，要确保将令牌剪切并立即粘贴出来。当我们离开 GitHub 界面时该令牌就会消失，需要重新生成它。

脚本中的第二步是为 REST 调用创建 JSON 体：

```
body="{
  \"tag_name\": \"$BUILD_NAME\",
  \"target_commitish\": \"master\",
  \"name\": \"$BUILD_NAME\",
  \"body\": \"Release of version $BUILD_NAME\",
  \"draft\": true,
  \"prerelease\": true
}"
```

在前面的代码片段中，我们提供$BUILD_NAME 作为 tag_name 的值，并使用 body 字段设置基本的发布版本注释。

一旦构建了调用的 JSON 体，通过 curl 命令执行这个调用就很简单了：

```
curl -k -X POST \
  -H "Content-Type: application/json" \
  -d "$body" \
```

```
$TARGET_URL
```

10.6.5　构建微服务并创建 Docker 镜像

Travis 脚本属性中的下一步是构建各个服务，然后为每个服务创建 Docker 容器镜像。可以通过一个名为 travis_scripts/build_services.sh 的小脚本来完成这一步骤。该脚本将执行以下命令：

```
mvn clean package docker:build
```

这个 Maven 命令为第 10 章代码存储库中的所有服务执行父 Maven 的 spmia-chapter10-code/pom.xml 文件。父 pom.xml 为每个服务执行单独的 Maven pom.xml，然后每个单独的服务都会构建服务源代码，执行所有单元测试和集成测试，然后将服务打包为可执行的 jar 文件。

在 Maven 构建中发生的最后一件事情是创建一个 Docker 容器镜像，它将被推送到在 Travis 构建机器上运行的本地 Docker 存储库。Docker 镜像的创建是使用 Spotify Docker 插件完成的。如果读者对构建过程中 Spotify Docker 插件的工作方式感兴趣，参见附录 A。Maven 构建过程和 Docker 配置在附录 A 中进行了说明。

10.6.6　将镜像推送到 Docker Hub

在构建的当前阶段，服务已经被编译和打包，并且在 Travis 构建机器上 Docker 容器镜像已经被创建。现在我们将通过 travis_scripts/deploy_to_docker_hub.sh 脚本将 Docker 容器镜像推送到中央 Docker 存储库。对于已创建的 Docker 镜像来说，Docker 存储库就像 Maven 存储库一样。Docker 镜像可以被标记并上传到 Docker 存储库中，其他项目可以下载和使用这些镜像。

对于这个代码示例，我们将使用 Docker Hub。代码清单 10-6 展示了在 travis_scripts/deploy_to_docker_hub.sh 脚本中使用的命令。

代码清单 10-6　将 Docker 镜像推送到 Docker Hub

```
echo "Pushing service docker images to docker hub ...."
docker login -u $DOCKER_USERNAME -p $DOCKER_PASSWORD
docker push johncarnell/tmx-authentication-service:$BUILD_NAME
docker push johncarnell/tmx-licensing-service:$BUILD_NAME
docker push johncarnell/tmx-organization-service:$BUILD_NAME
docker push johncarnell/tmx-confsvr:$BUILD_NAME
docker push johncarnell/tmx-eurekasvr:$BUILD_NAME
docker push johncarnell/tmx-zuulsvr:$BUILD_NAME
```

这个 shell 脚本的流程很简单。我们要做的第一件事就是使用 Docker 命令行工具和 Docker Hub 账户的用户凭据登录到 Docker Hub，镜像将被推送到这个 Docker Hub。记住，用于 Docker Hub 的凭据以加密环境变量的方式进行存储。

```
docker login -u $DOCKER_USERNAME -p $DOCKER_PASSWORD
```

脚本登录后，代码会将各个微服务的 Docker 镜像推送到 Docker Hub 存储库，目前这些 Docker

镜像驻留在 Travis 构建服务器上运行的本地 Docker 存储库中。

```
docker push johncarnell/tmx-confsvr:$BUILD_NAME
```

上述命令告诉 Docker 命令行工具，将 Docker Hub（这是 Docker 命令行工具使用的默认 Hub）推送到 johncarnell 账户下。正在推送的镜像是 tmx-confsvr 镜像，其标记名称是 $BUILD_NAME 环境变量的值。

10.6.7　在 Amazon ECS 中启动服务

到目前为止，所有的代码都已经被构建和标记，并且已经创建了一个 Docker 镜像。我们现在已准备好将服务部署到 10.1.3 节中创建的 Amazon ECS 容器。完成这项部署所做的工作可在 travis_scripts/deploy_to_amazon_ecs.sh 中找到。代码清单 10-7 展示了这个脚本的代码。

代码清单 10-7　将 Docker 镜像部署到 EC2

```
echo "Launching $BUILD_NAME IN AMAZON ECS"
ecs-cli configure --region us-west-1 \
                  --access-key $AWS_ACCESS_KEY
                  --secret-key $AWS_SECRET_KEY
                  --cluster spmia-tmx-dev
ecs-cli compose --file docker/common/docker-compose.yml up
rm -rf ~/.ecs
```

注意　在 AWS 控制台中，仅显示该地区所在的州/城市/国家的名称，而不是实际的地区名称（如 us-west-1、us-east-1 等）。例如，如果读者查看 AWS 控制台，并希望看到北加利福尼亚地区，则没有迹象表明，该地区的名称是 us-west-1。

由于 Travis 在每次构建时都会启动新的构建虚拟机，所以需要使用 AWS 访问密钥和私密密钥来配置构建环境的 ecs-cli 客户端。完成之后，可以使用 ecs-cli compose 命令和 docker-compose.yml 文件启动到 ECS 集群的部署。docker-compose.yml 通过参数化的方式使用构建名称（包含在环境变量$BUILD_NAME 中）。

10.6.8　启动平台测试

构建过程还有最后一步——启动平台测试。在每次部署到新环境之后，都要启动一系列平台测试，以确保所有服务都正常工作。平台测试的目标是在已部署的构建中调用微服务，并确保服务正常工作。

我将平台测试作业与主构建分离，以便平台测试可以独立于主构建被调用。为此，我使用 Travis CI REST API 以编程方式调用平台测试。travis_scripts/trigger_platform_tests.sh 脚本负责完成这项工作。代码清单 10-8 展示了这个脚本的代码。

代码清单 10-8　使用 Travis CI REST API 启动平台测试

```
echo "Beginning platform tests for build $BUILD_NAME"
travis login --org --no-interactive \
              --github-token $GITHUB_TOKEN
export RESULTS=`travis token --org`
export TARGET_URL="https://api.travis-ci.org/repo/
     carnellj%2F$PLATFORM_TEST_NAME/requests"
echo "Kicking off job using target url: $TARGET_URL"

body="{
\"request\": {
  \"message\": \"Initiating platform tests for build $BUILD_NAME\",
  \"branch\":\"master\",
  \"config\": {
    \"env\": {
      \"global\": [\"BUILD_NAME=$BUILD_NAME\",
                  \"CONTAINER_IP=$CONTAINER_IP\"]
    }
  }
}}"

curl -s -X POST \
  -H "Content-Type: application/json" \
  -H "Accept: application/json" \
  -H "Travis-API-Version: 3" \
  -H "Authorization: token $RESULTS" \
  -d "$body" \
  $TARGET_URL
```

使用 GitHub 令牌通过 Travis CI 登录,将返回的令牌存储在 RESULTS 变量中

构建调用的 JSON 体,将两个值传递给下游作业

使用 curl 调用 Travis CI REST API

代码清单 10-8 中做的第一件事是使用 Travis CI 命令行工具登录到 Travis CI 并获得一个可用于调用其他 Travis REST API 的 OAuth2 令牌。我们将此 OAuth2 令牌存储在 $RESULTS 环境变量中。

接下来,为 REST API 调用构建 JSON 体。下游 Travis CI 作业启动了一系列测试 API 的 Python 脚本。这个下游作业期望设置两个环境变量。在代码清单 10-8 中构建的 JSON 体中,传递了两个环境变量,即 $BUILD_NAME 和 $CONTAINER_IP,这些变量将被传递给测试作业:

```
\"env\": {
  \"global\": [\"BUILD_NAME=$BUILD_NAME\",
              \"CONTAINER_IP=$CONTAINER_IP\"]
}
```

脚本中的最后一个操作是调用运行平台测试脚本的 Travis CI 构建作业。这是通过使用 curl 命令为测试作业调用 Travis CI REST 端点来完成的:

```
curl -s -X POST \
  -H "Content-Type: application/json" \
  -H "Accept: application/json" \
  -H "Travis-API-Version: 3" \
  -H "Authorization: token $RESULTS" \
  -d "$body" \
  $TARGET_URL
```

这段平台测试脚本被单独存储在一个名为 chapter10-platform-tests 的 GitHub 存储库中。这个存储库有 3 个 Python 脚本，它们用于测试 Spring Cloud Config 服务器、Eureka 服务器和 Zuul 服务器。Zuul 服务器平台测试还测试许可证服务和组织服务。就测试服务的各个方面来说，这些测试并不全面，但是它们确实对服务执行了足够多的测试，以确保服务能够正常工作。

注意　本章不打算介绍这些平台测试。原因是这些测试很简单，介绍这些测试并不会为本章增添太大的价值。

10.7　关于构建和部署管道的总结

当本章（和本书）结束时，我希望读者对构建一个构建和部署管道的工作量有所了解。一个功能良好的构建和部署管道对于部署服务至关重要。微服务架构的成功不仅取决于服务中涉及的代码，还包括了解以下几点。

- 这个构建/部署管道中的代码是为了本书的目的而简化的。一个好的构建/部署管道将更为通用化。它将得到 DevOps 团队的支持，并分解成一系列独立的步骤（编译→打包→部署→测试），开发团队可以使用这些步骤来"挂钩"他们的微服务构建脚本。
- 本章中使用的虚拟机成像过程过分简单化，每个微服务都使用 Docker 文件来定义将要安装在 Docker 容器上的软件。许多商家使用诸如 Ansible、Puppet 或 Chef 等服务提供工具，将操作系统安装和配置到虚拟机或正在构建的容器上。
- 本书的应用程序的云部署拓扑被整合到一个服务器上。但是，在实际的构建/部署管道中，每个微服务都有自己的构建脚本，并且可以独立地部署到集群的 ECS 容器中。

10.8　小结

- 构建和部署管道是交付微服务的关键部分。一个功能良好的构建和部署管道应该允许在几分钟内部署新功能和修复 bug。
- 构建和部署管道应该是自动的，没有直接的人工交互来交付服务。这个过程的任何手动部分都代表了潜在的可变性和故障。
- 构建和部署管道的自动化需要大量的脚本和配置才能正确进行。构建所需的工作量不容小觑。
- 构建和部署管道应该交付一个不可变的虚拟机或容器镜像。服务器镜像一旦创建了，就不应该被修改。
- 环境特定的服务器配置应该在服务器建立时作为参数传入。

附录 A 在桌面运行云服务

本附录主要内容

■ 列出运行本书中的代码所需的软件

■ 从 GitHub 上下载每章的源代码

■ 使用 Maven 编译和打包源代码

■ 构建和提供每章使用的 Docker 镜像

■ 使用 Docker Compose 启动由构建编译的 Docker 镜像

在编写本书中的代码示例和选择部署代码所需的运行时技术时，我有两个目标。第一个目标是确保代码示例易于使用并且易于设置。请记住，一个微服务应用程序有多个移动部件，如果没有一些深谋远虑的话，要建立这些部件来用最小的工作量顺畅运行微服务可能会很困难。

第二个目标是让每一章都是完全独立的，这样读者就可以选择书中的任何一章，并拥有一个完整的运行时环境，它封装了运行这一章中的代码示例所需的所有服务和软件，而不依赖于其他章。

为此，在本书的每一章中都会用到下列技术和模式。

（1）所有项目都使用 Apache Maven 作为这一章的构建工具。每个服务都是使用 Maven 项目结构构建的，每个服务的结构都是按章组织的。

（2）这一章中开发的所有服务都编译为 Docker 容器镜像。Docker 是一个非常出色的运行时虚拟化引擎，它能够运行在 Windows、OS X 和 Linux 上。使用 Docker，我可以在桌面上构建一个完整的运行时环境，包括应用程序服务和支持这些服务所需的所有基础设施。此外，Docker 不像其他专有的虚拟化技术，Docker 可轻松跨多个云供应商进行移植。

我使用 Spotify 的 Docker Maven 插件将 Docker 容器的构建与 Maven 构建过程集成在一起。

（3）为了在编译成 Docker 镜像之后启动这些服务，我使用 Docker Compose 以一个组来启动这些服务。我有意避免使用更复杂的 Docker 编排工具，如 Kubernetes 或 Mesos，以保持各章示例简单且可移植。

所有 Docker 镜像的提供都是通过简单的 shell 脚本完成的。

A.1　所需的软件

要为所有章构建软件，读者需要在桌面上安装下列软件。注意，这些是我为本书所用的软件的版本。这些软件的其他版本可能也能运行，但以下软件是我用来构建本书代码的。

（1）Apache Maven——我使用的是 Maven 的 3.3.9 版本。我之所以选择 Maven，是因为虽然其他构建工具（如 Gradle）非常流行，但 Maven 仍然是 Java 生态系统中使用的主要构建工具。本书中的所有代码示例都是使用 Java 1.8 版进行编译的。

（2）Docker——我在本书中使用 Docker 的 1.12 版本构建代码示例。本书中的代码示例可以用早期版本的 Docker 处理，但是如果读者想在 Docker 的早期版本中使用这些代码，可能必须切换到版本 1 的 docker-compose 链接格式。

（3）Git 客户端——本书的所有源代码都存储在一个 GitHub 存储库中。在本书中，我使用了 Git 客户端的 2.8.4 版本。

我不打算一一介绍如何安装这些组件。上面列出的每个软件包都有简单的安装指导，它们应该很容易安装。Docker 有一个用于安装的 GUI 客户端。

A.2　从 GitHub 下载项目

本书的所有源代码都在我的 GitHub 存储库（http://github.com/carnellj）中。本书中的每一章都有自己的源代码存储库。下面是本书中使用的所有 GitHub 存储库的清单。

- 第 1 章——http://github.com/carnellj/spmia-chapter1。
- 第 2 章——http://github.com/carnellj/spmia-chapter2。
- 第 3 章——http://github.com/carnellj/spmia-chapter3 和 http://github.com/carnellj/config-repo。
- 第 4 章——http://github.com/carnellj/spmia-chapter4。
- 第 5 章——http://github.com/carnellj/spmia-chapter5。
- 第 6 章——http://github.com/carnellj/spmia-chapter6。
- 第 7 章——http://github.com/carnellj/spmia-chapter7。
- 第 8 章——http://github.com/carnellj/spmia-chapter8。
- 第 9 章——http://github.com/carnellj/spmia-chapter9。
- 第 10 章——http://github.com/carnellj/spmia-chapter10 和 http://github.com/carnellj/chapter-10-platform-tests。

通过 GitHub，读者可以使用 Web UI 将文件作为 zip 文件进行下载。每个 GitHub 存储库都会有一个下载按钮。图 A-1 展示了下载按钮在第 1 章的 GitHub 存储库中的位置。

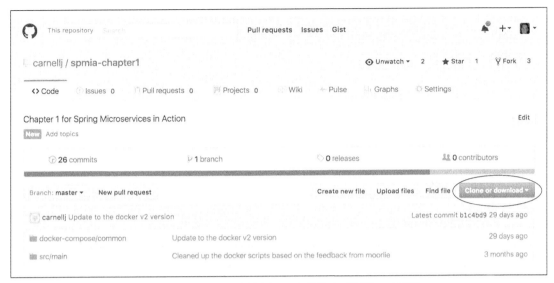

图 A-1 GitHub UI 允许以 zip 文件的方式下载一个项目

如果读者是一名命令行用户，那么可以安装 git 客户端并克隆项目。例如，如果读者想使用 git 客户端从 GitHub 下载第 1 章，则可以打开一个命令行并发出以下命令：

```
git clone https://github.com/carnellj/spmia-chapter1.git
```

这将把第 1 章的所有项目文件下载到一个名为 spmia-chapter1 的目录中，该目录位于运行 git 命令的目录中。

A.3 剖析每一章

本书中的每一章都有一个或多个与之相关联的服务。各章中的每个服务都有自己的项目目录。例如，如果读者查看第 6 章，会发现里面有以下 7 个服务。

（1）confsvr——Spring Cloud Config 服务器。

（2）eurekasvr——使用 Eureka 的 Spring Cloud 服务。

（3）licensing-service——EagleEye 的许可证服务。

（4）organization-service——EagleEye 的组织服务。

（5）orgservice-new——EagleEye 的组织服务的新测试版本。

（6）specialroutes-service——A/B 路由服务。

（7）zuulsvr——EagleEye 的 Zuul 服务。

每一章中的每个服务目录都是作为基于 Maven 的构建项目组织的。每个项目里面都有一个 src/main 目录，其中包含以下子目录。

（1）java——这个目录包含用于构建服务的 Java 源代码。

（2）docker——这个目录包含两个文件，用于为每个服务构建一个 Docker 镜像。第一个文件总是被称为 Dockerfile，它包含 Docker 用来构建 Docker 镜像的步骤指导。第二个文件 run.sh 是一个在 Docker 容器内部运行的自定义 Bash 脚本。此脚本确保服务在某些关键依赖项（如数据库已启动并正在运行）可用之前不会启动。

（3）resources——resources 目录包含所有服务的 application.yml 文件。虽然应用程序配置存储在 Spring Cloud Config 中，但所有服务都在 application.yml 中拥有本地存储的配置。此外，resources 目录还包含一个 schema.sql 文件，它包含所有 SQL 命令，用于创建表以及将这些服务的数据预加载到 Postgres 数据库中。

A.4　构建和编译项目

因为本书中的所有章都遵循相同的结构，并使用 Maven 作为构建工具，所以构建源代码变得非常简单。每一章都在目录的根目录中有一个 pom.xml，作为所有子章节的父 pom。如果读者想要编译源代码并在单个章中为所有项目构建 Docker 镜像，则需要在这一章的根目录下运行 `mvn clean package docker:build` 命令。

这将在每个服务目录中执行 Maven pom.xml 文件，并在本地构建 Docker 镜像。

如果读者要在这一章中构建单个服务，则可以切换到特定的服务目录，然后再运行 `mvn clean package docker:build` 命令。

A.5　构建 Docker 镜像

在构建过程中，本书中的所有服务都被打包为 Docker 镜像。这个过程由 Spotify Maven 插件执行。有关此插件的实战示例，读者可以查看第 3 章许可证服务的 pom.xml 文件（chapter3/licensing-service）。代码清单 A-1 展示了在每个服务的 pom.xml 文件中配置此插件的 XML 片段。

代码清单 A-1　用于创建 Docker 镜像的 Spotify Docker Maven 插件

```
<plugin>
  <groupId>com.spotify</groupId>
  <artifactId>docker-maven-plugin</artifactId>
  <version>0.4.10</version>
  <configuration>
    <imageName>
      ${docker.image.name}:
      [ca]${docker.image.tag}
    </imageName>
    <dockerDirectory>
```

创建的每个 Docker 镜像都会有一个与之关联的标签。Spotify 插件将使用 ${docker.image.tag} 标签中定义的名称命名创建的镜像

```
              ${basedir}/target/dockerfile
          </dockerDirectory>
          <resources>
            <resource>
              <targetPath/></targetPath>
              <directory>${project.build.directory}</directory>
              <include>${project.build.finalName}.jar</include>
            </resource>
          </resources>
        </configuration>
      </plugin>
```

本书中的所有 Docker 镜像都是使用
Dockerfile 创建的。Dockerfile 用于详细说
明如何提供 Docker 镜像

当执行 Spotify 插件时，它会将服务的可
执行 jar 复制到 Docker 镜像中

这个 XML 片段做了以下 3 件事。

（1）它将服务的可执行 jar 和 src/main/docker 目录的内容复制到 targe/docker。

（2）它执行 target/docker 目录中定义的 Dockerfile。Dockerfile 是一个命令列表，每当为该服务提供新 Docker 镜像时，就会执行这些命令。

（3）它将 Docker 镜像推送到在安装 Docker 时安装的本地 Docker 镜像库。

代码清单 A-2 展示了许可证服务的 Dockerfile 的内容。

代码清单 A-2　Dockerfile 准备 Docker 镜像

这是在 Docker 运行时使用的 Linux Docker
镜像。此安装对 Java 应用程序进行了优化

安装 nc（netcat），可以使用这个实用工具
ping 依赖服务，以查看它们是否已启动

```
FROM openjdk:8-jdk-alpine
RUN apk update && apk upgrade && apk add netcat-openbsd
RUN mkdir -p /usr/local/licensingservice
ADD licensing-service-0.0.1-SNAPSHOT.jar /usr/local/licensingservice/
ADD run.sh run.sh
RUN chmod +x run.sh
CMD ./run.sh
```

添加了一个自定义 BASH shell 脚本，它
将监视服务依赖项，然后启动实际服务

Docker ADD 命令将可执行 JAR 从
本地文件系统复制到 Docker 镜像

在代码清单 A-2 所示的 Dockerfile 中，将使用 Alpine Linux 提供实例。Alpine Linux 是一个小型 Linux 发行版，常用来构建 Docker 镜像。正在使用的 Alpine Linux 镜像已经安装了 Java JDK。

在提供 Docker 镜像时，将安装名为 nc 的命令行实用程序。nc 命令用于 ping 服务器并查看特定的端口是否在网络上可用。该命令将在 run.sh 命令脚本中使用，以确保在启动服务之前，所有依赖的服务（如数据库和 Spring Cloud Config 服务）都已启动。nc 命令通过监视依赖的服务监听的端口来做到这一点。nc 的安装是通过 RUN apk update && apk upgrade && apk add netcat-openbsd 完成的，使用 Docker Compose 运行服务。

接下来，Dockerfile 将为许可证服务的可执行 JAR 文件创建一个目录，然后将 jar 文件从本地文件系统复制到在 Docker 镜像上创建的目录中。这都是通过 ADD licensing-service-0.0.1-SNAPSHOT.jar /usr/local/licensingservice/ 完成的。

配置过程的下一步是通过 ADD 命令安装 run.sh 脚本。run.sh 脚本是我写的一个自定义脚本，它用于在启动 Docker 镜像时启动目标服务。该脚本使用 nc 命令来监听许可证服务所需的

所有关键服务依赖项的端口,然后阻塞许可证服务,直到这些依赖项都已启动。

代码清单 A-3 展示了如何使用 run.sh 来启动许可证服务。

代码清单 A-3　用于启动许可证服务的 run.sh

```
#!/bin/sh
echo "***********************************************************"
echo "Waiting for the configuration server to start on port
    $CONFIGSERVER_PORT"
echo "***********************************************************"
while ! 'nc -z configserver $CONFIGSERVER_PORT ';
    [ca]do sleep 3; done
echo ">>>>>>>>>>>> Configuration Server has started"

echo "***********************************************************"
echo "Waiting for the database server to start on port $DATABASESERVER_PORT"
echo "***********************************************************"
while ! 'nc -z database $DATABASESERVER_PORT'; do sleep 3; done
echo ">>>>>>>>>>>> Database Server has started"

echo "***********************************************************"
echo "Starting License Server with Configuration Service :
    $CONFIGSERVER_URI";
echo "***********************************************************"
java -Dspring.cloud.config.uri=$CONFIGSERVER_URI \
    -Dspring.profiles.active=$PROFILE \
    -jar /usr/local/licensingservice/licensing-service-0.0.1-SNAPSHOT.jar
```

> 在继续尝试启动服务之前,run.sh 脚本会等待依赖服务的端口处于打开状态

> 通过使用 Java 启动许可证服务,来调用 Dockerfile 脚本安装的可执行 JAR 文件。$<<变量名称>>代表传递给 Docker 镜像的环境变量

一旦将 run.sh 命令复制到许可证服务的 Docker 镜像,Docker 命令 CMD./run.sh 用于告知 Docker 在实际镜像启动时执行 run.sh 启动脚本

注意　我正在给读者一个关于 Docker 如何提供镜像的高层次概述。如果读者想要深入了解 Docker,建议读者阅读 Jeff Nickoloff 的 *Docker in Action* 或 Adrian Mouat 的 *Using Docker*。这两本书都是很优秀的 Docker 资源。

A.6　使用 Docker Compose 启动服务

Maven 构建完成后,现在就可以使用 Docker Compose 来启动对应章的所有服务了。Docker Compose 作为 Docker 安装过程的一部分安装。Docker Compose 是一个服务编排工具,它允许开发人员将服务定义为一个组,然后作为一个单元一起启动。Docker Compose 还拥有为每个服务定义环境变量的功能。

Docker Compose 使用 YAML 文件来定义将要启动的服务。本书的每一章中都有一个名为 "<<chapter>>/docker/common/docker-compose.yml" 的文件。该文件包含在这一章中启动服务的服务定义。让我们来看一下第 3 章中使用的 docker-compose.yml 文件。代码清单 A-4 展示了这个文件的内容。

代码清单 A-4 docker-compose.yml 文件定义要启动的服务

每个正在启动的服务都会有一个标签。
这个标签将成为 Docker 实例启动时的
DNS 条目，其他服务将通过这个 DNS
条目访问这个服务

Docker Compose 将首先尝试在本地
Docker 存储库中查找要启动的目标
镜像。如果找不到，它将检查中央
Docker Hub

```
version: '2'
services:
  configserver:
    image: johncarnell/tmx-confsvr:chapter3
    ports:
      - "8888:8888"
    environment:
      ENCRYPT_KEY:        "IMSYMMETRIC"
  database:
    image: postgres
    ports:
      - "5432:5432"
    environment:
      POSTGRES_USER: "postgres"
      POSTGRES_PASSWORD: "p0stgr@s"
      POSTGRES_DB: "eagle_eye_local"
  licensingservice:
    image: johncarnell/tmx-licensing-service:chapter3
    ports:
      - "8080:8080"
    environment:
      PROFILE: "default"
      CONFIGSERVER_URI: "http://configserver:8888"
      CONFIGSERVER_PORT: "8888"
      DATABASESERVER_PORT: "5432"
      ENCRYPT_KEY: "IMSYMMETRIC"
```

这个条目定义了已启动的
Docker 容器上的端口号，这
个端口将暴露给外部世界

环境标签用于将环境变量传递到启动的
Docker 镜像。在本例中，将在启动的 Docker
镜像上设置 ENCRYPT_KEY 环境变量

这是一个示例，说明在 Docker Compose 文件
的某个部分中定义的服务如何用作其他服务
中的 DNS 名称

在代码清单 A-4 所示的 docker-compose.yml 中，我们看到定义了 3 个服务（configserver、database 和 licensingservice）。每个服务都有一个使用 image 标签定义的 Docker 镜像。当每个服务启动时，它将通过 port 标签公开端口，然后通过 environment 标签将环境变量传递到启动的 Docker 容器。

接下来，在从 GitHub 拉取的章目录的根目录执行以下命令来启动 Docker 容器：

```
docker-compose -f docker/common/docker-compose.yml up
```

当这个命令发出时，docker-compose 启动 docker-compose.yml 文件中定义的所有服务。每个服务将打印其标准输出到控制台。图 A-2 展示了第 3 章中 docker-compose.yml 文件的输出。

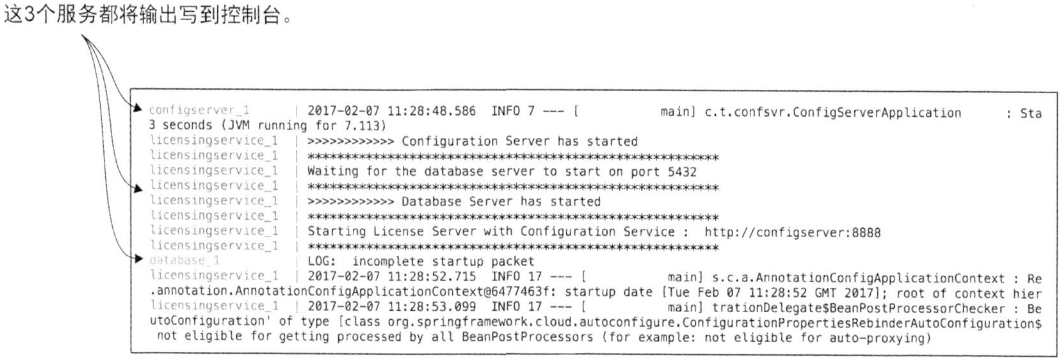

这3个服务都将输出写到控制台。

```
configserver_1   | 2017-02-07 11:28:48.586  INFO 7 --- [        main] c.t.confsvr.ConfigServerApplication      : Sta
3 seconds (JVM running for 7.113)
licensingservice_1 | >>>>>>>>>>> Configuration Server has started
licensingservice_1 | ******************************************************************
licensingservice_1 | Waiting for the database server to start on port 5432
licensingservice_1 | ******************************************************************
licensingservice_1 | >>>>>>>>>>> Database Server has started
licensingservice_1 | ******************************************************************
licensingservice_1 | Starting License Server with Configuration Service : http://configserver:8888
licensingservice_1 | ******************************************************************
database_1       | LOG:  incomplete startup packet
licensingservice_1 | 2017-02-07 11:28:52.715  INFO 17 --- [        main] s.c.a.AnnotationConfigApplicationContext : Re
.annotation.AnnotationConfigApplicationContext@6477463f: startup date [Tue Feb 07 11:28:52 GMT 2017]; root of context hier
licensingservice_1 | 2017-02-07 11:28:53.099  INFO 17 --- [        main] trationDelegate$BeanPostProcessorChecker : Be
utoConfiguration' of type [class org.springframework.cloud.autoconfigure.ConfigurationPropertiesRebinderAutoConfiguration$
 not eligible for getting processed by all BeanPostProcessors (for example: not eligible for auto-proxying)
```

图 A-2　所有已启动的 Docker 容器的输出都被写入标准输出

提示　使用 Docker Compose 启动的服务写入标准输出的每一行中都有打印到标准输出的服务的名称。启动 Docker Compose 时，发现打印出来的错误可能会感到很痛苦。如果读者想查看基于 Docker 的服务的输出，可使用-d 选项以分离模式启动 docker-compose 命令（docker-compose -f docker/common/ docker-compose.yml up -d）。然后，就可以通过使用 logs 选项发出 docker-compose 命令（docker-compose-f docker/common/docker-compose.yml logs-f licensingservice）来查看该容器的特定日志。

所有在本书中使用的 Docker 容器都是暂时的——它们在启动和停止时不会保留它们的状态。如果读者开始运行代码，那么在重启容器之后数据会消失，请牢记这一点。如果读者想让自己的 Postgres 数据库在容器的启动和停止之间保持持久性，建议查阅 Postgres Docker 的资料。

附录 B OAuth2 授权类型

本附录主要内容
- OAuth2 密码授权（password grant）
- OAuth2 客户端凭据授权（client credentials grant）
- OAuth2 鉴权码授权（authorization code grant）
- OAuth2 隐式授权（implicit grant）
- OAuth2 令牌刷新

在阅读第 7 章时，读者可能会认为 OAuth2 看起来不太复杂。毕竟有一个验证服务，用于检查用户的凭据并颁发令牌给用户。每次用户想要调用由 OAuth2 服务器保护的服务时，都可以依次出示令牌。

遗憾的是，现实世界从来都不是简单的。由于 Web 应用程序和基于云的应用程序具有相互关联的性质，用户期望可以安全地共享自己的数据，并在不同服务所拥有的不同应用程序之间整合功能。这从安全角度来看，是一个独特的挑战，因为开发人员希望跨不同的应用程序进行整合，而不是强迫用户与他们想要集成的每个应用程序共享他们的凭据。

幸运的是，OAuth2 是一个灵活的授权框架，它为应用程序提供了多种机制来对用户进行验证和授权，而不用强制他们共享凭据。但是，这也是 OAuth2 被认为是复杂的原因之一。这些验证机制被称为验证授权（authentication grant）。OAuth2 有 4 种模式的验证授权，客户端应用程序可以使用它们来对用户进行验证、接收访问令牌，然后确认该令牌。这些授权分别是：

- 密码授权；
- 客户端凭据授权；
- 授权码授权；
- 隐式授权。

在下面几节中，我将介绍在执行每个 OAuth2 授权流程期间发生的活动，同时我会谈到何时适合使用何用授权类型。

B.1 密码授权

OAuth2 密码授权可能是最容易理解的授权类型。这种授权类型适用于应用程序和服务都明确相互信任的时候。例如，EagleEye Web 应用程序和 EagleEye Web 服务（许可证服务和组织服务）都由 ThoughtMechanix 拥有，所以它们之间存在着一种天然的信任关系。

> **注意** 明确地说，当我提到"天然的信任关系"时，我的意思是应用程序和服务完全由同一个组织拥有，并且它们是按照相同的策略和程序来管理的。

当存在一种天然的信任关系时，几乎不用担心将 OAuth2 访问令牌暴露给调用应用程序。例如，EagleEye Web 应用程序可以使用 OAuth2 密码授权来捕获用户凭据，并直接针对 EagleEye OAuth2 服务进行验证。图 B-1 展示了 EagleEye 和下游服务之间的密码授权。

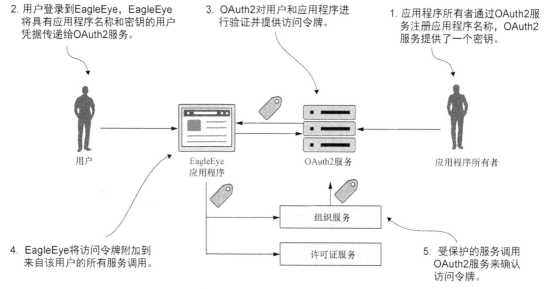

图 B-1 OAuth2 服务确定访问服务的用户是否为已通过验证的用户

在图 B-1 中，正在发生以下活动。

（1）在 EagleEye 应用程序可以使用受保护资源之前，它需要在 OAuth2 服务中被唯一标识。通常，应用程序的所有者通过 OAuth2 服务进行注册，并为其应用程序提供唯一的名称。OAuth2 服务随后提供一个密钥给正在注册的应用程序。

应用程序的名称和由 OAuth2 服务提供的密钥唯一地标识了试图访问任何受保护资源的应用程序。

（2）用户登录到 EagleEye，并将其登录凭据提供给 EagleEye 应用程序。EagleEye 将用户凭据以及应用程序名称、应用程序密钥直接传给 EagleEye OAuth2 服务。

（3）EagleEye OAuth2 服务对应用程序和用户进行验证，然后向用户提供 OAuth2 访问令牌。

（4）每次 EagleEye 应用程序代表用户调用服务时，它都会传递 OAuth2 服务器提供的访问令牌。

（5）当一个受保护的服务（在本例中是许可证服务和组织服务）被调用时，该服务将回调到 EagleEye OAuth2 服务来确认令牌。如果令牌是有效的，则被调用的服务允许用户继续进行操作。如果令牌无效，OAuth2 服务将返回 HTTP 状态码 403，指示该令牌无效。

B.2 客户端凭据授权

当应用程序需要访问受 OAuth2 保护的资源时，通常会使用客户端凭据授权，但在这个事务中不涉及任何人员。使用客户端凭据授权类型，OAuth2 服务器仅根据应用程序名称和资源所有者提供的密钥进行验证。同样，客户端凭据授权经常用于两个应用程序都归同一个公司所有时。密码授权和客户端凭据授权的区别在于，客户端凭据授权仅使用注册的应用程序名称和密钥进行验证。

例如，假设 EagleEye 应用程序每隔一小时就会运行一个数据分析作业。作为其工作的一部分，它向 EagleEye 服务发出调用。但是，EagleEye 开发人员仍然希望应用程序在访问这些服务中的数据之前，进行验证和鉴权。这是可以使用客户端凭据授权的场景。图 B-2 展示了这个流程。

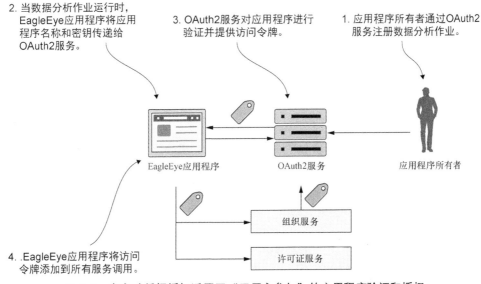

图 B-2 客户端凭据授权适用于"无用户参与"的应用程序验证和授权

（1）资源所有者通过 OAuth2 服务注册了 EagleEye 数据分析应用程序。资源所有者将提供应用程序的名称并接收一个密钥。

（2）当 EagleEye 数据分析作业运行时，它将出示应用程序名称和资源所有者提供的密钥。

（3）EagleEye OAuth2 服务将使用提供的应用程序名称和密钥对应用程序进行验证，然后返回一个 OAuth2 访问令牌。

（4）每当应用程序调用 EagleEye 服务时，它就会出示它在 OAuth2 服务调用中接收到的 OAuth2 访问令牌。

B.3　鉴权码授权

授权码授权是迄今为止最复杂的 OAuth2 授权，但它也是最常用的流程，因为它允许来自不同供应商的不同应用程序共享数据和服务，而无须在多个应用程序间暴露用户凭据。鉴权码授权不会让调用应用程序立即获得 OAuth2 访问令牌，而是使用一个"预访问"授权码的方式来执行额外的检查。

理解授权码授权的简单方法就是看一个例子。假设有一个 EagleEye 用户，它也使用 Salesforce.com。EagleEye 客户的 IT 部门已经构建了一个 Salesforce 应用程序，它需要 EagleEye 服务（组织服务）的数据。来看一下图 B-3，看看授权码授权是如何使 Salesforce 从 EagleEye 的组织服务中访问数据而无须 EagleEye 客户向 Salesforce 公开他们的 EagleEye 凭据的。

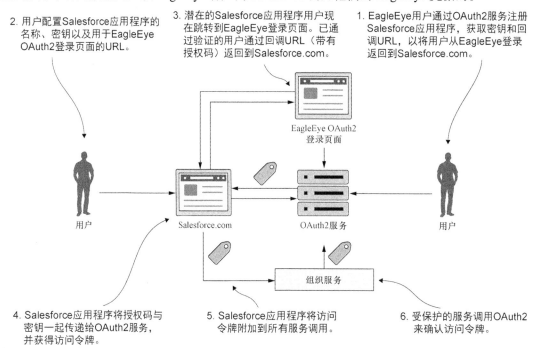

图 B-3　授权码授权可以让应用程序在不暴露用户凭据的情况下共享数据

（1）EagleEye 用户登录到 EagleEye，并为其 Salesforce 应用程序生成应用程序名称和应用程序密钥。作为注册过程的一部分，还将提供一个回调 URL，以返回到基于 Salesforce 的应用程序。此回调 URL 是一个 Salesforce 的 URL，将在 EagleEye OAuth2 服务器验证了用户的 EagleEye 凭据后被调用。

（2）用户使用以下信息配置 Salesforce 应用程序：

- 为 Salesforce 创建的应用程序名称；
- 为 Salesforce 生成的密钥；
- 指向 EagleEye OAuth2 登录页面的 URL。

现在，当用户尝试使用 Salesforce 应用程序并通过组织服务访问 EagleEye 数据时，根据上述要点中描述的 URL，用户将被重定向到 EagleEye 登录页面。用户将提供他们的 EagleEye 凭据。如果提供的 EagleEye 凭据有效，则 EagleEye OAuth2 服务器将生成一个授权码，并通过步骤 1 中提供的 URL 将用户重定向到 Salesforce。授权码将作为回调 URL 的一个查询参数被发送。

（3）自定义的 Salesforce 应用程序将对授权码进行持久化。注意，此授权码不是 OAuth2 访问令牌。

（4）一旦存储了授权码，自定义的 Salesforce 应用程序就可以向 Salesforce 应用程序出示在注册过程中生成的密钥，并将授权码返回给 EagleEye OAuth2 服务器。EagleEye OAuth2 服务器将确认授权码是否有效，然后将 OAuth2 令牌返回给自定义的 Salesforce 应用程序。每次自定义的 Salesforce 应用程序需要对用户进行验证并获取 OAuth2 访问令牌时，都会使用此授权码。

（5）Salesforce 应用程序将在 HTTP 首部中传递 OAuth2 令牌以调用 EagleEye 组织服务。

（6）组织服务将通过 EagleEye OAuth2 服务来确认传入 EagleEye 服务调用的 OAuth2 访问令牌。如果令牌有效，组织服务将处理用户的请求。

这真的太令人激动了！应用程序到应用程序的集成是错综复杂的。这整个流程中要注意的是，即使用户登录到 Salesforce 并且正在访问 EagleEye 数据，用户的 EagleEye 凭据也不会直接暴露给 Salesforce。在 EagleEye OAuth2 服务生成并提供初始授权码之后，用户就再也不用向 EagleEye 服务提供他们的凭据了。

B.4 隐式授权

授权码模式可以在通过传统的服务器端 Web 编程环境（如 Java 或.NET）运行 Web 应用程序时使用。如果客户端应用程序是纯 JavaScript 应用程序或完全在 Web 浏览器中运行的移动应用程序，并且不依靠服务器端调用来调用第三方服务，那么会发生什么呢？

这就是最后一种授权类型，即隐式授权，能够发挥作用的地方。图 B-4 展示了在隐式授权中发生的一般流程。

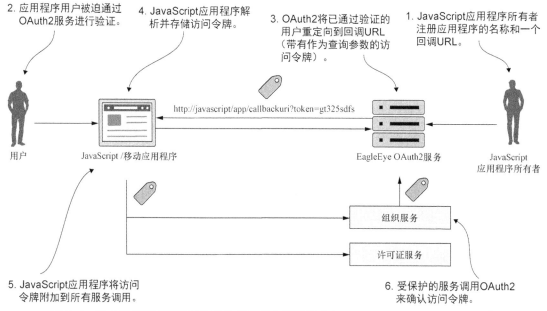

图 B-4   隐式授权用于基于浏览器的单页面应用程序（Single-Page Application，SPA）
JavaScript 应用程序

隐式授权通常用于处理完全在浏览器内运行的纯 JavaScript 应用程序。在其他授权流程中，客户端与执行用户请求的应用程序服务器进行通信，然后应用程序服务器与下游服务进行交互。使用隐式授权类型，所有的服务交互都直接从用户的客户端（通常是 Web 浏览器）发生。在图 B-4 中，正在进行以下活动：

（1）JavaScript 应用程序的所有者已经通过 EagleEye OAuth2 服务器注册了应用程序。他们提供了一个应用程序名称以及一个回调 URL，该 URL 将被重定向并带有用户的 OAuth2 访问令牌。

（2）JavaScript 应用程序将调用 OAuth2 服务。JavaScript 应用程序必须出示预注册的应用程序名称。OAuth2 服务器将强制用户进行验证。

（3）如果用户成功进行了验证，那么 EagleEye OAuth2 服务将不会返回一个令牌，而是将用户重定向回一个页面，该页面是 JavaScript 应用程序所有者在第一步中注册的页面。在重定向回的 URL 中，OAuth2 访问令牌将被 OAuth2 验证服务作为查询参数传递。

（4）应用程序将接收传入的请求并运行 JavaScript 脚本，该脚本将解析 OAuth2 访问令牌并将其存储（通常作为 Cookie）。

（5）每次调用受保护资源时，就会将 OAuth2 访问令牌出示给调用服务。

（6）调用服务将确认 OAuth2 令牌，并检查用户是否被授权执行他们正在尝试的活动。

关于 OAuth2 隐式授权，记住下面几点。

■ 隐式授权是唯一一种 OAuth2 访问令牌直接暴露给公共客户端（Web 浏览器）的授权类

型。在授权码授权中，客户端应用程序获得一个返回到托管应用程序的应用程序服务器的授权码。通过授权码授权，用户可以通过出示授权码来获得 OAuth2 访问权限。返回的 OAuth2 令牌不会直接暴露给用户的浏览器。在客户端凭据授权中，授权发生在两个基于服务器的应用程序之间。在密码授权中，向服务发出请求的应用程序和这个服务都是可信的，并且属于同一个组织。

- 由隐式授权生成的 OAuth2 令牌更容易受到攻击和滥用，因为令牌可供浏览器使用。在浏览器中运行的任何恶意 JavaScript 都可以访问 OAuth2 访问令牌，并以他人的名义调用他人为了调用服务而检索到的 OAuth2 令牌，实质上是在模拟他人。

- 隐式授权类型的 OAuth2 令牌应该是短暂的（1～2 小时）。因为 OAuth2 访问令牌存储在浏览器中，所以 OAuth2 规范（和 Spring Cloud Security）不支持可以自动更新令牌的刷新令牌的概念。

B.5 如何刷新令牌

当 OAuth2 访问令牌被颁发时，其有效时间是有限的，它最终会过期。当令牌到期时，调用应用程序（和用户）将需要使用 OAuth2 服务重新进行验证。但是，在大多数 OAuth2 授权流程中，OAuth2 服务器将同时颁发访问令牌和刷新令牌。客户端可以将刷新令牌出示给 OAuth2 验证服务，该服务将确认刷新令牌，然后发出新的 OAuth2 访问令牌。来看看图 B-5，查看一下刷新令牌流程。

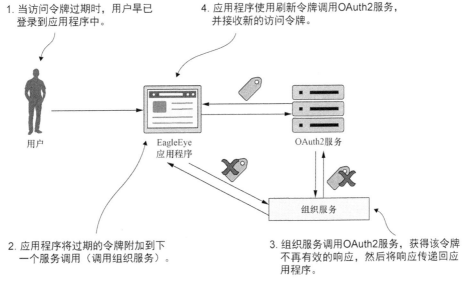

图 B-5 刷新令牌可以让应用程序获取新的访问令牌而不强制用户重新进行验证

（1）用户已经登录了 EagleEye，并且早已通过 EagleEye OAuth2 服务进行了验证。用户正在愉快地工作，但是，他们的令牌已经过期了。

（2）用户下一次尝试调用服务（如组织服务）时，EagleEye 应用程序将把过期的令牌传递给组织服务。

（3）组织服务将尝试使用 OAuth2 服务确认令牌，OAuth2 服务返回 HTTP 状态码 401（未经授权）和一个 JSON 净荷，指示该令牌不再有效。组织服务将把 HTTP 状态码 401 返回给调用服务。

（4）EagleEye 应用程序收到 HTTP 状态码 401 和 JSON 净荷，指出调用从组织服务失败的原因。EagleEye 应用程序将使用刷新令牌调用 OAuth2 验证服务。OAuth2 验证服务将确认刷新令牌，然后发回新的访问令牌。